通信与导航专业系列教材

通信网络原理与技术

韩仲祥　主编

石　磊　楚兴春　马志强　王　翔　副主编

電子工業出版社

Publishing House of Electronics Industry

北京 · BEIJING

内 容 简 介

本书主要分析和讨论现代通信网络中具有一致性的基本原理与技术。全书共分为9章，分别介绍了通信网络概论、通信协议与网络体系结构、通信网络数学基础、排队系统及网络时延分析、通信网络传输与交换、多址接入、路由选择、流量与拥塞控制、通信网络新技术等内容。

本书可以作为高等院校通信工程、网络工程、信息工程等专业高年级本科生（书中打*部分为本科选学内容）和研究生网络基础教材，也可以作为通信工程技术人员和科研人员的参考书。

图书在版编目（CIP）数据

通信网络原理与技术 / 韩仲祥主编．—北京：电子工业出版社，2022.1

ISBN 978-7-121-42618-6

Ⅰ.①通… Ⅱ.①韩… Ⅲ.①通信网 Ⅳ.①TN915

中国版本图书馆 CIP 数据核字（2022）第 015187 号

责任编辑：赵玉山　　　　特约编辑：田学清
印　　刷：中煤（北京）印务有限公司
装　　订：中煤（北京）印务有限公司
出版发行：电子工业出版社
　　　　　北京市海淀区万寿路 173 信箱　　　邮编：100036
开　　本：787×1092　1/16　印张：15.5　字数：407 千字
版　　次：2022 年 1 月第 1 版
印　　次：2023 年 6 月第 3 次印刷
定　　价：45.00 元

凡所购买电子工业出版社图书有缺损问题，请向购买书店调换。若书店售缺，请与本社发行部联系，联系及邮购电话：（010）88254888，88258888。

质量投诉请发邮件至 zlts@phei.com.cn，盗版侵权举报请发邮件至 dbqq@phei.com.cn。

本书咨询联系方式：（010）88254556，zhaoys@phei.com.cn。

前　言

通信网络作为现代社会的信息基础设施，对经济、政治、军事、文化等各方面发展起到了极大的促进作用。近些年来，随着通信网络科技的发展进步，虽然新式网络及技术不断涌现，但它们的基本原理都是一致的。本书的主要目的是分析、讨论这些具有一致性的网络原理及技术，重点讨论数据链路层、网络层及传输层运行机理，希望读者通过系统地学习本书，可以夯实网络理论知识，为维护管理、设计、优化乃至评估通信网络奠定理论基础。

回顾通信网络的演进，尽管关键技术存在差异，其研究过程却有规律可循，大致可分为三个层面。

第一层面是协议体系架构层面。该层面规定了端到端业务传输的逻辑结构，具有全局性，可以为信息的承载、传输、服务与质量提供保障，或者说是第二层面和第三层面的基础，严格的逻辑关系如同严明的纪律，是保证信息在通信网络中端到端传输的根本。不同协议体系架构的工作机理存在差异。

第二层面是承载与传输层面。该层面负责承载用户信息、选择路由并进行远距离端到端的传输。相比于全局性的第一层面，该层面需要完成通信网络的核心工作，即完成信息的承载、寻址、传输与交换。首先要把众多用户终端合理地接入网络临近节点，合成大的信息流，承载到宽带链路中，必要时需要缓存；然后在相关协议控制下，选择合适的或最佳的路由，实现远距离传输，送达目的地端。此过程需要必要的算法控制及优化策略，采用的关键技术不同，算法控制和优化策略也会不同。

第三层面是服务与质量保障层面。如果说第一层面和第二层面完成了通信网络的基本功能，该层面则起到了锦上添花的作用。无论是网络运营商还是用户端都会涉及，因为该层面的原理和技术涉及网络在能运行的基础上更好地运行。

以上各层面，承上启下，层层结合。任何一个层面的缺失，都将对通信网络进行端到端的信息交付与标准制定带来一定的影响。

本书揭示的是通信网络一般性、普遍性的原理与技术，因此本书思路为首先讨论经典的网络体系架构，然后分析成帧原理、接入机理、路由选择、传输与交换，这些原理是实现网络信息端到端传输的保障，在此基础上讨论与服务质量相关的流量与拥塞控制原理，最后介绍当前及未来的通信网络新技术，以开阔视野，拓展知识面。

本书共分为 9 章。第 1 章主要讨论了通信网络的基本概念、构成要素、功能及分类，分析了各种网络拓扑的特点和应用环境、通信网络的分层结构、衡量通信网络的质量指标，总结了通信网络的发展历程，并指出了通信网络的发展趋势。第 2 章主要阐述了通信协议的定义及协议的基本构成：语法、语义和时序，详细讨论了ISO参考模型和TCP/IP协议模型的层次结构和各层的功能，并进行了简要的对比，还对通信协议进行了分类和实例分析，简介了与无线通信网络相关的跨层优化设计方法。第3章主要讨论了分析通信网络原理所需的随机过程、图论等数学基础，重点讨论了泊松过程及生灭过程的概念及实质，同时分析了与通信网络原理关系紧密的图论基础知识。第4章主要讨论了与通信网络时延分析有关的排队论，主要包括排队论的基本概念与Little定理、M/M/1型排队系统及时延特性分析和M/M/*m*型排队系统及时延特性分析。第5章主要研究了现代通信网络的传输与交换原理，传输原理部分主要讨论了传输媒质、组帧方法、同步传输与异步传输及传输复用技术，在此基础上，进一步探讨了传输链路差错控制技术，包括差错检测和差错纠错技术；交换原理部分分析了交换原理与实现，进一步讨论了电路交换、分组交换、快速分组交换、IP交换及标记交换技术等。第6章主要讨论了全连通网络中的多址接入协议，包括固定多址接入协议的特点及性能，ALOHA随机多址接入协议，研究了载波监听型多址接入协议，还讨论了CSMA/CD协议和CSMA/CA协议等。第7章主要讨论了网络路由选择，首先介绍了路由选择的基本概念、算法分类及最小生成树算法；然后重点研究了最短路由算法原理，主要包括Dijkstra算法、Ford-Moore-Bellman算法、Floyd-Warshall算法的原理；接着讨论了大型网络中用到的路由选择方法——分级路由选择；最后讨论了两个重要路由协议——开放最短路径优先协议和按需距离矢量路由协议。第8章首先概述流量与拥塞控制，在此基础上分析数据链路层、网络层及传输层流量或拥塞控制的思想。第9章主要讨论了通信网络新技术，首先介绍了移动网络技术，主要包括移动自组织网络技术、5G网络技术和6G网络技术，这是实现物联网、智慧网络不可缺少的技术；然后讨论了光网络技术，包括光交叉连接技术、光分插复用技术、自动光交换网络技术、光传输网络技术和包传输网络技术，这是实现大颗粒传输的重要手段；接着分析了IPv6技术，该技术解决了当前IP地址资源紧缺、安全可信的问题；最后分析了网络化服务技术，主要包括软件定义网络技术、服务定制网络技术、可重构网络技术、语义网技术及网络服务关键支撑技术等。

本书的作者都是长期工作在通信网络教学和科研一线的人员，本书能够及时成稿，首先要感谢编写组中每位成员的辛勤工作。全书大纲拟定、统稿及定稿由韩仲祥完成。第1、3、4、5、9章由韩仲祥编写，第2章由石磊编写，第6章由楚兴春编写，第7章由王翔编写，第8章由马志强编写。

由于作者水平有限，书中难免有不妥之处，恳请读者批评指正。

作　者

2022年2月

目　录

第1章 通信网络概论

将信息或消息从信源传到信宿的过程就是通信，多个终端用户之间的通信可以构成通信系统，同构或异构的通信系统融合在一起并提供端到端的业务服务便构成了通信网络。作为现代信息基础设施的通信网络，其基本功能是传输、交换信息，为终端用户提供可靠、快速、多业务的交互服务。

本章首先讨论通信网络概念、构成要素及基本功能，然后学习通信网络的分类、拓扑结构、分层结构及质量指标，最后分析通信网络的发展历程。通过以上内容的学习，达到初步认识通信网络的目的。

1.1 通信网络概念及构成

本节首先分析通信网络的基本概念，然后讨论其构成要素，在此基础上总结通信网络的发展概况。

1.1.1 通信网络概念

通信网络是由通信系统发展演变而来的，简而言之，通信网络就是将众多通信系统通过传输系统、交换系统按照一定的拓扑结构形式，在操作系统、规则协议的控制下，有机地组合在一起并能够为众多终端设备提供语音、图像、数据、多媒体、文字等端到端交互业务服务的信息基础设施，其概念构成示意图如图 1.1.1 所示。

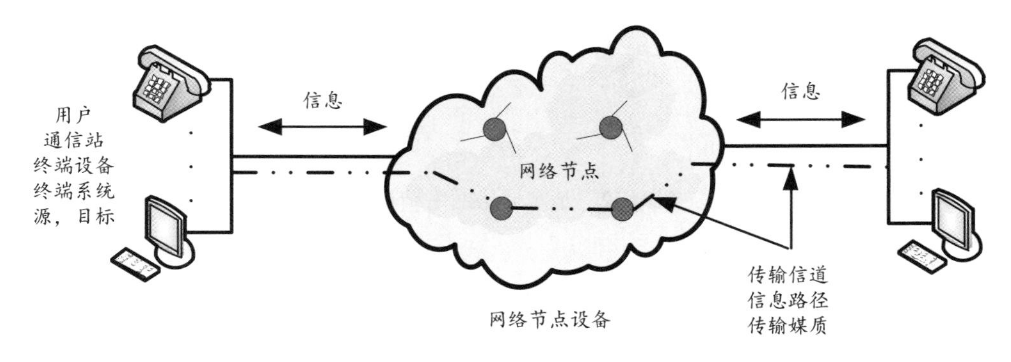

图 1.1.1 通信网络概念构成示意图

信息沿着固定的或可变的路径（传输信道）从一端传到一个或数个目的地端。传输信道可以由几段组成，在各段上可用互不相同的方法和制式进行传输，如模拟、数字、ATM、SDH、OTN、PTN 等。

终端设备之间、终端设备与网络节点之间、网络节点与网络节点之间的信息交互是按照预先规定好的规则或规约进行的，这些规则或规约就是通信协议，从而保证信息能实现点对点或端对端的交互（通信）。

终端设备、网络节点利用物理信道或逻辑信道连接在一起可以形成不同的结构形式，即网络体系结构，不同的网络体系结构功能基本相同又各有特色，详见第 2 章。

网络中的用户很多，相互之间（或本地或远端）都有通信的需求，而网络内的资源是共享的，因此需要路由与交换，进行目标选择。路由是实现网络远距离传输的重要保证，交换常在本地实现。

交换是网络通信的重要任务，为了实现交换，通常要利用合适的控制信息沿着传输路径建立信息连接，继而传输信息，最后释放信息连接，归还网络资源。

通信网络的最终目的是为用户提供各种服务，即通信服务，通信服务是指通信终端设备间特定的通信方式，可以保证所约定的服务性能。例如，电话服务用于语音通信，图像服务用于图像显示等。通信服务包括传输服务和远程服务，其中传输服务与应用无关，远程服务与用户紧密相关。

1.1.2 通信网络构成要素

基本通信网络通常由通信终端、传输链路（物理链路和逻辑链路）和网络节点组成，如图 1.1.2 所示。

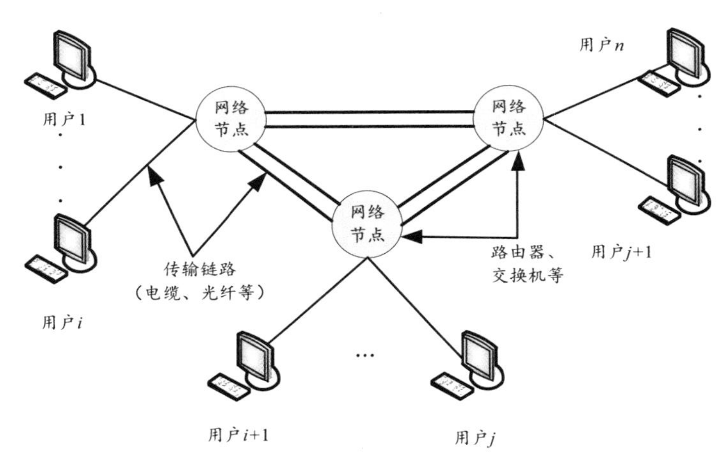

图 1.1.2 基本通信网络结构示意图

1. 通信终端

通信终端可以是电话、传真机、计算机等设备，既是信源也是信宿，其主要功能是完成信息的终端处理。

2. 传输链路

物理链路可以是光纤、电缆等有线传输媒质，也可以是无线传输媒质。逻辑链路存在于物理链路之中。

传输链路有两类。一类是用户与网络接入点之间的链路，称为接入链路。接入链路数量大，主要传输单一的用户信息，一般无须采用复用技术，链路速率大小不一，如 64kbit/s、56kbit/s、2Mbit/s 等。

另一类传输链路是位于网络节点之间的链路，称为网络链路。网络链路是供多个用户共享的链路，一般可采用频分、时分、码分等复用方式共享同一链路信道，提高信道利用率。对于数字通信网络，当前传输体制主要采用的 PDH（准同步数字系列）和 SDH（同步数字系列）两种体制就应用在网络链路中。

传输链路的主要功能是高效传输用户业务信息和网络中的各种控制信息。

3. 网络节点

网络节点可以是交换、路由、控制、管理、支撑等设备，其主要功能是将多个用户的信息复接到骨干链路上或从骨干链路上分离出用户信息。通过网络节点的汇聚，实现众多用户信息共享一条或几条骨干链路，达到低成本远距离传输信息的目的，进而实现网络中任意两个用户信息交互的结果。

现行的通信网络结构要比图 1.1.2 复杂得多，如图 1.1.3 所示。

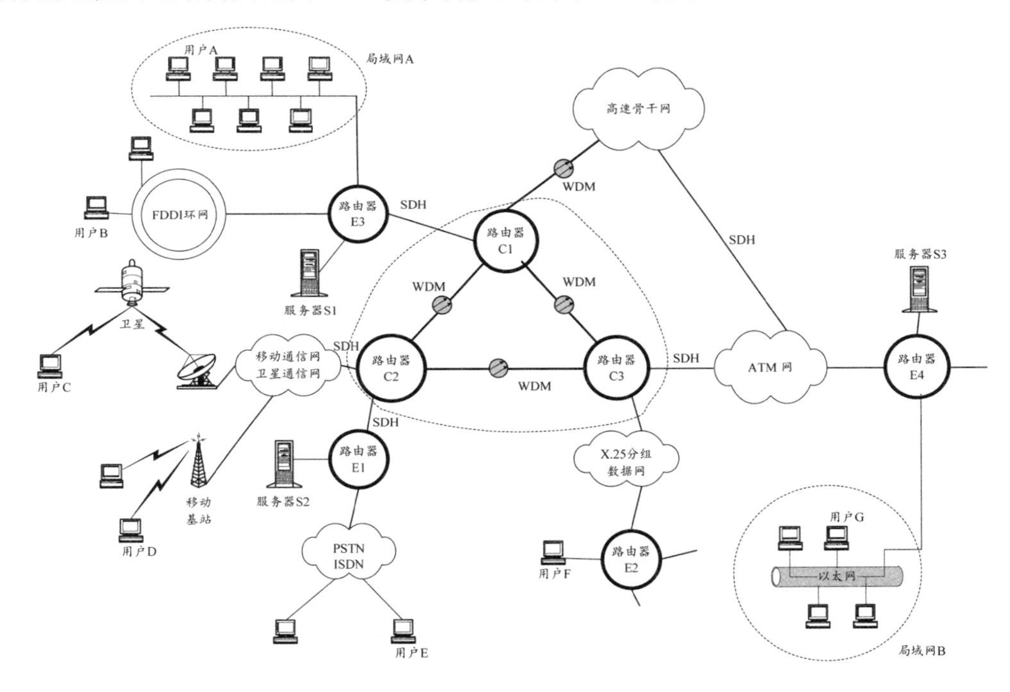

图 1.1.3　复杂通信网络结构示意图

图 1.1.3 所示是一个实现广域覆盖的网络，由许多异质结构的子网组成，如 FDDI 环网、移动通信网/卫星通信网、PSTN/ISDN、X.25 分组数据网、ATM 网、局域网、高速骨干网等。所有子网通过各自适宜的网关、路由器或交换机接入核心网络链路中，核心网络以 WDM 方式进行复用，形成一个高速通道作为信息传输平台，从而实现所有子网的互联互通。

上述网络一旦形成，新业务的增加就变得简单可行，只需要增加业务控制设施（如服务器）即可实现在已有网络中新业务的开展。在完整的通信网络中，除用户接入链路外，网络链路都是共享链路，只要链路畅通、可靠、安全，即可实现点到点的通信和端到端的通信，通信的双方或多方可以是人与人、人与设备、设备与设备。

复杂通信网络依靠路由和交换功能实现信息交互，路由功能提供远距离通信和网络服务。

交换功能主要依靠电路交换和分组交换来实现。电路交换简单理解就是时隙交换，主要存在于 PSTN 网络中，为电话用户呼叫时进行帧的切换。数据网络（如局域网等）主要利用分组交换为数据用户终端进行数据包的识别与传输。分组交换有两种基本方式，一种是虚电路方式，另一种是数据报方式，在 5.3 节中会详细讨论。

1.2 通信网络功能及分类

1.2.1 基本功能

信息传输功能与信息交换功能是通信网络的基本功能，但现行通信网络及未来通信网络的高层功能应该是广泛的，概括来说主要有以下几个方面。

1. 栅格化信息传输功能

通信网络提供的栅格化信息传输功能主要是指在保障信息服务质量的同时实现信息可靠、高效地在覆盖范围内两点或多点之间的传送，包括基础传输、路由交换、综合接入和抗毁抗扰。

（1）基础传输主要是指综合利用光纤、卫星、短波、超短波、微波等有线/无线通信手段，实现信息以一定传输速率和传输质量的可靠传输。

（2）路由交换依托各种路由和交换设备的协同一致，形成全网一致的网络体系，为网络中传输的数据报文提供寻址、寻径、转发等功能。

（3）综合接入是指能够提供固网侧常设、常开、常用的常态化接入点，保证移动通信系统随遇就近接入网络，能够提供移动通信系统侧的零配置接入机制，保证无线用户即插即用入网。

（4）抗毁抗扰是指提供信息传输层面的故障自愈、快速恢复、备份切换、抗毁抗扰等机制，保证网络在发生自然故障、遭遇人为破坏及强干扰情况下完成信息的不间断传输。

2. 多业务承载功能

多业务承载功能是指在核心传输网络的基础上依托 FDDI 环网、ATM 网、PSTN/ISDN 网、SDH 网等承载网络完成对各种业务功能的支持，主要包括网络业务控制、服务质量保证和多业务支持功能。

（1）网络业务控制是指在栅格化信息传输的支撑下，提供网络资源的智能化调度、媒体资源的交互控制、接入互联控制及用户属性信息的管理等功能。

（2）服务质量保证是指网络能够提供针对各类不同业务的可靠传输保障机制，包括拥塞控制、排队调度、约束路由、区分服务和流量均衡等功能。

（3）多业务支持是指提供对不同领域业务的区分服务，包括视频业务支持、音频业务支持及图像业务支持等功能。

3. 网络化服务功能

通信网络的服务体系为网络构建提供核心支撑服务软件，为信息按需共享提供共用信息服务环境，是网络智能化的前提。网络化服务功能主要包括核心服务功能和应用支撑服务功能。

1）核心服务功能

核心服务功能提供服务开发、运行、组织和管理的基础平台，包括各类资源的接入及服务化封装注册；提供各类资源的统一编目及用户对资源的精确搜索和发现功能；提供各类服务资源的实时调度及运行过程中的监控功能；提供服务的构建、部署、迁移、运行、管理、消亡全生命周期的过程管理功能；提供根据任务需要，将网络上多种服务进行动态组合形成新业务的功能；提供以服务的方式快速构建新系统的功能；提供业务流程编排功能；支持系统内或跨系统的业务流程自动流转。

2）应用支撑服务功能

在核心服务的组织下和共用设施的支撑下，应用支撑服务功能提供对各类业务应用的有效支撑保障，包括为全网各类授权用户提供统一、透明的数据访问接口，按需同步分发数据，解决数据资源按需获取、存储和数据资源共享、数据容灾备份和负荷均衡的问题；为用户对网络上的分布式计算资源的使用提供支持；为用户基于任务需求的业务信息传送提供可靠的支撑保障；为用户提供空间数据管理、地理图形环境和态势显示应用等人机交互服务功能；为全网的各类用户资源提供统一的地址信息服务。

1.2.2　通信网络分类

从不同的角度出发，通信网络有不同的分类方法，如下。

通信网络按通信的业务类型可分为电话网、电报网、广播电视网、数据通信网、计算机通信网、多媒体通信网和综合业务数字网等；按传输信号的形式可分为模拟通信网和数字通信网等；按服务的区域或范围可分为本地网、长途网、国际网（或局域网、城域网、广域网）等；按通信服务的对象可分为公用通信网和专用通信网等；按传输方式可分为微波通信网、短波通信网、光纤通信网等。

1.3　网络拓扑与分层结构

1.3.1　典型网络拓扑结构

网络拓扑能够反映网络节点间的连接关系，网络拓扑设计是网络设计的第一步，首先要了解网络拓扑设计的原则。

1．网络拓扑设计原则

网络拓扑设计一般遵循以下原则。

（1）为信息流选择一条优质低价路由，即选择中间节点最少的路由。

（2）为终端用户提供最短的响应时间和最大的业务通过量。

（3）网络应具有良好的差错控制和恢复丢失信息的能力，保证信息流能准确到达目的地。

2．网络拓扑结构

成熟的网络拓扑结构主要有以下几种。

树形网（辐射网）：树形网像树一样逐层分支，是一种具有顶点的分层或分级结构，如图1.3.1所示。我国传统长途电话网的网络结构采用的就是树形网，传统的CATV网也采用树形网，树形网很适于单向广播式业务。

星形网：星形网有一个特殊节点（枢纽节点）与其他所有节点直接相连，而这些节点之间互相并不直接相连，由枢纽节点执行全网的交换和控制，如图1.3.2所示。星形网的优点是节约传输线路设备，缺点是可靠性差，可能会存在枢纽节点“瓶颈”效应。

环形网：环形网主要用于计算机网络，它将许多节点（如PC）一个接一个地连接起来，环中的每一个节点至少有两个连接，一个用于接收从邻居节点发来的数据，另一个用于把数据发送到环中的下一个节点，如图1.3.3所示。

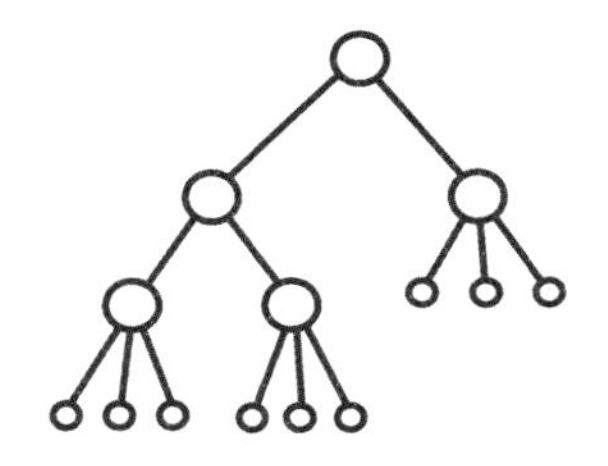

图1.3.1 树形网

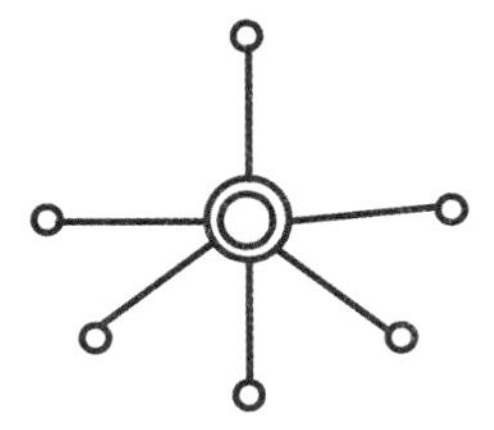

图1.3.2 星形网

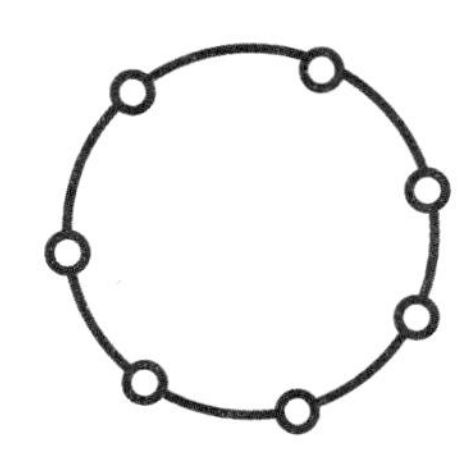

图1.3.3 环形网

信息流沿环形信道流动，环上的每一个节点除发送和接收数据外，还必须转接其他节点间的数据。每个节点应能判别数据包头部信息，以确定地址是否与自己的地址一致，如果不一致，数据包就再次沿环传到下一个节点，这一过程一直持续到数据包到达它的目的地。

但是，在环形网中，每个节点在确定地址和重传数据包时都会产生时延。此外，一旦某一个节点或某一段信道失效，就会影响全局。解决这一问题的办法是采用双环拓扑结构。

网状网：在该网中，每个节点彼此互连，不经过第三个节点，如图1.3.4所示。由于任意两个节点间存在多条可以通达的路径，以供选择路由，因此大大提高了该网的可靠性。网状网的缺点是投资费用大，且网络协议复杂。目前的分组交换网主要采用这种结构。

总线网：总线网常用于早期的计算机通信网中。在总线网中，节点都被连接到一条公共的总线上，如图1.3.5所示。为了标识每个数据包的目的地，使用了编址技术。当数据在总线上传输时，每个节点都检查数据包头部信息，以确定其中的地址是否为自身的，如果是，这个节点就将数据存入内存，而原有的传输信号仍停留在总线上，它必须在总线的终点被吸收。总线网具有遍及全网的公共设施，因此易于控制信息流动，缺点是公共信道失效将影响全网工作。此外，信息的保密性较差。因此，总线网适于分配式业务。

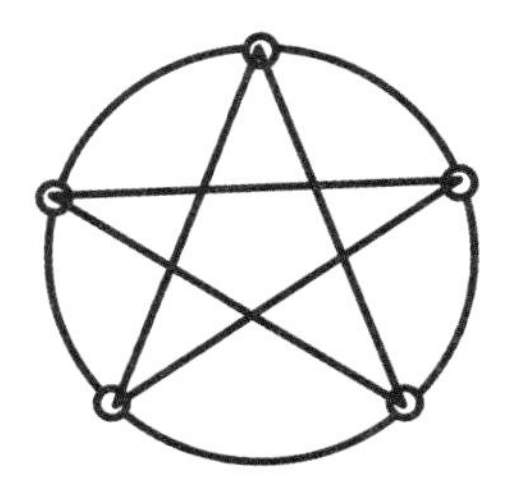

图1.3.4 网状网

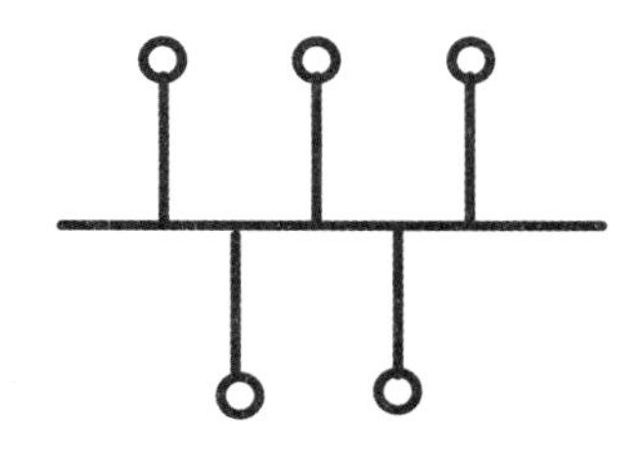

图1.3.5 总线网

蜂窝网：蜂窝网主要用于公共移动通信网中，如图 1.3.6 所示。该结构可提高频谱利用率，减少相互干扰，增加系统容量。目前，蜂窝网采用小区制结构——覆盖区半径在 10 km 以内的正六边形结构。在服务区面积一定的情况下，正六边形小区的形状最接近理想的圆形，用它覆盖整个服务区所需的基站最少、最经济。此外，蜂窝网可以采用微蜂窝和微微蜂窝混合结构，覆盖区半径只有几米到几百米，其技术将靠重复使用频率和大基站的"延伸部件"——小功率发射机来扩展业务处理能力。

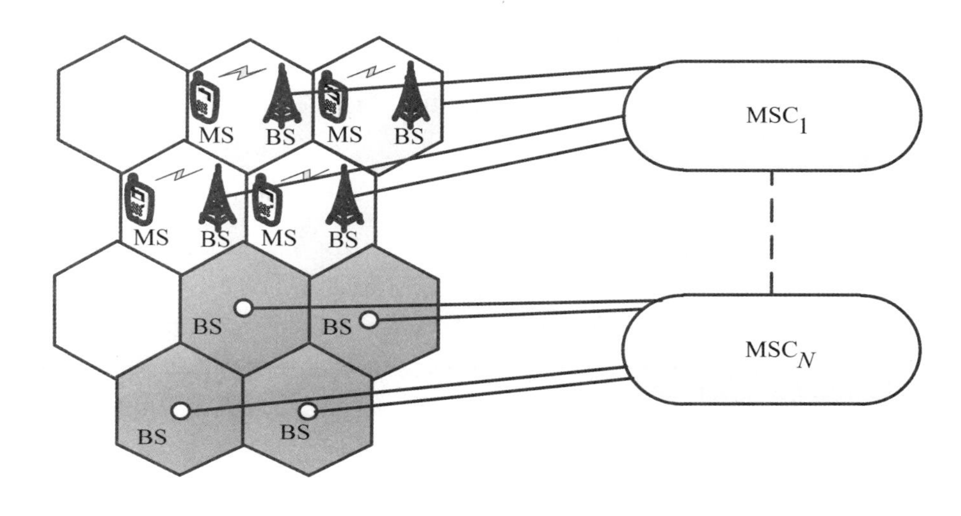

图 1.3.6　蜂窝网

综上所述，各种网络结构都有其特点，因此在网络结构选择和设计时要综合考虑现有的及长远的规划，包括节点的地理位置、网络的重要性、需要提供的业务、保护要求、经济性及维护管理等。传统的通信网是各自业务范围独立的网络，通常依据业务的性质来选择不同的网络结构。现代通信网已经开始向综合业务网发展，通信网不再是单纯的上述某一种结构形式，而是它们的组合，形式更加多样化。

1.3.2　通信网络分层结构

随着通信技术的发展与用户需求的日益多样化，现代通信网正处在变革与发展之中，网络类型及所提供的业务种类在不断增加、更新，形成了复杂的通信网络体系。为了更清晰地描述现代通信网网络结构，需要引入网络分层的概念，对此较为科学的理解是 ITU-T 提出的网络分层分割（Laying and Partitioning）概念。现代通信网的分层可以从水平和垂直两个方面去理解。

1. 水平分层

根据网络功能，现代通信网从水平方向上可以划分为三层，即驻地网（CPN）、接入网（AN）与核心网（CN），如图 1.3.7 所示。

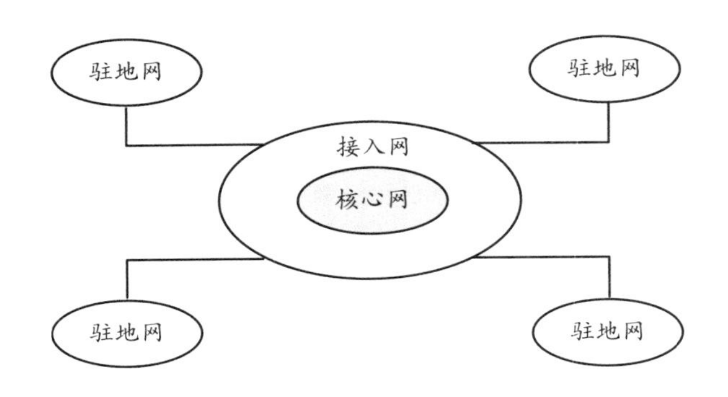

图 1.3.7 现代通信网水平结构图

2. 垂直分层

根据网络功能，通信网从垂直方向上也可划分为三层，从下至上分别为基础网、承载网、业务网，以及贯穿这三层的支撑网和安全管控，如图 1.3.8 所示。

基础网：为了便于理解，我们可将基础网看成是一个以光纤、微波接力、卫星等传输手段为主的栅格传输网络。在这个传输网络的基础上，根据业务节点设备类型的不同，可以构建不同类型的业务网。基础网的带宽正在不断拓宽，因此它将逐步成为未来宽带通信的传输平台。对基础网的描述同样可引入网络分层概念，即基础网可以分为三层：第一层为传输媒质，第二层为传输系统，第三层为传输网节点设备。

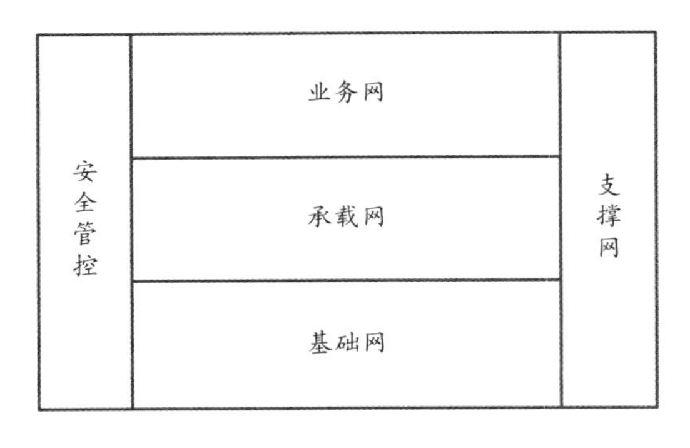

图 1.3.8 现代通信网垂直结构图

承载网：承载网是通信网中各类信息系统、专用网络、通信业务的通用承载平台，未来将融合于一网。承载网统一承载网络化计算和存储设施、信息服务体系、通信服务系统，以及各级各类应用系统。

业务网：业务网也就是用户信息网，它是现代通信网的主体，是向用户提供如电话、电报、传真、数据、图像等各种电信业务的网络。业务网可分为电话网、数据网、计算机网、综合业务数字网、蜂窝移动通信网、有线电视网、会议电视网及智能网等。在现代通信系统中，网络最终的目的是向用户提供他们所需要的各类通信服务，满足他们对不同业务服务质量的需求。网络主要提供传统电话业务、IP 电话业务、智能网业务、广播电视业务、网络商务、交互型的宽带数据业务等。

支撑网：支撑网是为保证基础网和业务网正常运行，增强通信网功能，提高整个通信网服务质量而形成的专门网。在支撑网中传输的是相应的监测、控制及信令等信号。按其具有的不同功能，支撑网涉及信令网、同步网及电信管理网三种网络。

安全管控：随着多元信息综合运用的深入发展，网络安全管控意义重大。安全管控是指采取全方位、全过程的安全管控措施，保障通信网信息基础设施的安全运用，在加强通信安全保密和管控措施的同时，组织与系统相融合的网络防护管控体系建设，全面提升体系的统一监察与管理、统一认证与授权、全局安全态势感知、集中管控、应急响应和纵深防御等安全服务能力。

1.4　通信网络质量指标

通信网络的服务质量一般通过可访问性、透明性和可靠性这三个指标来衡量。

1．可访问性

可访问性是对通信网络的基本要求之一，即网络保证合法用户随时能够快速、有保证地接入网络以获得信息服务，并在规定的时延内传送信息。可访问性反映了网络保证有效通信的能力。

影响可访问性的主要因素有：网络的物理拓扑结构、网络的可用资源数量及网络设备的可靠性等。在实际中，常用接通率、接续时延、带宽等指标来评定可访问性。

2．透明性

透明性也是对通信网络的基本要求之一，即网络保证用户业务信息准确、无差错传送的能力。透明性反映了网络保证用户信息具有可靠传输质量的能力，不能保证信息透明传输的通信网络是没有实际意义的。在实际中，常用用户满意度和信号的传输质量来评定透明性。

3．可靠性

可靠性是指整个通信网络连续、不间断地稳定运行的能力，通常由组成通信网络的各系统、设备、部件等的可靠性来确定。一个可靠性差的网络会经常出现故障，导致正常通信中断，但实现一个绝对可靠的网络实际上也不可能，网络可靠性设计不是追求绝对可靠，而是在经济性、合理性的前提下，满足业务服务质量要求即可。可靠性指标主要有以下几种。

（1）失效率：系统在单位时间内发生故障的概率，一般用λ表示。

（2）平均故障间隔时间（MTBF）：相邻两个故障发生的间隔时间的平均值，MTBF=1/λ。

（3）平均修复时间（MTTR）：修复一个故障的平均处理时间，μ表示修复率，MTTR=1/μ。

（4）系统不可利用度（U）：在规定的时间和条件内，系统丧失规定功能的概率，通常我们假设系统在稳定运行时，μ 和λ 都接近于常数，则

$$U=\lambda/(\lambda+\mu)\frac{\mathrm{MTTR}}{\mathrm{MTBF}+\mathrm{MTTR}} \qquad (1.4.1)$$

1.5　通信网络发展概况

本节首先讨论通信网络的发展历程，指出其发展大约经过三个阶段，然后探讨通信网络的发展趋势。

1.5.1 发展历程

通信网络由通信系统演变而来，其发展大约经历了三个阶段：技术积累阶段、迅速发展阶段和网络化阶段。

1. 技术积累阶段

较早出现的有意义的电信号通信形式是1837年Samuel Morse发明的莫尔斯电报，其通信原理是用“•”和“—”进行编码，具有现代数字通信的理念；随后1876年Alexander Graham Bell发明了贝尔电话，1895年Guglielmo Marconi发明无线电，1906年电子管的发明使模拟通信得到发展。

1928年的Nyquist取样定理和1948年的Shannon定理在理论上为数字通信奠定了基础，但直到20世纪50年代、60年代，半导体和集成电路的发展才使数字通信得到发展；1945年第一台电子计算机的问世到20世纪80年代计算机的飞速发展使数据通信成为可能；1963年第一次实现同步卫星通信；20世纪70年代光导纤维的发明实现了光纤通信；1974年美国Bell实验室提出蜂窝移动通信概念。

技术累计阶段是通信各种新技术不断涌现的时期，为通信系统迅速发展奠定了基础。

2. 迅速发展阶段

随着计算机技术和数字通信技术的发展，二者逐渐结合，进而出现计算机有效控制通信系统的应用，20世纪60年代通信实现计算机化，这是通信实现信息化和自动化的前提，在通信发展中具有里程碑式的意义。

20世纪70年代通信逐渐数字化，分组交换网出现；20世纪80年代出现了窄带的ISDN（综合业务数字网）；20世纪90年代由于光纤传输技术获得了长足的发展，宽带化网络成为可能，出现了吉比特高速网络。

3. 网络化阶段

随着WDM、网关等技术的成熟运用，高速骨干网成为融合异构网络的良好平台，现在的通信网就是由许多协议不同、业务不同的网络融合为一体的复杂网络。主要的业务网络如下。

电话网：电话网是最早的一个成熟通信网络，20世纪60年代以前采用模拟通信，20世纪60年代以后主要采用数字传输和交换方式，一直延续至今。对于数字电话网，从基群结构区分，全世界范围内运转着两种数字载波系统，一个是以北美和日本为主的T1结构，含有24个64kbit/s语音信道，速率为1.544Mbit/s，经复接可以组成容量更大的传输系统；另一个是以欧洲和我国为主的E1结构，含有30个64kbit/s语音信道，速率为2.048Mbit/s，经复接也可以组成容量更大的传输系统。数字电话网是典型的基于电路交换的网络，其基本技术是PCM（脉冲编码调制）技术，数字传输体制有PDH系列和SDH系列。

数据通信网：ITU-T规定的X.25通信协议的分组交换网实现了早期的数据通信网，后来逐渐出现基于快速交换的帧中继、ATM、高速IP等技术的数据通信网。

目前，数据通信网的主要形式是计算机通信网。计算机通信网按网络覆盖范围大小可分为局域网（LAN）、城域网（MAN）、广域网（WAN）三类。局域网的覆盖范围为几米到10km，常用于某一个单位内部的计算机网络；城域网的覆盖范围为30km～150km（通常指一座城市），目前习惯上将城域网划归局域网；广域网的覆盖范围则大得多，超越国界，直至全球。

Internet 是一个高速数据网络集，是一个以统一标准协议（TCP/IP）连接全球的计算机通信网，允许全球千百万个人同时通信，共享资源。

移动通信网：移动通信网是实现个人通信的基础，也是现代通信网中一个重要的子网。移动通信网经历了四代技术的发展，体制不断完善，在我国，第五代技术逐渐成熟，同时，国内外正在研究第六代技术。目前主要运行体制是 GSM、CDMA 体制，我国拥有自主知识产权的 TD-SCDMA 体制。

综合业务数字网：综合业务数字网是将多种业务结合在一起的通信网，实现了用一个单一的网络来提供各种不同类型的业务，它是现今和以后的主流业务网络形式。综合业务数字网能提供端到端的数字连接；支持一系列广泛的业务（包括数字语音、数据、文字、图像在内的各种综合业务）；能为用户进网提供一组有限标准的多用途入网接口。

以新技术为核心的宽带综合业务数字网可以灵活地支持现有的和将来可能出现的各种业务，能达到很高的网络资源利用率，是目前比较先进的一种通信网。

1.5.2　发展趋势

1．未来网络的特征

根据业务发展的需求，未来的网络应该具有以下特征。

（1）网络应是高速、可控制、可维护管理、四通八达的，相当于一个高速公路，可以提供端到端信息，包括语音、视频和各种多媒体信息的传送。

（2）接入应具有高速性和综合性，保证各种宽带业务的应用需求。

（3）网络应是开放的，就像高速公路一样可以有各种出口，通过这个出口可以获得各种服务，特别是丰富的内容服务。

（4）支持移动性、游牧性。

（5）网络是安全的、不被攻击的，有高的可靠性和可用性。

（6）网络应该是有质量保证的。

（7）网络应该是可控制、可管理、可经营的。

（8）网络与现有各种网络应该是互联互通的。

2．网络发展趋势

近年来，在全球通信产业发展过程中，移动通信技术、宽带技术和 IP 数据通信技术发展最为迅速。整个通信产业的技术发展呈宽带化、移动化、IP 化、网络融合及智能化的发展趋势。

1）宽带化

由于用户所需要的业务包括数据业务、IPTV 业务、互动游戏、视频电话等，因此要满足用户的各种业务的需要，用户接入的宽带化将是一个非常重要的条件。

2）移动化

从国际通信业务的发展情况来看，用户通信的个性化要求日益强烈，而移动化是个性化通信很好的表现形式，因此用户对通信业务移动化的要求已经越来越普遍。用户希望享受无处不在的通信服务，不仅有移动的电话业务，还有移动的数据业务，希望在任何地点都可以享受方便地上网、浏览网页、发送电子邮件等各种数据通信服务。

移动化表现在用户可以在网络覆盖的范围内自由地进行通信，而且可以在移动中进行通信；而游牧化是指用户并不一定要在行进中进行通信，但是用户从一地到另一地如同牧人游牧一样，可以如同在原来的地方一样进行各种通信，这是未来通信无处不在的要求。

3）IP 化

下一代网络的核心承载网将采用 IP 技术是目前大多数人的共识。现在不仅数据通信业务在 IP 网上疏通，且语音业务也越来越多地通过 IP 网来疏通，目前我国 VoIP 的长途业务量已经超过了传统电路交换上的语音业务量，而且互联网上享受免费语音业务的 MSN、SKYPE、微信等用户数和业务量在快速增长。目前各国际标准化组织（包括 ITU、3GPP、TISPAN 等）对下一代网络或下一代移动网络的研究已达成共识，即下一代网络或下一代移动网络是基于 IP 的。

4）网络融合

在网络向下一代网络发展的过程中，网络融合成为一个发展趋势。网络融合包括固定网和移动网的融合，也包括电信网、计算机网和广播电视网的三网融合。网络融合的目的是用户可以通过各种接入方式或各种终端无缝地接入网络，获得各个网络所能提供的服务，给最终用户提供一个统一的业务体验。

网络融合应能综合应用各种网络资源，体现资源的整合和共享。融合以后的网络将更加便于维护和管理，因此网络融合是通信产业发展的一个基本方向。

5）智能化

随着 5G 技术的逐渐成熟和物联网的实现，通信网络自然过渡到智能化时代，同时奠定了人类第四次工业文明的基础。智能化网络具备的优点：可以产生较多的增值业务；网络对业务的应变能力增强；网络管理能力大大提高等。因此，智能化通信网络是通信网络发展的新方向。

本章小结

本章首先给出通信网络的基本概念，这是学习通信网络原理与技术的根本前提。然后分析了通信网络的构成要素，主要包括通信终端、传输链路和网络节点；概括了通信网络的功能，指出现代通信网络应该具备的三大功能：栅格化信息传输功能、多业务承载功能和网络化服务功能；为便于学习和理解，从不同角度对通信网络进行了分类，分析了各种网络拓扑的特点和应用环境，研究了通信网络的分层结构，讨论了衡量通信网络的三个质量指标。最后总结了通信网络的发展历程，并指出通信网络的发展方向。

思考题

1．简述通信网络的基本概念。

2．简述通信网络的构成要素及各部分的功能。

3．根据未来通信网络的特征，论述通信网络的发展方向。

第 2 章　通信协议与网络体系结构

通信网络的体系结构决定了其功能的实现，同时影响着人们对通信网络的设计、维护与优化等。

本章首先分析通信协议、通信网络体系结构的概念及作用，然后分别分析通信网络的分层与典型网络体系结构、通信协议的应用，最后讨论通信网络协议跨层设计与优化问题。

2.1　通信协议

通信协议是通信网络的基础，是不同通信设备完成协作与沟通的工具。

随着通信技术的发展，人类通信信息的内容从基本的文字发展为语音、图像和通用意义上的数据，即三者混合的多媒体信息。通信信息的承载方式从基本的视线、纸张扩展为有线、无线、光纤等，从而使人类通信的范围从可视范围扩展为全球。组建承载网络的手段从最初的烽火台接力，到转接书信的驿站，到现在的覆盖全球的固定/移动通信网络。因此，现代意义上的通信概念已经扩展为基于特定的承载媒质，使用特定的传送机制，在全球范围网络内进行多媒体信息的传送。

为了实现这一通信目标，必须制定一些规则以进行承载媒质的选择，基于不同承载媒质的信息传送技术的协商，进行全球范围网络的管理，从而防止传送的信息发生冲突和丢失，保证信息传送的正确、安全等，这些规则即“通信协议”。

通信协议（Communication Protocol）是在通信过程中，为了保证通信过程的正确进行而制定的各种规则。

人类使用通信协议的历史可以追溯到公元前 1200 年的特洛伊战争，阿伽门农通过点燃烽火将雅典战胜特洛伊的消息送给约 500km 外的希腊神亚古尔。在这一场景中，“点燃烽火”代表了“战争胜利”，而在其他场景中，“点燃烽火”代表的可能是其他信息，如我国的长城烽火代表的是外敌入侵。如果在错误的时间和错误的场景点燃烽火，那么就会错误地表达含义，如周朝灭亡的导火线：周幽王“烽火戏诸侯”。

“烽火”点燃与否太过简单，不能表达更多的信息。因此，自古以来重要的发明——“书信”成为重要的通信方式。不管书信的承载方式是竹简、丝绸，还是纸张，其承载的内容都是“文字”信息，文字传递信息的正确与否由收发信笺的人掌握（用的什么语言，文字拼写是否正确等）。而由于信笺需要通过邮递网络进行传送，因此，到了秦汉时期，书信就形成了较为严格的使用规范，即书信由信封和信笺组成，信封上撰写封文，包括收信人地址姓名和发信人地址姓名，供信使查看使用。信封并不是发信人要传送的信息内容，却是保证信笺正常传递到收信人的重要信息。发信人—信使—收信人三者之间达成了书信传递协议。在这个协议中，把书信从发信人传递到收信人是协议的目标。为了达到这一目标，发信人需要“发信”给信使，信使需要“投递”信笺到收信人，万一投递不到，则信使需要“退信”给发信人。这就是明确的投递信笺的语义。为了保证这一语义的正确理解与执行，信封需要按照严格的规范填写：在准确的位置填写发信人/收信人的地址和姓名。这种信封的填写规范实际上就是语义被正确表达的语法规则。信使必须先执行投递过程，在投递不成功的情况下才能执行退信过程，这就是书信协议的基本时序规则。

基于以上的定义和实例分析可以看到，通信协议首先是一种“协议”，其必须遵守协议的基本内容有双边或多边之间；达成明确具体的目标；制定达成目标的方式方法；达成一致并共同遵守。协议的基本规则为具有明确的语义、准确的语法和准确的时序。

语法：规定通信双方应该如何操作，确定协议元素的格式，如数据和控制信息的格式或结构、编码及信号电平等。语义：为协调通信双方完成某些动作或操作而规定的控制和应答信息，如规定通信双方要发出的控制信息、执行的动作和返回的应答等。时序：事件实现顺序的详细说明，指出事件的顺序和速率匹配等。

由于通信协议是协议在通信系统中的具体应用，因此达成通信协议的双边或多边一定是通信系统。目标则是完成通信系统之间的协作（主要是进行信息传输）。达成目的的方式和方法则是在通信系统间就如何进行信息传输而设置一组规则，这组规则将表达特定语义，使用特定的语法规则。

因此，通信协议可以认为是通信系统之间就如何进行信息传输而达成的“协议”。

通信协议有一个很重要的特点，就是协议必须把所有不利的条件都事先估计到，而不能假定一切都是正常的和非常理想的。例如，两个朋友在电话中约好，下午 15:00 在某公园门口碰头，并且约定“不见不散”。这是一个很不科学的协议，因为当任何一方临时有急事来不了而又无法通知对方时（如对方的电话或手机都无法接通），则另一方按照协议就必须永远等待下去。因此，看一个通信协议是否正确，不能只看在正常情况下是否正确，还必须非常仔细地检查这个协议能否应付各种异常情况。

下面是一个有关网络协议的非常典型的例子。

例 2.1.1 占据东、西两个山顶的蓝军 1 和蓝军 2 与驻扎在山谷的白军作战。其力量对比：单独的蓝军 1 或蓝军 2 打不过白军，但蓝军 1 和蓝军 2 协同作战可战胜白军。现蓝军 1 拟于次日正午向白军发起攻击。于是发送电文给蓝军 2。但通信线路很不好，电文出错或丢失的可能性较大（没有电话可使用）。因此要求收到电文的友军必须送回一个确认电文。但此确认电文也可能出错或丢失。试问能否设计出一种协议使得蓝军 1 和蓝军 2 能够实现协同作战并一定（即 100%而不是 99.999…%）取得胜利?

解：蓝军 1 先发送“拟于明日正午向白军发起攻击。请协同作战和确认。”

假定蓝军 2 收到电文后发回了确认电文。

然而现在蓝军 1 和蓝军 2 都不敢下决心进攻。因为，蓝军 2 不知道此确认电文对方是否正确地收到了。如未正确收到，则蓝军 1 必定不敢贸然进攻。在此情况下，自己单方面发起进攻就肯定要失败。因此，必须等待蓝军 1 发送“对确认的确认”。

假定蓝军 2 收到了蓝军 1 发来的确认电文。但蓝军 1 同样关心自己发出的确认电文是否已被对方正确地收到。因此还要等待蓝军 2 的“对确认的确认的确认”。

这样无限循环下去，蓝军 1 和蓝军 2 都始终无法确定自己最后发出的电文对方是否已经收到。因此，在本例题给出的条件下，没有一种协议可以使蓝军 1 和蓝军 2 能够 100%地确保胜利。

如果把前面严格确认的条件放松，即要求同时进攻的概率很高，这样上面的问题就可以解决。解决的方法：如果蓝军 1 要在某一时间发起进攻，则蓝军 1 采用多种通信手段同时联系蓝军 2，并确信对方会以很大的概率获得该信息，而对方确信请求进攻方会发起进攻。这样双方取胜的可能性很大。

这个例子说明了通信协议的重要性，完善的通信协议应当保证通信的终端能高效地向用户提供所需的服务。

2.2　通信网络体系结构概念

早期，通信网络都是某一机构为了实现特殊的通信而自己架设的专用网络，基本上采用专用通信协议的方式，即使用一个通信协议包办从最底层的网络驱动到最上层的应用实现。网络建设有明确的目标，可以分析出具体的设计要求和为了实现目标所要完成的工作，所以早期的通信网络设计相对简单。但随着网络的扩展和互联，网络系统变得越来越复杂、庞大，并且不再属于单一的管理部门，而当采用不同实现方式的通信网络之间互通时，由于通信协议实现的差异，不同通信网络之间难以沟通。因此通信网络的设计不可能再延续传统的方法。

为了简化通信网络设计，提高网络传输的适应性和灵活性，一般都把通信网络的功能分成若干层。层次结构是指把一个复杂的系统设计问题分解成多个层次分明的局部问题，并规定每一层所必须完成的功能和任务。层次结构提供了一种按层次来观察网络的方法，它描述了网络中任意两个节点间的逻辑连接和信息传输。

在分层体系结构中，在同一层次中能够完成相同功能的元素称为对等实体（PE），实体既可能是一个进程，也可能是一个特定的硬件。体系结构中的每一层都由一些服务性质相似的对等实体构成。对等实体之间的通信必须使用相同的通信规则，即通信协议。

体系结构中的相邻层之间也需要通信，每一层都调用下层提供的服务，并向上层提供一定的服务。下层是服务提供者，上层是服务调用者。当下层向上层提供服务时，屏蔽了服务的具体实现方式。

服务和协议都是实体之间的通信规则。服务通信的实体是上下层关系，因此服务可以被视为垂直的通信规则。协议通信的实体是同一层次中的对等实体，因此协议可以被视为水平的通信规则。

网络体系结构就是层、协议和服务构成的集合，具体来说就是为了使各种不同的通信实体能够相互通信，将所有需要完成的工作进行分类，划分成明确的层次，并规定出同层进程之间的通信协议和上下层之间的接口及服务，如图 2.2.1 所示。

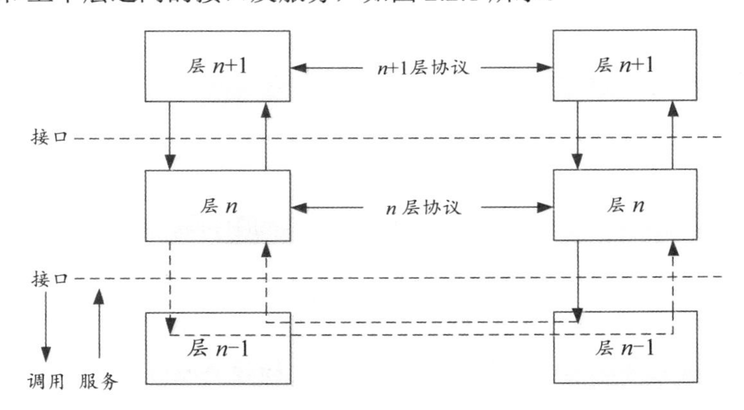

图 2.2.1　通信网络体系结构中的层、协议、服务与接口

体系结构是通信网络的一种抽象的、层次化的功能模型。下面介绍几个概念。

1）实体

实体是指为了进行通信而把某层所提供的功能模型化的概念。更确切地说，实体是指能发送和接收信息的任何东西，包括终端、应用软件、通信进程等。信息通过对等实体的服务功能完成在不同通信系统之间的传输。为了完成信息的传输，对等实体之间需要进行协作，但这种协作并不是直接的软件方法调用，而是通过异步消息传输的方式来实现的，这种异步消息传输被抽象为协议（Protocol）。因此对等实体之间的协作接口被称为协议参考点（PRP）。

2）服务访问点

在网络体系结构中，每一层都向相邻上层提供一定的服务。调用这些服务必须有相应的服务访问点（SAP），并且具备一定的规则。SAP 是上层调用下层服务的接口，是服务的唯一标识。

3）数据单元

有下面三种数据单元。

（1）协议数据单元（PDU）。不同系统对等实体间根据协议所交换的数据单元。

（2）接口数据单元（IDU）。同一系统的相邻两层实体所交换的数据单元。

（3）服务数据单元（SDU）。一个服务所要传输的逻辑数据单元。

在不同的协议层次中，数据单元有一些其他的表示法。例如，在物理层中，数据单元常称为比特（bit）；在数据链路层中，数据单元称为帧（frame）或信元（cell）；在网络层中，数据单元常称为分组或包（packet）；在传输层以上，数据单元常称为报文（message）。

不同层次间数据单元的传输过程如图 2.2.2 所示。

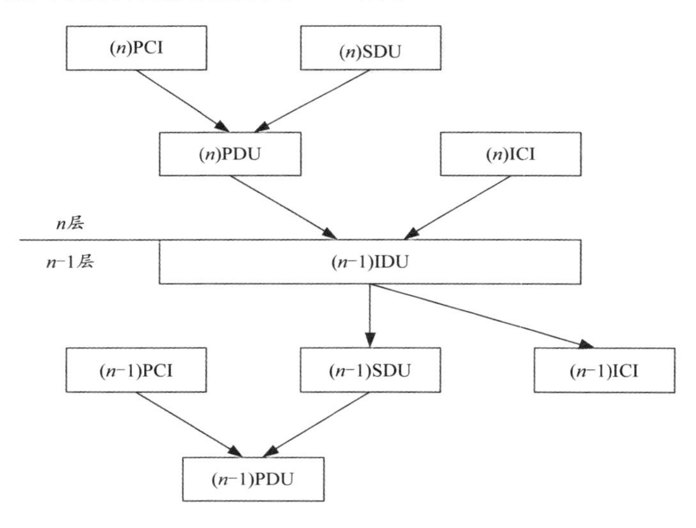

图 2.2.2　不同层次间数据单元的传输过程

在网络体系结构中，对等实体之间发送数据前需要附加 PCI（协议控制信息），PCI 和数据一并构成 PDU，如果将 SDU 类比为信笺，则 PCI 可以类比为信封。PDU 将委托给下层进行转发，对于下层而言，上层的 PDU 就是 SDU，上层将 SDU 交给下层之前，需要附加 ICI（接口控制信息），ICI 和 SDU 一并构成 IDU。如果将 SDU 类比为信笺内容，那么 ICI 就可以类比为信封的内容。

上层通过 SAP 将 IDU 传送给下层，下层收到 IDU 后，首先分离出 ICI，以了解上层需要调用的服务要求，再根据要求处理上层的 SDU。

4）服务

服务可以看成是由一组抽象的语句来实现的，这组语句称为服务原语。通信网络提出的服务原语概念，是指相邻层的下层向上层提供服务时信息交互所用的广义指令。服务原语要描述它所提供的服务，并制定通过服务存取接口双方传输信息的规范。一个完整的服务原语包括三个部分：原语名称、原语类型和原语参数。

原语名称是原语的标识，原语名称和原语类型是必需的，常用如下四种类型的服务原语。

（1）请求（Request）。一方要求改变服务进行状态时提出的双方协商，如建立连接、拆除连接和发送数据等。

（2）指示（Indication）。提示另一方某种事件或状态，如连接指示、输入数据和连接拆除等。

（3）响应（Response）。对另一方发送的请求或指示进行回复，如接受连接等。

（4）证实（Confirmation）。返回请求的结果，如请求回应、请求丢失等。

原语参数是可选的，但大多数的原语都带参数。原语的主要参数有目标 SAP 地址、源 SAP 地址、数据、优先级及与数据交换有关的其他信息。原语参数种类很多，原语不同其参数也有差别。

第 n 层要实现本层的功能，前提是使用第 $n-1$ 层的功能，即第 $n-1$ 层为第 n 层提供服务。

具体地说，层次结构应包括以下几个含义。

（1）第 n 层的实体在实现自身定义的功能时，只使用第 $n-1$ 层提供的服务。

（2）第 n 层向第 $n+1$ 层提供服务，此服务不仅包括第 n 层本身具有的功能，还包括所有下层服务提供的功能总和。

（3）最底层只提供服务，是服务的基础；最高层只是用户，是使用服务的最高层；中间各层既是下层的用户，也是上层服务的提供者。

（4）仅在相邻层间有接口，下层所提供的服务的具体实现细节对上层完全屏蔽。

根据服务具体实现形式的不同，服务可分为面向连接服务和无连接服务两种类型。这是由上层对下层服务质量的不同要求产生的。

（1）面向连接服务（Connection-oriented Service）。面向连接服务与电话系统服务类似，即在终端机开始通信之前，发送方必须向接收方发出连接请求，当对方同意连接后，双方建立一条消息通道并在这条通道中交换信息。当双方完成信息传输之后，便拆除通道。因此，面向连接服务的过程可分为三个部分：建立连接、数据传输和释放连接。面向连接服务的主要特点如下。

①需要建立通道，维护通道和拆除通道。

②信息在通道中传输。

③信息在传输过程中不用自己寻找目标。

④具体传输规则双方可以在建立连接时进行协商。

⑤可靠性高，服务质量好。

⑥可确保信息传输的次序。

⑦实现机理比较复杂。

（2）无连接服务（Connectionless Service）。无连接服务与邮政系统服务类似。无论何时，终端机都可以向网络发送想要发送的数据。在通信前，无须在两个同等层实体之间事先建立连接，通信链路资源在数据传输过程中完全动态地进行分配。发送方先将信息封装成一定的信息块，再通过网络发送到接收方，每一个信息块都具备传输路由信息，可以自主地传输到目的地。由于无连接服务不需要接收方的回答和确认，因此可能会出现分组的丢失、乱序或重复等现象。无连接服务的主要特点如下。

①无须建立通道，信息块自由传输。

②信息块包含识别目标的信息，传输相对独立。

③信息块传输的路径和方法不一定相同。

④传输规则事先约定。

⑤可靠性不高，服务质量不好。

⑥信息块不保证按顺序到达，而且容易丢失。

⑦实现机理比较简单。

2.3 通信网络分层与典型网络体系结构

基于分层模型的分析，通信网络按功能划分为多个不同的功能层。相邻层次之间通过服务接入点进行访问，访问的方法被称为原语。这种相邻功能层之间基于原语的通信规则称为接口（Interface）。不同通信网络的统一功能层之间通过协议参考点进行访问，而协议参考点的通信规则被称为协议（Protocol）。基于分层模型的分析可以看到，协议是对等实体的对等层次之间的连接关系，这种连接关系是通过在通信系统之间传输的应用信息上附加对等层次协议控制信息（PCI）来实现的，因此可以认为对等实体的对等层次之间所存在的是一种逻辑数据流。

当信息从对等实体的一方开始传输的时候，信息将作为 SDU 从 n+1 层通过接口传输到 n 层，并逐层添加该层的 PCI。当对等实体的目的方收到物理信道上的通信数据流的时候，SDU 则相反地从 n 层通过接口上报到 n+1 层，并逐层剥离附加的 PCI。由于通信系统的各个层次的核心功能是实现对等实体的对等层次协作，因此通信系统层次模型的实现可以认为是层次化的通信协议实现。通信协议实现体现在各个层次 PCI 的逐层添加与逐层剥离的过程，这一过程可以形象地描述为通信协议的入栈操作和出栈操作。因此，通信系统的层次化实现可以形象地理解为通信协议的“堆栈”，简称“协议栈”。

基于分层模型设计的通信系统，下层将向上层隐蔽下层的实现细节，从而保证每一层次的实现比较简单，易于处理。但是，层次也不能划分得太多。由于层次之间将使用接口来实现 SAP，这意味着每增加一个层次，都需要增加一次接口调用。同时，对等层次之间将使用协议来实现 PRP，因此每增加一个层次，都需要增加一个层次的协议。虽然协议是一种逻辑数据流，但这种逻辑数据流是通过在用户数据 SDU 上附加 PCI 实现的。因此，层次越多，协议越多，附加的 PCI 越多，实际的物理数据流量越大，资源消耗越大。

因此，分层系统的设计需要仔细权衡层次的划分，既要保证每一层次小到易于处理，又要保证层次不要太多，避免产生太大的负荷，降低信息传输的效率，导致资源浪费。

2.3.1　OSI 网络协议体系结构

典型的通信系统分层模型是 OSI 模型，开放系统互联（OSI）模型是由国际标准化组织（ISO）于 1984 年提出的一种标准参考模型，是一种关于网络通信系统结构的概念性框架模型。OSI 模型被公认为是网络通信系统的一种基本结构模型。OSI 模型将通信处理过程定义为七层：应用层、表示层、会话层、传输层、网络层、数据链路层和物理层，各层相对独立。OSI 模型如图 2.3.1 所示。

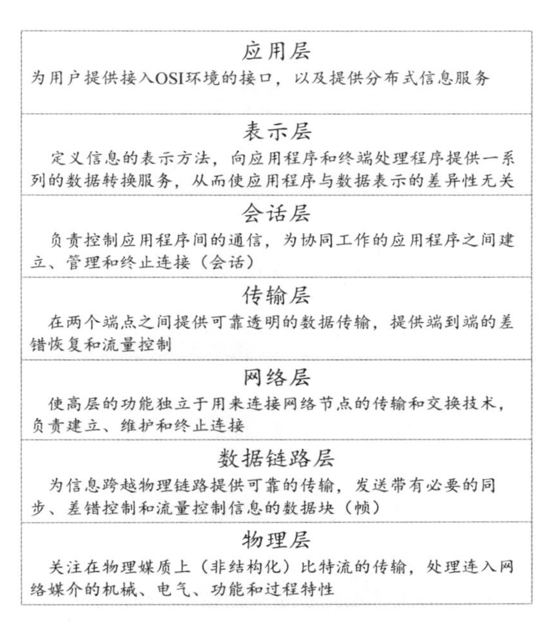

（a）OSI 模型的分层协议体系

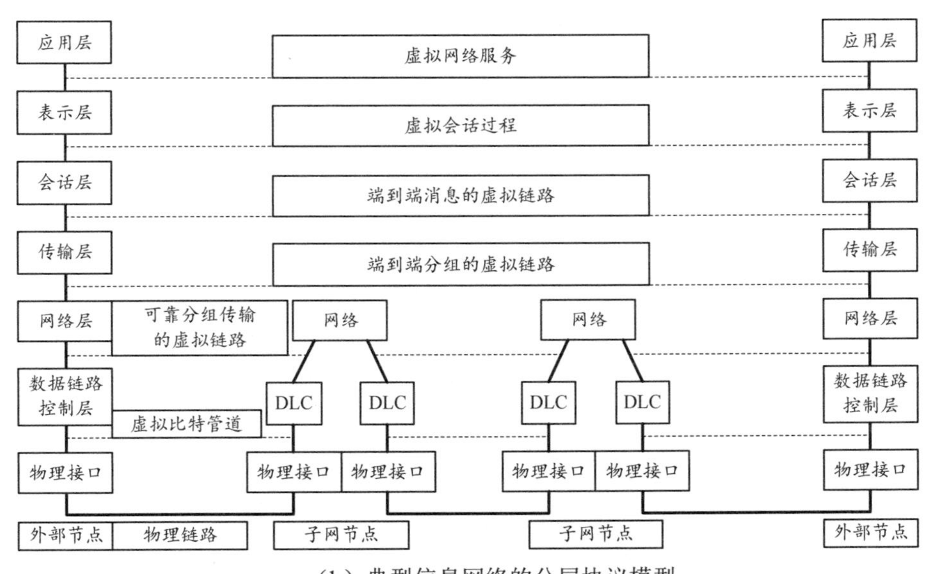

（b）典型信息网络的分层协议模型

图 2.3.1　OSI 模型

各层的主要功能如下。

第一层：物理层（Physical Layer）。在由物理信道连接的任一对节点之间，提供一个传送比特流（比特序列）的虚拟比特管道，并实现比特流的透明传输。物理层的透明传输是指物理层只忠实地传输比特流，并不负责比特流物理意义解释。在发送端，物理层将从高层接收的比特流变成适合于物理信道传输的信号，在接收端将该信号恢复成所传输的比特流。物理信道包括双绞线、同轴电缆、光缆、无线电信道等，详见 5.1.1 节。

物理层是最低的一层，它和物理传输媒质有直接的关系，决定了设备之间的物理接口及数字比特传输的规则。物理层有四个主要特性，即机械特性、电气特性、功能特性和过程特性。其中，前两个特性为传输媒质提供了物理接口，并规定了比特流在物理链路上的传输特性，如信号电压幅度和比特宽度等；后两个特性规定了物理链路的激活（建立）保持和解除激活的方法。

第二层：数据链路层（Data Link Layer）。物理层提供的仅仅是原始的数字比特流传输服务，并不进行差错保护。而数据链路层负责将物理层透明传输过来的比特流组织成有意义的数据单元（帧或信元），还负责数据单元的传输，并进行必要的同步控制、差错控制和流量控制。由于有了第二层的服务，因此它的上层可以认为链路上的传输是无差错的。

第三层：网络层（Network Layer）。网络层提供系统之间的连接，负责将两个终端系统经过网络中的节点用数据链路连接起来，组成通信通路，实现两个终端系统之间的数据单元透明传输。网络层的功能包括寻址和选择路由，链路连接的建立、保持和终止等。第三层提供的服务使它的上层不需要了解网络内部的数据传输和交换技术。

第四层：传输层（Transport Layer）。传输层可以看成是用户和网络之间的“联络员”。传输层利用低三层所提供的网络服务向高层提供可靠的端到端的透明数据传输。传输层根据发送端和接收端的地址定义一个跨过多个网络的逻辑连接（不是第三层所处理的物理连接），并完成端到端（不是第二层所处理的一段数据链路）的差错纠正和流量控制功能。传输层使得两个终端系统之间传输的数据单元无差错，无丢失或重复，无次序颠倒。

传输层的复杂程度和它下面三层所提供的服务水平及它的上层所要求的服务质量有关。低三层提供的传输越可靠，第四层的实体就可以做得越小；低三层的服务越糟糕，第四层的工作就越多。OSI 模型定义了五个等级的传输层协议，它们各自针对一个不同的低层服务等级。与此同时，如果高层（第五～七层）能容忍一定的传输差错和时延或偶然的数据丢失等不可靠性，则第四层的工作可以简化。

第五层：会话层（Session Layer）。会话层负责控制两个系统的表示层（第六层）实体之间的对话。会话层的基本功能是向两个表示层实体提供建立和使用连接的方法，而这种表示层之间的连接就叫作会话（Session）。除此之外，会话层还可以提供一些其他服务，如提供不同的对话类型（两个方向同时进行，两个方向交替进行，或者单方向进行等），以及遇到故障时的对话恢复（在对话中插入一系列检查点，一旦故障发生，会话层可以从故障发生前的一个检查点开始，重新传输所有数据）。

第六层：表示层（Presentation Layer）。表示层负责定义信息的表示方法，并向应用程序和终端处理程序提供一系列的数据转换服务，以使两个系统用共同的语言来进行通信。表示层的典型服务有数据翻译（信息编码、加密和字符集的翻译）、格式化（数据格式的修改及文本压缩）和语法选择（语法的定义及不同语言之间的翻译）等。

第七层：应用层（Application Layer）。应用层是最高的一层，直接向用户（应用进程 AP）

提供服务，它为用户进入 OSI 环境提供了一个窗口。应用层包含了管理功能，同时提供一些公共的应用程序，如文件传输、作业传输和控制、事务处理、网络管理等。

以上七层功能可按其特点分为两类，即低层功能和高层功能。低层功能包括第一～三层的全部功能，其目的是保证系统之间跨越网络的可靠信息传输；高层功能包括第四～七层的功能，是一些面向应用的信息处理和通信功能。

2.3.2　TCP/IP 协议的体系结构

TCP/IP 协议是在美国国防远景研究规划局（DARPA）所资助的实验性分组交换网络 ARPARNET 上研究开发成功的。TCP/IP 协议的通信任务组织成五个相对独立的层次：应用层、传输层、互联网络层、网络接入层、物理层。

TCP/IP 协议重点强调应用层、传输层和互联网络层，而对网络接入层和物理层只要求能够使用某种协议来传输互联网络层的分组。

TCP/IP 协议与 OSI 模型的对应关系如图 2.3.2 所示。需要注意的是，由于网络通信协议设计的出发点不同，因此各个通信系统的分层模型不可能与 OSI 模型完全映射。

1．应用层

应用层负责处理特定的应用程序细节，完成特定应用之间的沟通。这一层主要根据应用的不同而提供不同的协议，如简单电子邮件传输协议（SMTP）、文件传输协议（FTP）、网络远程访问协议（Telnet），以及后来发展起来的域名服务（DNS）、网络新闻传输协议（NNTP）和超文本传输协议（HTTP）等。

2．传输层

传输层负责主机间的数据传输服务，提供拥塞控制、可靠传输等。这一层主要提供传输控制协议（TCP）、用户数据报协议（UDP）等。TCP 为应用程序之间的数据传输提供可靠连接，是面向连接的协议。UDP 为应用层提供无连接的服务，它并不保证一定传到，也不保证按顺序传输及不重复传输。

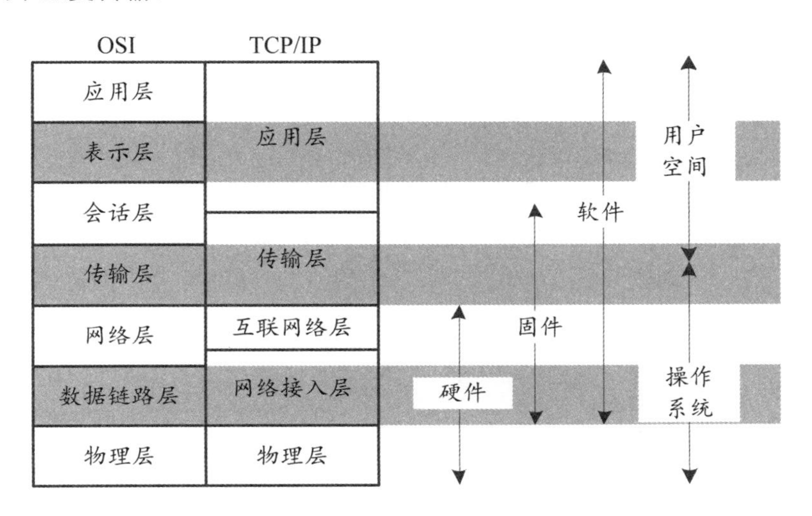

图 2.3.2　TCP/IP 协议与 OSI 模型的对应关系

3．互联网络层

互联网络层负责基本的数据封包与传输，提供网络组网管理与目标可达性管理等功能，但互联网络层并不提供数据包是否正确到达的校验。这一层的基本协议是互联网协议（IP）。

4．网络接入层

网络接入层对实际的网络媒体进行管理，定义如何使用实际网络（如 Ethernet、Serial Line 等）来传输数据。

网络接入层关心的是如何在一个网络中的两个端系统之间传输数据，主要解决一个端系统（如计算机）和它连接的网络之间的数据交换问题。发送端计算机必须给网络提供目的计算机的地址，以便网络将数据传到相应的目的地。发送端可以充分利用网络提供的服务。如果两台设备连在两个不同的网络上，使数据穿过多个互联的网络正确地传输，这是互联网络层（网际层）要完成的功能。

5．物理层

物理层的主要功能是完成邻居节点之间原始比特流的传输。需要注意的是，物理层并不是网卡实体，这是一些人的错误理解。物理层只是一种处理过程和机制，这种过程和机制用于将信号放到传输媒质上及从传输媒质上收到信号。对等功能实体物理层之间的协议被称为物理层协议。物理层面向比特流进行数据传输。

2.4 通信协议应用

2.4.1 通信协议分类

虽然特定层次的通信协议的最终目的是在对等实体的对等层次之间完成信息的传输，但是，由于通信协议所针对的 SDU 不同，因此通信协议具有不同的目的与作用。

当第 n 层通信协议所携带的 SDU 为第 $n+1$ 层的下发数据时，通信协议的目的是完成对等层次间传输 $n+1$ 层数据。但是在特定场景下，对等功能实体的第 n 层之间需要进行协调，以完成特定的层间协作能力，如判断对等层次的可达性、更新对等层次的路由表等。此时，协议 SDU 的内容不再是 $n+1$ 层的数据，而是对等层次协作所需要使用的数据结构。因此，我们可以根据 SDU 的具体内容，将层间协议进一步划分为传送协议和控制协议。

传送协议：SDU 为 $n+1$ 层的数据。

控制协议：SDU 为对等层次之间为了实现特定的对等层间逻辑功能而设置的协作信息。

可以认为控制协议是传送协议的特性化，传送的是本层自行构造的 SDU，协议控制信息（PCI）是相同的。此时控制协议与传送协议相同，按照层间接口功能要求构造第 $n-1$ 层接口的 SDU。

传送协议与控制协议的关系示例如图 2.4.1 所示。

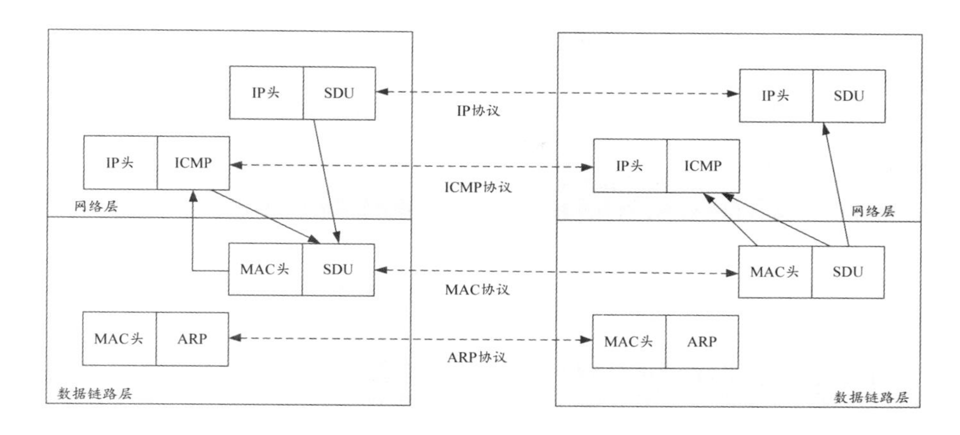

图 2.4.1　传送协议与控制协议的关系示例

MAC（多址接入控制）协议用于实现以太网的数据链路层能力，进行基于以太网的数据交换。ARP 协议是以太网的数据链路层的控制协议，用于实现 MAC 地址与 IP 地址的映射，支持将网络层接收到的 IP 地址映射为实际的 MAC 地址，以构建 MAC 协议的 PCI。

同样，IP 协议用于实现 IP 网络的网络层能力，进行基于 IP 的网络组网和数据交换。而 ICMP（Internet 控制报文协议）是网络层控制协议，主要用于在主机与路由器之间传输控制信息，主要包括报告错误、交换受限控制和状态信息等，以检测网络的连接状况，确保连接的可用性。ICMP 仍然使用 IP 头，但是承载的 SDU 并不是应用的数据，而是 ICMP 数据。

基于分层模型，当网络层构造了 ICMP 数据报之后，仍然通过调用数据链路层的接口将数据报（SDU）下发给数据链路层。数据链路层并不会关心所接收到的 SDU 是 ICMP 数据报还是 IP 数据报，而会笼统地按照为网络层服务的 SDU 来分析使用。这充分体现出通信网络的分层模型：第 n 层并不关心第 n+1 层如何使用接口能力，只忠实地将 n+1 层的 SDU 下发，按照第 n 层的协议互通规则完成数据的传输。

2.4.2　通信协议实例分析

既然通信协议是通信系统之间就如何进行信息传输而达成的“协议”，那么通信协议必将具有相应的语义、语法和时序。下面将使用 TCP/IP 中的 ARP 协议进行分析。

Internet 使用 IP 地址标识主机，但 IP 地址实际是逻辑地址。局域网使用 MAC 地址标识主机，因此在局域网中传输数据需要使用 MAC 地址寻址。使用 IP 地址作为目标地址的数据包需要将目标 IP 地址映射为相应的以太网 MAC 地址才能承载在局域网上传输。这就要求有一种机制，能够在局域网上探寻到底是哪一台主机拥有目标 IP 地址。这种机制通过简单的“询问—应答”机制来完成，即需要获得目标实际 MAC 地址的主机，对局域网广播地址查询请求，而拥有相应 IP 地址的主机在收到查询请求之后，将返回查询响应，报告自己的 MAC 地址，从而保证发送端能够访问正确的目的端主机。为了达到这一目的，在计算机网络中设计了一种获得 32 位 IP 地址与 48 位以太网地址间映射关系的协议，称为 ARP 协议（地址解析协议）。获得地址映射就是 ARP 协议所需要完成的最终目的。下面分析 ARP 协议的定义方式。

1. 语义的定义方式

在 IP 地址与以太网地址映射过程中有如下两种映射需求。

（1）已知目标 IP 地址，获得其对应的 MAC 地址——正向地址解析。

（2）已知目标 MAC 地址，获得其对应的 IP 地址——反向地址解析。

为了完成这两种映射需求，ARP 协议需要提供以下的语义。

（1）正向地址解析。

①ARP 请求：已知目的端的 32 位 IP 地址，广播查询这个 IP 地址被哪台服务器拥有。

②ARP 响应：响应请求，告知请求发起方被查询的该 IP 地址被指定的 48 位以太网地址服务器拥有。

（2）反向地址解析。

①RARP 请求：已知目的端的 48 位 MAC 地址，查询这个 MAC 地址所分配的 IP 地址；

②RARP 响应：响应请求，告知请求发起方被查询的 MAC 地址绑定的 IP 地址。

2. 语法的定义方式

在明确协议的目标和希望实现的语义之后，还需要解决以下两个问题：如何描述定义好的语义？如何解析，使所要表达的语义能够被理解？因此，ARP 协议需要规范两方面的内容：协议消息结构定义与消息编解码定义。协议消息结构定义是指为了准确表达语义而需要的各种参数及参数取值的定义。为了准确表达语义，协议可能需要各种类型的参数，可能是定长的，也可能是变长的；可能是必选的，也可能是可选的。同时，在某些环境下，某些参数会出现，而在其他环境下，某些参数就不会出现。协议消息结构定义必须准确地对参数、参数取值及参数出现的顺序和条件进行定义。消息编解码定义是指为了保证通信双方能够按照相同的方式构造和解析消息结构内容的消息构造规则。消息编解码定义必须解决消息参数取值的类型、长度、高低字节顺序、可选参数指示等问题，以保证通信的双方对网络传送的数据有一致的理解。这两部分合起来共同约束协议数据单元（PDU）的结构。ARP 协议的 PDU 结构如图 2.4.2 所示。

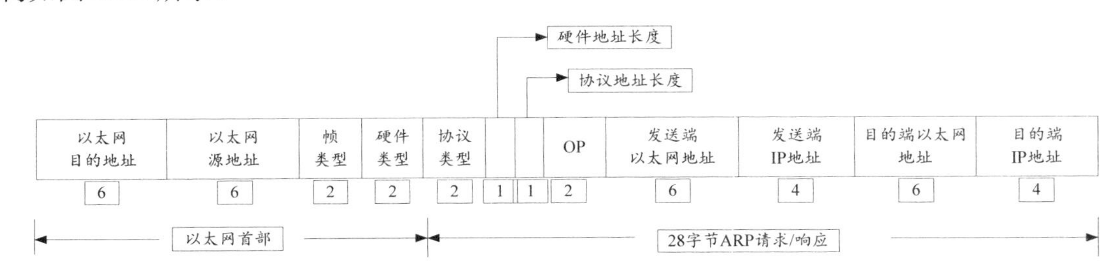

图 2.4.2　ARP 协议的 PDU 结构

在 ARP 协议中，ARP 请求、ARP 响应、RARP 请求和 RARP 响应四种语义使用相同的 PDU。ARP PDU 设置了操作字段（OP），以指示 ARP 协议所希望使用的四种操作类型。其中 ARP 请求取值 1，ARP 响应取值 2，RARP 请求取值 3，RARP 响应取值 4。

在 PDU 结构中包含以下字段。

（1）发送端以太网地址：请求地址解析的主机的 MAC 地址。

（2）发送端 IP 地址：请求地址解析的主机的 IP 地址。

（3）目的端以太网地址：响应地址解析请求的主机的 MAC 地址。

（4）目的端 IP 地址：响应地址解析请求的主机的 IP 地址。

其中，ARP 请求不携带目的端以太网地址和目的端 IP 地址，而 ARP 响应必须携带目的端以太网地址和目的端 IP 地址。

通过 PDU 结构的定义，就能够保证协议双方正确理解协议的语义，而不会产生歧义。

但是只定义结构不够，通信双方还需要知道以什么样的规则生成数据片段，并在获得数据片段之后知道如何解析这一数据片段。这种规则就是 ARP 协议的 PDU 编解码规则：ARP 协议使用二进制消息编码，二进制字串中的每一位都通过协议编码表达特定的消息结构含义，如 ARP 分组中的第 7~8 字节，代表操作字段（OP）。

3．时序的定义方式

时序是指协议语义被正确表达的时间点和顺序。在 ARP 协议中，为了能够正确表达 ARP 消息的语义，ARP 消息的发送需要具有明确的指向性，其中 ARP 请求的方向是由地址翻译请求方到整个局域网，ARP 响应的方向是由 IP 地址所有方到地址翻译请求方。如果方向不对，则 ARP 协议所要表达的语义就是错误的，ARP 协议的预期目标不能实现。

为了能够正确表达 ARP 消息的语义，ARP 消息不但应该具有明确的方向，还应该具有明确的顺序。其中 ARP 响应必须在收到 ARP 请求之后发送。如果不依照这个顺序规则而随意发送 ARP 响应，则这条 ARP 响应虽然符合语法，但不符合 ARP 协议的语义，自然不能达成地址翻译的预期目标。

通信网络上的数据传输可能有丢失或错误，为了确保ARP消息的语义能够可靠地被表达，ARP 消息应该具有定时的规则，以保证 ARP 消息能够在合适的时间被发送。当在一定时间之内没有收到 ARP 请求的响应时，需要重传 ARP 请求。

ARP 协议中规定的定时：第一个 ARP 请求超时时间 T_1=5s；第二个 ARP 请求超时时间 T_2=24s 等。在超时时间到达后，需要重新发送 ARP 请求，以确保目的端确实能够收到映射请求，避免意外的消息丢失。

协议时序一般采用时序图来描述，ARP 协议时序图如图 2.4.3 所示。

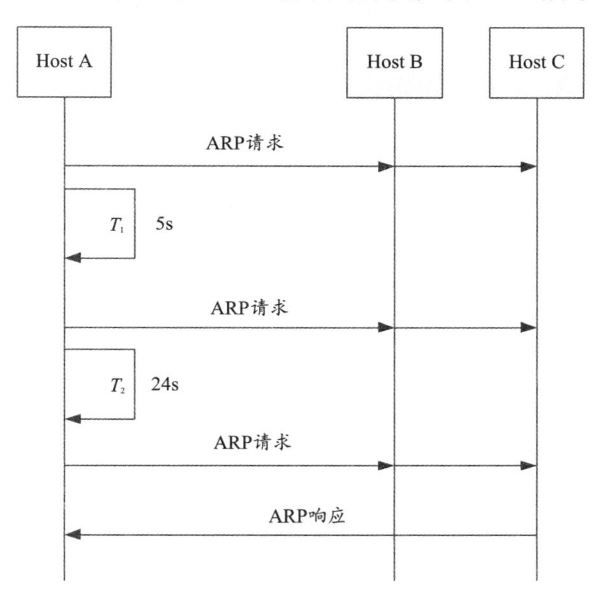

图 2.4.3　ARP 协议时序图

通信协议的时序一般需要满足以下三个要求。

（1）协议 PDU 的发送是有方向的。这一要求被定义为协议时序的方向（Direction）。

（2）协议 PDU 的发送是有顺序要求的。这一要求被定义为协议时序的顺序（Sequence）。

（3）协议 PDU 具有一定的定时规则。这一要求被定义为协议时序的定时（Timer）。

基于通信协议的分析可以看到，通信协议作为通信系统中的“协议”应用，必须遵守协议的基本规则，即具有明确的语义、准确的语法和准确的时序。

为了保证通信协议语义的正确表达和正常传输，通信协议的时序需要进一步包含以下三种基本内容：通信协议 PDU 发送的方向、通信协议 PDU 前后相继的发送顺序、通信协议 PDU 发送的定时规则。

一般情况下，通信协议所要达成的目标可以使用自然语言进行描述，通信协议的语义也可使用自然语言进行描述，且务必做到尽可能准确与详细。但是在描述通信协议的语法和时序时，自然语言就不太适合了，这是因为自然语言太容易产生歧义。因此在实际使用中，语法和时序一般采用形式化的描述方法。例如，语义的语法描述使用 BNF 范式，编码则使用编解码规范（ASN.1）等进行描述。时序则一般使用时序图（MSC 图或 UML 中的序列图）进行描述，以保证准确无歧义。

2.5 通信网络协议跨层设计与优化*

在通信系统中，协议栈各层之间有着非常密切的相互制约关系，系统性能是各层共同作用的结果。传统的无线通信系统设计沿用严格分层的 OSI 模型，单独对各层进行设计和优化，各层间的接口是静态的，与系统的约束和应用需求无关。这种方法简化了系统设计，具有较好的鲁棒性。然而，由于只能在邻层之间以固定方式进行通信，层与层之间缺乏足够的信息交流，难以充分利用系统资源，OSI 模型严格分层的方式不能对无线网络资源进行整体管理、综合优化，因此网络性能得不到整体优化。

各层一般都有各自的优化设计准则，物理层可能集中在减小误码率，MAC 层可能注意节点数据吞吐量或信道有效性，网络层则注重时延或路由效率。然而 MAC 采用的数据速率决定于链路质量、物理层调制/编码方案和业务的误码率要求等，又影响了网络层的时延。这些因素对系统性能的影响不是孤立的，而是相互影响、相互作用的，系统最终性能是这些因素共同作用的结果。

为了解决上述问题，学术界提出了跨层设计思想，即通过各层协议之间特定信息的交互和共享来协调各层的工作，使之更好适应无线通信环境，满足各种业务的不同需求。跨层设计的核心是突破严格的层间界限，着眼于层间的相互依赖和影响，将分散在各层的参数协调融合，使协议栈能够根据无线环境的变化和业务需求的不同，实现系统资源综合、有效的优化配置。跨层设计是在各层信息共享基础上的整体设计，以达到系统吞吐率的最大化、传输功率的最小化或 QoS 的最优化等目的，并不是对传统分层模式的简单否定。

无线网络跨层设计能够将各层相关的参数及其相互影响进行综合分析，为衡量网络整体最佳性能提供依据，因此跨层设计需要建立合适、准确的系统模型，分析系统性能，确定在不同条件下影响性能的主要因素，并制定与之适应的优化控制方案。

2.5.1　跨层协作设计基础

1．跨层协作设计

无线网络传输媒质的开放性和无线信道质量的时变性等物理特性使无线接入信道成为一种非常不稳定的媒质。无线接入信道的这种动态特性增加了无线通信网络设计的难度。如果按照传统网络协议层设计，保持各层之间的透明性和独立性，那么人们为了保证物理层的可用性，往往只会按照信道性能最差的情况和系统最低要求进行保守设计，这造成在信道质量较好的情况下频谱、功率等资源的浪费。所以，传统的严格分层 OSI 模型不能对无线网络资源进行整体管理，不能使网络性能得到整体优化。考虑到未来的无线网络必将是各种异构网络的融合，主要业务为实时多媒体应用，所以无线网络的协议栈需要进行相应的变化。自适应技术将是主要手段之一（自适应意味着网络协议和应用都有观测网络变化并进行响应的能力）。但是，自适应技术不仅要求根据本层相关参数进行自适应调整，而且必须考虑其他层的相关参数，这就需要跨层协作设计技术。跨层协作设计技术是指在协议层之间引入交互和依赖，使原来相邻的层通过以前没有的接口进行通信，或者让不相邻的层可以通信。在无线环境中，数据链路层、网络层、传输层和物理层之间可以通过跨层协作来进行网络资源的整体管理，改善网络性能。所以，从无线因特网协议栈演进的角度讲，为了优化网络性能，采用跨层协作设计技术是必要的。

近年来，跨层协作设计技术被广泛用于蜂窝通信、WLAN、Ad Hoc 网络及 WiMAX 等无线通信网络。实际上，跨层协作设计的思想早就被提出来了，只是过去主要用于系统研究和软件设计，近几年才逐渐过渡到通信网络协议设计领域，并且在蜂窝通信、WLAN、Bluetooth、MIMO、OFDM、无线传感器网络、Ad Hoc 网络及无线 Mesh 网络的系统优化设计等方面取得了一定的成果。跨层协作设计并非完全否定传统的分层模式，它的一个重要原则就是不孤立地对各层进行设计，而利用层间的相关性选择性地加强某些层之间特性参数的协调融合，通过层间信息共享来设计应用驱动的、自适应的及资源感知的跨层协作协议栈，实现高层链路与低层特性间的合理匹配。

2．跨层协作设计的方法分类

在传统的无线通信网中，只考虑对单层协议进行设计与优化，并且各相邻层协议栈只能以固定的方式进行通信。而跨层协作设计技术根据无线环境的变化来确定层间的界线，实现跨层协作参数的联合校正。跨层协作设计可以从概念上理解为制定出跨多个协议层的选择策略，使得由此产生的跨层协作操作得到最优化。根据层间的交互方式，跨层协作设计可以分为四类，如图 2.5.1 所示。

（1）层内增加接口。根据设计需要，在层内创建新的对外接口并且基本保留原有协议，如图 2.5.1（a）所示。在协议通信时，层间信息通过新增的层内接口进行交互。这种方法直接打破了传统的分层模型，但可以兼容传统协议且实现方式简单。

（2）邻层合并。将需要联合优化的两个或两个以上的相邻协议层合并，如图 2.5.1（b）所示，组成一个超级层，在使用时可以不用对常规的协议架构进行修改。HARQ（混合自动请求）就是一个典型的应用案例，将位于物理层的 ARQ 和位于链路层的 FEC 算法进行合并来增加算法的效用。

（3）独立接口层。如图 2.5.1（c）所示，不用对原有协议进行修改，只需要在交互层之间建立一个中间接口层对相关交互参数进行综合处理。该方法属于一种轻度跨层协作，层间信息交互过程对通信层是完全透明的。不过在这种方法下，中间接口层可利用的层间交互参数比较有限。

（4）垂直校正。在垂直校正方法下，参数的调整涉及所有的协议层，如图 2.5.1（d）所示。显然，对所有层进行综合考虑时的网络性能肯定要优于只考虑单层协议参数时的情况。垂直校正分为静态校正和动态校正两种。其中静态校正是指在跨层协作设计时需要用到的各层的协议参数是确定的，而动态校正是指在运行时根据信道质量、链路负荷及网络通信状况灵活地对协议参数进行动态调整。

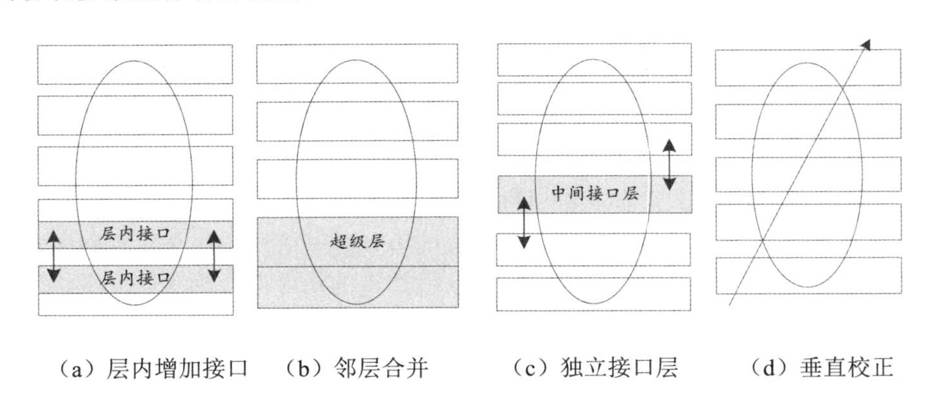

图 2.5.1 跨层协作设计实现方法分类

3．跨层协作设计的层间信息交互

在使用跨层协作设计技术时，需要考虑协议层间的依赖关系，以加强层间的信息交互与共享，实现对网络资源的优化配置。各协议层与其他层之间的跨层协作设计要求如下。

1）物理层与其他协议层的交互

由于物理层的自身特性与网络性能密切相关，并且与其他层的交互非常复杂，如果在进行网络优化时对物理层仍然单独考虑，那么优化算法将不能从本质上提高网络容量。因此，在进行跨层协作设计之前应该了解物理层与其他协议层之间的交互要求。

物理层通过采用不同的发射参数来影响 MAC 层信道的多址接入。一方面，物理层协议可以根据高层协议的 QoS 需求来实施功率和调制解调的自适应控制；另一方面，在无线网络中，路由协议可以根据物理层反馈的信道质量信息，从多条可选路由中选择一条信道质量最佳的路由进行数据转发。在进行路由选择时，根据不同链路间的物理层发射功率、误码率和调制方式等信息进行路由判断。

在无线网络环境中，引起数据丢失的原因除链路拥塞外，还有可能是误码率过大。如果能够在传输层感知物理层的误码率情况，就可以在传输层设计一种符合无线多跳网络环境要求的拥塞控制方案。

2）MAC 层与其他协议层的交互

MAC 层可以向其他协议层提供的信息包括 FEC、ARQ 及剩余带宽等。路由协议可以根据 MAC 层的链路信息（如邻居节点情况）进行路由选择。传输层可以根据 MAC 层的拥塞信息（如缓冲区使用情况）即时调整数据发送速率，避免在本节点丢包。

此外，在 MAC 层可以根据应用层不同业务流的 QoS 需求，动态调整队列的调度及处理方式。根据物理层对速率和误码率的要求，可以在 MAC 层进行功率控制。同样地，可以在数据链路层采用更强的差错控制机制来降低误码率。

3）网络层与其他协议层的交互

无线网络中的路由协议（如 AODV、DSR 和 DSDV 协议等）通常都会选择跳数最小的路径进行数据转发，并没有考虑到下层物理信道和 MAC 层链路状况，使得网络性能无法达到满意的指标。因此，在进行路由选择时，可以先了解链路拥塞情况、BER、丢包率及发送时延等信息。路由协议还可以通过选择基于不同 QoS 准则的路由依据来响应不同业务流的 QoS 需求。此外，通过相关链路状态反馈信息，无线 Mesh 网络中的路由协议可以主动感知路由失效，即时选择新路由并更新路由表，从而大大降低路由维护开销。

4）传输层与其他协议层的交互

在无线网络中，无线链路的切换、信道的干扰及信号衰减同样可以造成通信数据的丢失。在传统的 TCP 控制机制中，只要产生丢包现象就会判决为网络拥塞，从而频繁地触发重传机制，加剧网络拥塞。利用跨层协作设计技术，TCP 控制协议可以感知网络层的通信连接情况、MAC 层的链路使用情况及物理层的信道质量等信息，并根据这些下层信息来分析引起网络丢包的原因，合理地调整发送窗口。此外，传输层可以将获得的丢包率和吞吐率等信息提供给应用层，应用层可以据此调整发送速率。

表 2.5.1 详细给出了不同协议层之间可以交互的参数。根据无线通信环境的动态变化，通过跨层协作设计技术可以在各通信层中快速地选择最优的参数、算法和策略，以充分利用网络资源，达到系统总吞吐率最大化、总功率最小化和 QoS 最优化等目的。

表 2.5.1　协议层间的信息交互

源层	目的层				
	应用层	传输层	网络层	数据链路层	物理层
应用层	—	业务 QoS 要求	业务 QoS 要求	业务 QoS 要求、信道编码方式	业务 QoS 要求
传输层	吞吐率、丢包率	—	—	TCP/UDP 协议	—
网络层	网络切换	网络切换	—	路由拓扑	—
数据链路层	误帧率、链路带宽、FEC	FEC、ARQ、切换过程，链路状态、分组调度队列	切换过程、链路状态，带宽、帧尺度	—	多址方式，功率控制
物理层	带宽	误码率、带宽	误码率，带宽，调制机制	误码率、带宽、调制机制、发射功率、媒质监听、信噪比	—

2.5.2　跨层协作体系结构

基于跨层协作设计思想的算法可以提升无线网络性能，有效地利用网络资源。但是，目前所研究的算法一般都只关注模型的建立及求解，对无线网络如何去承载相应的算法一般都没有进行讨论。而且，这些通常降低了模块化层次，可能会降低设计和开发过程的相互独立性，使进一步改善设计和创新的难度变得更大。事实上，必须根据各类算法的应用背景及算法特点建立合理的体系结构和协议，才能够有效地支持相应算法的执行，充分发挥算法的性能。

因此，采用跨层协作设计思想对无线网络中的各类问题进行求解，虽然可以有效地提升网络的性能，但是在研究相应跨层算法的同时，必须注意研究合理的体系结构来支撑算法的运转，因为这些结构是独立于任何应用并且可以针对系统的改变而进行调整的。

下面介绍目前比较常用的一些跨层协作的体系结构。

1. TinyCubus 体系结构

TinyCubus 体系结构是一种能够支持各种不同应用需求的跨层协作体系结构，如图 2.5.2 所示。TinyCubus 体系结构包括三个模块：DMF（数据管理框架）、CLF（跨层框架）和 CE（配置引擎）。DMF 能够实现系统和数据管理功能模块的动态选择和调整。CLF 支持数据共享和模块间的协作以实现跨层优化。CE 能够根据 WSN 的拓扑及特定的功能实现可靠的、有效的分布式编码。

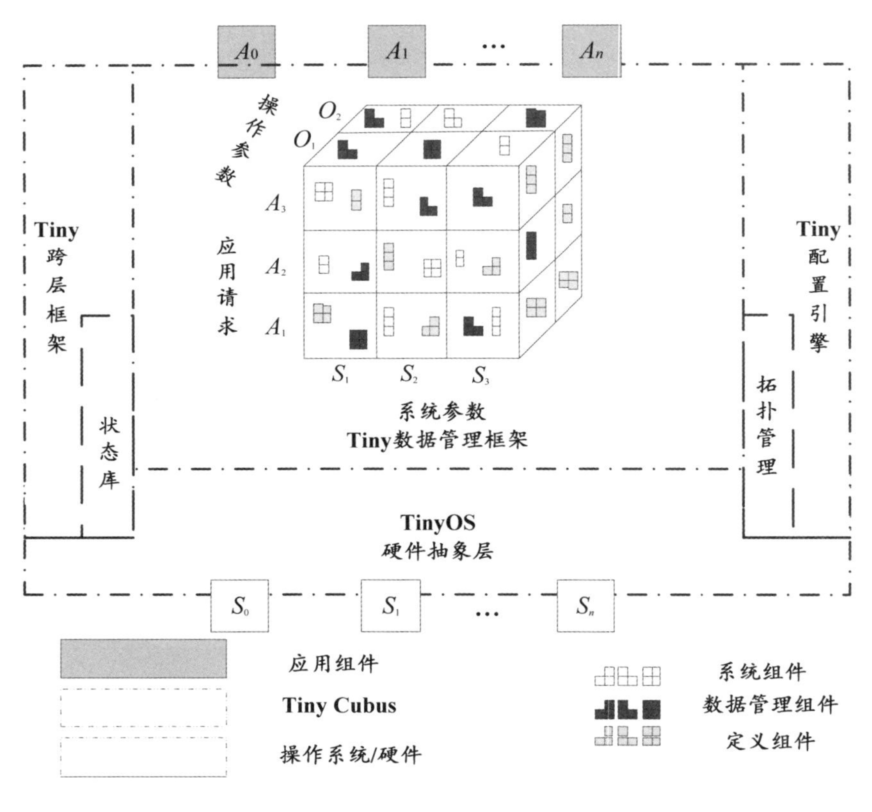

图 2.5.2 TinyCubus 体系结构

2. OA-CLD 体系结构

OA-CLD 是一种基于 OA（最佳代理）、优化代理的跨层优化通用体系结构，如图 2.5.3 所示。

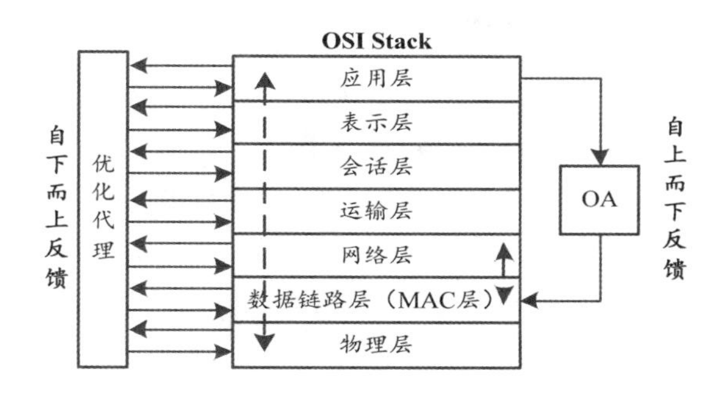

图 2.5.3　OA-CLD 体系结构

OA-CLD 体系结构通过引入一个数据库来实现协议栈各层间的交互，节点的标识、跳数、能量水平和链路状态等基本信息都可以暂时保存在该数据库中以供不同协议层调用。该体系结构实现了自上而下和自下而上的协议栈非相邻各层协议的交互。不过，虽然该体系结构保持了原有的层次化结构和可扩展性，却没有明确定义在数据库中保存信息的属性，也没有根据特定应用为各层操作数据库定义接口。

3．CiNet 体系结构

微波无线传输的报文从上层协议转到下层协议处理，引入了过多的存储资源消耗和计算能耗，在各层附加的报文头增加了数据帧长度，造成了过多的传输能耗。为此，Hakala 和 Tikkakoski 尝试优化协议栈高度，提出了一种基于 802.15.4 接入协议的跨层协议体系结构 CiNet 并建立了网络模型，如图 2.5.4 所示。该体系结构在 802.15.4 接入协议之上分为并行的两个区域：一个是应用实体和协议栈，负责基于应用的数据传输；另一个是跨层管理实体（LME），负责全面的网络管理。LME 进一步分为管理实体（ME）和共享数据结构两部分，通过共享数据结构将几个模块耦合在一起。在 LME 内定义了四个跨层实现的任务：①实现短任务周期；②选择最优的发射功率；③网络配置和拓扑管理；④编码与解码。CiNet 体系结构不仅将与各层相关的数据抽象出来，还将与跨层相关的功能与协议栈分离，但该体系结构不能与互联网兼容。

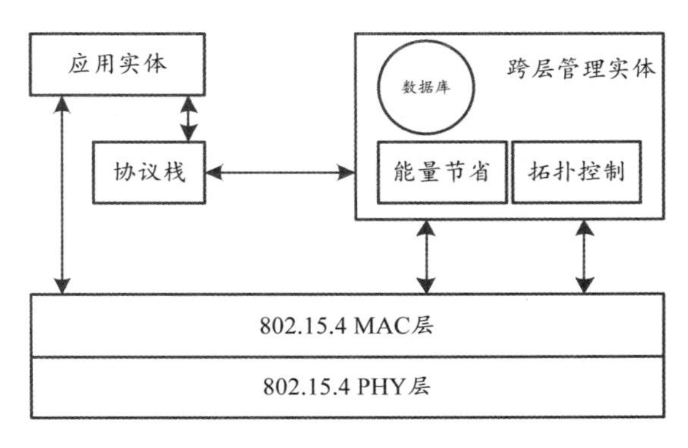

图 2.5.4　CiNet 体系结构

4．可编程跨层体系结构

图 2.5.5 给出了一种可编程自组织网络体系结构的模型，它可以适应无线传感器网络。可

编程网络技术是1997年起步的信息网络前沿技术，中心思想是将计算机独特的可编程性能移植到通信网络中，使网元成为可编程的智能实体。可编程网络通过提供携带执行程序的主动包和开放可编程接口的方式赋予了网络中间节点更多的功能。自组织网络中的节点的角色不断地在中间节点和源/宿节点之间变换，节点有时还会同时扮演两种角色。因此，可编程自组织网络中的所有节点应具有同样的网络架构。

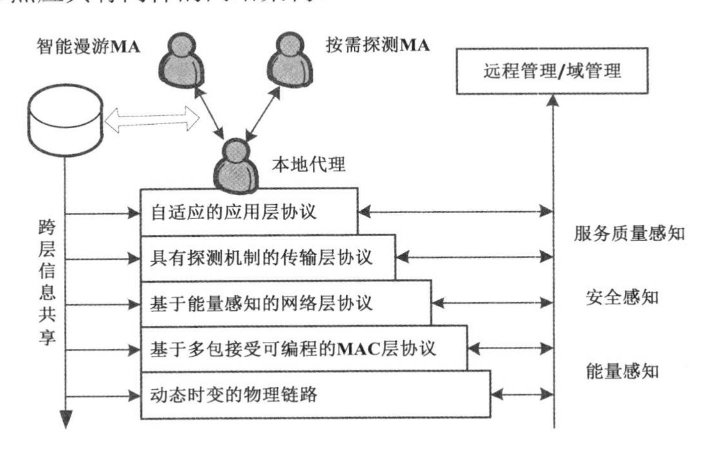

图 2.5.5 可编程跨层体系结构

5. CRA-CCSS 体系结构

现有的信道接入策略在资源管理、调整和保护方面的优化没有充分地考虑异构无线网络的特点。同时，数据压缩和流算法没有考虑错误及资源的分配，目前的这些安全优化策略无法为宽带业务提供足够的支持。为此，有学者提出一种新的跨层体系结构 CRA-CCSS，如图2.5.6所示。跨层控制子系统中包含6个模块：链路测量、邻居节点状态交互、节点协商、选择下一跳、功率调整和信道切换。其中，链路测量用于收集链路状态信息；选择下一跳通过采用接入控制方法来保证所选择的下一跳能够提供所需要的服务；信道切换依据对时延的估算来切换；邻居节点状态交互通过每个节点用不同的传输功率广播附有节点信息的“Hello”消息来实现，节点能够获得多跳的流量和链路状态信息；节点协商用于实现节点间的协作；功率调整用于节点根据信道衰减状况调整信号功率大小，便于统一处理。CRA-CCSS 体系结构实现了能量损耗及端到端拥塞率的降低，使得异构无线网络更加稳定，支持更多的跳数。

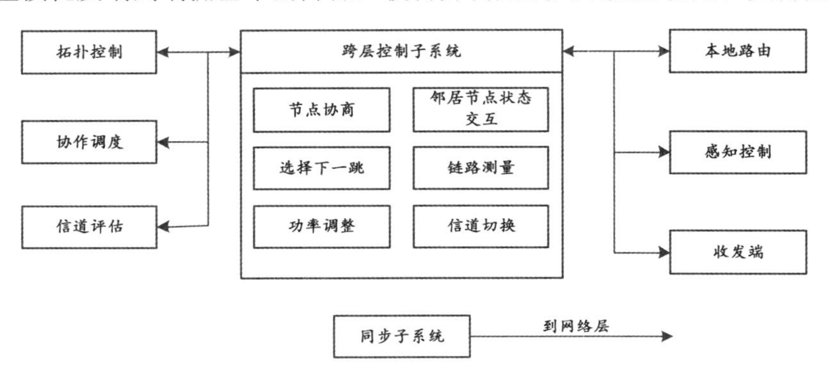

图 2.5.6 CRA-CCSS 体系结构

本章小结

本章系统地阐述了通信协议的定义及协议的基本构成：语法、语义和时序。通信协议的最终目的是在通信系统之间进行数据的传送，而通信网络一般采用分层的抽象描述思想，重点强调了协议栈的概念。协议栈与网络分层相对应，极大地简化了通信协议的设计和实现。同时，详细讨论了 OSI 模型和 TCP/IP 协议模型的层次结构和各层的功能，并进行了简要的对比，对通信协议进行了分类和实例分析。最后探讨了现在通信网络协议设计的跨层优化方法。

讨论题

1．分析克莱顿隧道（Clayton Tunnel）所使用的通信协议，并对其进行改进以避免文中所描述的事故再次发生。分析你所修改的协议，还存在潜在的问题吗?下面是有关这次事故的简要描述。

1861 年 8 月，英国的克莱顿隧道发生了一起严重的火车相撞事故，事故导致 21 人死亡和 176 人受伤。

克莱顿隧道全长约 2.41km，是当时英国铁路中安全措施最好的铁路隧道。1841 年，该隧道配备了一套“空闲/阻塞信号系统”。穿过隧道的轨道有两条，每个方向各一条。在任意时刻，隧道中的每条轨道上只允许有一列火车通过。下面以一条轨道的控制为例说明隧道的控制过程，控制系统由信号灯、红白旗、单针电报系统、信号员构成，系统结构图如图 1 所示。

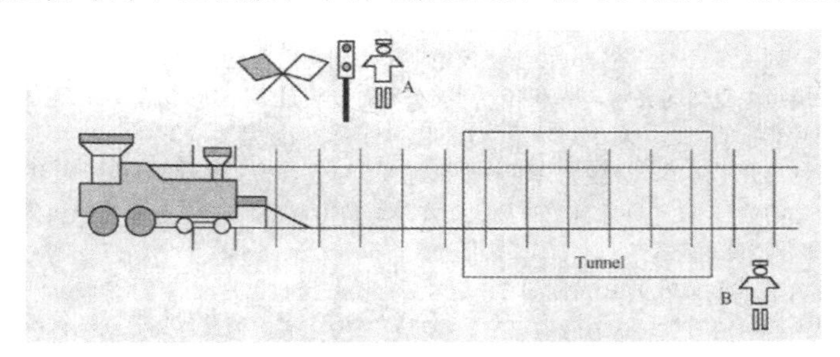

图 1

（1）在轨道的入口处（A 端）有一个红绿色信号灯。只有当信号灯为绿色时，才允许火车进入，并且当任何一列火车通过绿色信号灯时，信号系统会自动将该信号灯置为红色。

（2）如果火车经过后，信号灯系统没有将信号灯置为红色，则信号员会听到告警铃声，这时他使用红色和白色的旗帜来表示信号，“红旗”代表红色信号灯，“白旗”代表绿色信号灯。

（3）当入口处的信号员确信进入隧道的火车已离开隧道，则手工将红色信号灯置为绿色，以允许下列火车通过。信号员通过安装在隧道两端的单针电报系统来交换火车进入、离开隧道的信息。

隧道中应用的单针电报系统由 William Cooke 发明，他曾于 1842 年在一本宣传小册子中这样写道：火车可以无所畏惧地行驶，而无论其时间是否正确，也不管其是否在正确的轨道上，因为在使用该系统后，其速度总可以及时地降下来，从而避免了碰撞。电报系统定义了三种信号（报文）。

①TT（Train in Tunnel）：表示火车进入了隧道。一般情况下，在入口处的信号员看到火车通过绿色信号灯（或白旗）进入隧道后，会向另一端的信号员发送 TT 信号。

②TF（Tunnel is Free）：表示火车已离开了隧道，隧道为空。一般情况下，当出口处的信号员看到火车离开隧道时，向入口处的信号员发送 TF 信号。入口处信号员收到 TF 信号后，将信号灯置为绿色，以允许下列火车通过。

③TL（Has the train left the tunnel?）：询问出口处信号员火车是否已离开了隧道。如果火车已离开，则回复 TF 信号。

上述控制协议保证了隧道的安全使用，即使在隧道某一端的信号系统功能失效的情况下也能保证安全（通过红白旗来代替）。尽管如此，该系统最终还是由于其控制协议的不完整性发生了一起严重的安全事故。下面是 1861 年 8 月发生的事故的相关记录。

第一列火车司机看到信号灯为绿色，于是没有停下来，直接进入隧道。当经过 A 端的信号灯时，信号系统故障导致信号灯没有变成红色，于是告警铃声响起。信号员 A 听到告警铃声后，首先向隧道另一端的信号员发送 TT 信号告知有火车进入隧道，然后使用红色旗帜向下一列火车发出警告。

然而，第二列火车因速度太快，已经越过了刚才的绿色信号灯。幸运的是，火车司机在进入隧道的瞬间瞥见了信号员 A 的红旗。而紧随其后的第三列火车司机及时看到红旗的警告，在隧道入口处停了下来。

看到第三列火车停下后，信号员 A 返回工作室，再次向另一端的信号员 B 发出 TT 信号表示又有一列火车进入了隧道。由于协议中未考虑到会出现这种事件，所以未规定“两列火车同时在隧道中”如何表示。由于第二列火车不可能超过第一列火车，所以无法表示此信号不会导致真正的问题。对于信号员 A 来说，唯一的问题是要从信号员 B 那里得知两列火车在何时都离开了隧道，以便允许下列火车进入。于是，信号员 A 向信号员 B 发出他知道的唯一合适的信号 TL。在看到第一列火车在隧道口出现后，信号员 B 按照协议的约定发出 TF 信号表示“隧道已空”。

信号员 A 在收到信号员 B 发回的 TF 信号后，不知道自己是应该等待第二个 TF 信号，还是应该按照当初约定的意思认为隧道已空。经过再三考虑后，信号员 A 最终还是认为两列火车一定都已经离开了隧道，于是举起白旗示意第三列火车可以进入隧道。同时，第二列火车司机因为在进入隧道时瞥见了信号员 A 手中的红旗，所以他决定在隧道中停下来，经过深思后安全起见而将火车往回倒，正好与进入隧道的第三列火车相撞。

专门研究火车灾难事故的历史学家 Nock 在 1967 年说过这样一段话：“在事故发生后，我们经常能听到的一句话是：‘我怎么也不会想到这种事会发生!’。然而，严酷的事实告诉我们这种事会发生，经过无数次事故后，铁路控制系统才渐渐完善起来。”

2．原始的 TCP 协议于 1981 年提出后得到了广泛的应用，并与 IP 协议一起构成了因特网协议体系的核心。同时，基于性能方面的考虑，人们对 TCP 协议进行了大量的改进。例如，TCP 协议在传统的具有较小时延和较低误码率的有线信道中具有较好的性能，但是卫星信道具有的特殊通信特性极大地降低了 TCP 协议的性能，为此很多文献提出了在卫星信道中改进 TCP 协议以提高性能的方法。查阅相关文献并就此问题进行研讨。

思考题

1．试述通信协议的基本要求。
2．在通信网络层次结构中，服务、协议和功能有什么联系？
3．OSI 模型分为几层？各层名称是什么？各层解决的主要问题是什么？
4．简单对比分析 OSI 模型和 TCP/IP 协议模型。
5．通信协议如何分类？通过局域网协议栈结构描述不同通信协议之间的关系。
6．简单对 TCP/IP 协议中的 ARP 协议进行分析。
7．什么是通信网络协议的跨层协作设计？
8．简述通信网络协议跨层协作设计的分类和设计要求。
9．简述现有通信网络协议跨层协作设计的体系结构有哪些。

第 3 章　通信网络数学基础

在大型通信网络中，众多终端用户发送大量帧或数据分组，并在网络节点之间传输，全局来看具有较大的随机性，所以有必要用随机的观点来分析通信网络，用数学工具来讨论通信网络。

本章首先讨论在分析通信网络性能时用到的基础知识——随机过程，然后讨论图论基础知识，这些基础知识有助于分析分组在网络节点排队时的性能，尤其是时延特性。

3.1　随机过程

3.1.1　随机过程的基本概念

1．学习随机过程的原因

为了定量描述通信网络的运行特性，设计通信网络的体系结构，评估通信网络容量、时延和服务质量，以及网络性能优化、状态管理等，需要了解网络中每个链路、节点、交换机/路由器、用户终端等设备的输入、输出业务流的行为特征和处理过程。描述这些行为特征和处理过程的数学基础就是随机过程和排队论。

2．随机过程的基本概念

随机过程是随机变量概念在时间域上的延伸，是时间 t 的函数的集合，在任一观察时刻，随机过程的取值是一个随机变量，或者说依赖于时间参数 t 的随机变量所构成的总体称为随机过程。

由此可见，随机过程是大量样本函数的集合，具有较强的随机性，为了能够描述某一随机过程的特征，常用统计特性来描述，以下主要讨论一维和二维随机过程的统计特性描述。

统计特性描述如下。

设 $X(t)$为一随机过程，在任意给定的时刻 $t\in T$，$X(t)$是一个一维随机变量。对于一维随机变量常用一维分布函数、一维概率密度函数、数学期望及方差等来描述其特性。

一维分布函数：随机变量 $X(t)$小于或等于某一数值 x 的概率，即

$$F_t(x)=P\{X(t)\leqslant x\} \tag{3.1.1}$$

一维概率密度函数：一维分布函数对 x 求偏导数便是一维概率密度函数，即

$$f_t(x)=\frac{\partial F_t(x)}{\partial x} \tag{3.1.2}$$

一维数字特征主要包括数学期望和方差。

数学期望（均值函数）：

$$E[X(t)]=\int_{-\infty}^{\infty} x\mathrm{d}F_t(x)=m_x(t) \tag{3.1.3}$$

方差：

$$D[X(t)]=E\{[X(t)-m_x(t)]^2\} \tag{3.1.4}$$

随机过程 $X(t)$还可以用协方差函数和自相关函数来描述。如果在任意给定的两个时刻 $t_1 \in T$，$t_2 \in T$，$X(t_1)$和 $X(t_2)$是两个一维随机变量，若式（3.1.5）存在，

$$C_X(t_1,t_2)=E[(X(t_1)-m_x(t_1))(X(t_2)-m_x(t_2))] \quad (3.1.5)$$

则称 $C_X(t_1,t_2)$是随机过程 $X(t)$的协方差函数。若式（3.1.6）存在，

$$R_X(t_1,t_2)=E[(X(t_1)\ X(t_2)] \quad (3.1.6)$$

则称 $R_X(t_1,t_2)$是随机过程 $X(t)$的自相关函数。

另外，设 $X(t)$和 $Y(t)$分别表示两个随机过程，若式（3.1.7）存在，

$$R_{XY}(t_1,t_2)=E[(X(t_1)\ Y(t_2)] \quad (3.1.7)$$

则称 $R_{XY}(t_1,t_2)$是随机过程 $X(t)$、$Y(t)$的互相关函数。

可以证明，对于一维随机过程，其协方差函数、自相关函数、数字期望有以下关系：

$$C_X(t_1,t_2)=R_X(t_1,t_2)=m_x(t_1)m_x(t_2) \quad (3.1.8)$$

3.1.2　典型随机过程

此处我们讨论的典型随机过程是与分析通信网络性能紧密相关的几个随机过程，主要包括独立随机过程、马尔可夫（Markov）过程、独立增量过程、平稳随机过程，以及 Poisson（泊松）过程。鉴于 Poisson 过程是排队论中的重要分析工具，因此将在 3.1.3 节中专门讨论。

1．独立随机过程

设有一个随机过程 $X(t)$，如果对任意给定的时刻 $t_1,t_2,\cdots t_n$，随机变量 $X(t_1), X(t_2),\cdots, X(t_n)$是相互独立的，也就是其 n 维分布函数可以表示为

$$F_{t_1,t_2,\cdots t_n}(x_1,x_2\cdots x_n)=\prod_{i=1}^{n}F_{t_i}(x_i) \quad (3.1.9)$$

则称 $X(t)$是独立随机过程。

该过程的特点：任意一时刻的状态与其他任何时刻的状态无关。

2．马尔可夫（Markov）过程

设随机过程 $\{X(t),t\in T\}$，其状态空间为 I，对参数集 T 中的任意 n 个数值 $t_1<t_2<\cdots t_n$，$n\geqslant 3$，$t_i\in T$，如果

$P\{X(t_n)\leqslant x_n \mid X(t_1)=x_1\cdots X(t_{n-1})=x_{n-1}\}=P\{X(t_n)\leqslant x_n \mid X(t_{n-1})=x_{n-1}\}$成立，则称过程 $\{X(t),t\in T\}$具有马尔可夫性或无后效性，并称此过程为马尔可夫过程。

关于马尔可夫性或无后效性进一步的理解如下。

过程（或系统）在时刻 t_0 所处的状态为已知的条件下，过程在时刻 $t>t_0$ 所处状态的条件分布与过程在时刻 t_0 之前所处的状态无关。通俗地说，在已经知道过程“现在”的条件下，其“将来”不依赖于“过去”。

3．独立增量过程

设 $X(t_1)-X(t_2)= X(t_1,t_2)$是随机过程 $X(t)$在时间间隔［t_1,t_2）上的增量，如果对于时间 t 的任意 n 个值 $0\leqslant t_1<t_2<\cdots t_n$，增量 $X(t_1,t_2)$，$X(t_2,t_3)$，…，$X(t_{n-1},t_n)$是相互独立的，则称 $X(t)$为独立增量过程。

该过程的特点：在任一时间间隔上过程状态的改变并不影响未来任一时间间隔上状态的

改变。可以证明独立增量过程是一种特殊的马尔可夫过程。

4．平稳随机过程

统计特性不随时间的推移而变化的随机过程称为平稳随机过程。

设随机过程{ $X(t), t\in T$}，若对于任意 n 和任意选定 $t_1<t_2<\cdots t_n$，$t_k\in T$，$k=1,2,\cdots,n$，以及 τ 为任意值，有

$f_n(x_1,x_2,\cdots x_n;t_1,t_2,\cdots t_n)=f_n(x_1,x_2\cdots x_n;t_1+\tau,t_2+\tau\cdots t_n+\tau)$，则称 $X(t)$是平稳随机过程（狭义平稳随机过程）。

定义说明：当取样点在时间轴上进行任意平移时，随机过程的所有有限维分布函数是不变的。

推论：平稳随机过程的一维分布与时间 t 无关，二维分布只与时间间隔 τ 有关。

从而有

$$E[X(t)]=\int_{-\infty}^{\infty} x\mathrm{d}F_t\left(x\right)=m \qquad (3.1.10)$$

$$R\ (t_1,t_2)=E[X(t_1)\ X(t_1+\tau)]=R(t_1,t_1+\tau)=R(\tau) \qquad (3.1.11)$$

广义平稳随机过程如下。

由平稳随机过程的均值是常数，自相关函数是 τ 的函数还可以引入另一种平稳随机过程的定义：

若随机过程 $\xi(t)$的均值为常数，自相关函数仅是 τ 的函数，则称它为宽平稳随机过程或广义平稳随机过程。

各态历经性：

若平稳随机过程的数字特征（均为统计平均值）完全可由随机过程中的任一实现的数字特征（均为时间平均值）来替代，则称平稳随机过程具有各态历经性。

各态历经性使得随机过程的集合平均可以用时间平均值代替。

各态历经随机过程：

$$\overline{m}=\overline{X(t)}=\lim_{T\to\infty}\frac{1}{T}\int_{-T/2}^{T/2}X(t)\mathrm{d}t \qquad (3.1.12)$$

$$\overline{R(\tau)}=\overline{X(t)X(t+\tau)}=\lim_{x\to\infty}\frac{1}{T}\int_{-T/2}^{T/2}X(t)X(t+\tau)\mathrm{d}t \qquad (3.1.13)$$

“各态历经”的含义：随机过程中的任一实现都经历了随机过程的所有可能状态。

各态历经随机过程优点：从任意一个随机过程的样本函数中就可获得各态历经随机过程的所有的数字特征，从而使统计平均值化为时间平均值，使实际测量和计算问题大为简化。

3.1.3 Poisson（泊松）过程

Poisson 过程是典型的马氏过程。其实质就是一个计数过程，进一步说是具有负指数间隔的计数过程。

1．定义

设一个随机过程为{$S(t),t\geqslant 0$}，其取值为非负整数，如果该过程满足下列条件，则称该过程为到达率为 λ 的 Poisson（泊松）过程。

（1）$S(t)$是一个计数过程，它表示在$[0,t)$区间内到达的用户总数，其状态空间为{0,1,2,⋯}，

$S(0)=0$。任给两个时刻 t_1 和 t_2，且 $t_1<t_2$，则 $S(t_2)-S(t_1)$ 为 $[t_1,t_2)$ 之间到达的用户总数。

（2）$S(t)$ 是一个平稳独立增量过程，即在两个不同时间区间（区间不重叠）内到达的用户总数是相互独立的（平稳性、无记忆性）。

（3）在任一个长度为 τ 的区间内，到达的用户总数服从参数为 $\lambda\tau$ 的 Poisson 分布，即有下式成立：

$$P[S(t+\tau)-S(t)=n]=\frac{(\lambda\tau)^n}{n\,!}\mathrm{e}^{-\lambda\tau} \quad n=0,1,2,\cdots \tag{3.1.14}$$

其均值和方差均为 $\lambda\tau$，即 $E(\tau)=\sigma^2=\lambda\tau$。

因为方差 $\sigma^2=E[(\tau-E(\tau))^2]=E(\tau^2)-[E(\tau)]^2$，而均方值 $E[\tau^2]=\lambda\tau+(\lambda\tau)^2$，故方差 $\sigma^2=\lambda\tau$。

2．基本特性

特性（1）：顾客到达时间间隔 τ_n 相互独立，且服从指数分布，其概率密度函数为

$$p(\tau_n)=\lambda\mathrm{e}^{-\lambda\tau_n} \quad n=0,1,2,\cdots \tag{3.1.15}$$

特性（2）：从微观角度来看，排队系统在充分小的时间间隔内，有两个或两个以上用户到达几乎不可能（稀疏性）。

设 τ 为很小的值，将式（3.1.14）中的 $\mathrm{e}^{-\lambda\tau}$ 用泰勒级数展开

$$\mathrm{e}^{-\lambda\tau}=1-\frac{\lambda\tau}{1!}+\frac{(\lambda\tau)^2}{2!}-\frac{(\lambda\tau)^3}{3!}\cdots \tag{3.1.16}$$

可得

$$P\{S(t+\tau)-S(t)=0\}=1-\lambda\tau+o(\tau) \tag{3.1.17}$$

$$P\{S(t+\tau)-S(t)=1\}=\lambda\tau+o(\tau) \tag{3.1.18}$$

$$P\{S(t+\tau)-S(t)\geqslant 2\}=o(\tau) \tag{3.1.19}$$

式中，$\mathrm{o}(\tau)$ 表示 τ 的高阶无穷小。

式（3.1.17）～（3.1.19）说明，在充分小的时间间隔内，没有顾客到达的概率近似为 $1-\lambda\tau$，到达一个顾客的概率近似为 $\lambda\tau$，同时到达两个及两个以上顾客的概率近似为零。

特性（3）：多个相互独立的 Poisson 过程之和仍为 Poisson 过程，其到达率 $\lambda=\lambda_1+\lambda_2\cdots+\lambda_n$。

特性（4）：如果将一个 Poisson 过程顾客的到达以概率 p 和 $1-p$ 独立地分配给两个子过程，则这两个子过程也是 Poisson 过程。

但如果把顾客到达交替地分配给两个子过程，即两个子过程分别由奇数号和偶数号到达组成，则这两个子过程不是 Poisson 过程。

特性（5）：在任意有限区间内，到达的有限个事件的概率为 1，即 $\sum_{k=0}^{\infty}p_k(t)=1$（有限性）。

下面结合例题，进一步理解 Poisson 过程的特性。

例 3.1.1 穿红、绿、蓝三种颜色外衣的顾客，分别以到达率为 λ_R、λ_G、λ_B 的 Poisson 流到达商店门口，设顾客是相互独立的。把顾客合并成单个输出过程（忽略顾客横向宽度）。

（1）求两顾客之间的时间间隔的概率密度函数。

（2）求在 t_0 时刻观察到一位红色外衣顾客，下一位顾客是①红色外衣顾客；②蓝色外衣顾客；③非红色外衣顾客的概率。

（3）求在 t_0 时刻观察到一位红色外衣顾客，下三位顾客是红色外衣顾客，又一位非红色

外衣顾客到达的概率。

解：（1）根据 Poisson 过程的性质：两个独立的 Poisson 过程之和仍然是 Poisson 过程。则三种颜色外衣顾客流强度为$\lambda_C = \lambda_R + \lambda_G + \lambda_B$，设 T_C 为两位顾客到达的时间间隔，则其概率密度函数为

$$p_{T_C} = \begin{cases} \lambda_C e^{-\lambda_C t} & t \geqslant 0 \\ 0 & t < 0 \end{cases}$$

（2）设 T_R、T_G、T_B 分别为两位红色、绿色、蓝色外衣顾客到达的时间间隔，T_X 为红色与非红色外衣顾客到达的时间间隔，由于红色外衣顾客与非红色外衣顾客的到达相互独立，因此 T_X 仅与非红色外衣顾客到达间隔有关，而非红色外衣顾客就是绿色和蓝色外衣顾客的复合流，因此 T_X 的概率密度函数为

$$p_{T_X}(t) = \begin{cases} (\lambda_B + \lambda_G) e^{-(\lambda_B + \lambda_G)t} & t \geqslant 0 \\ 0 & t < 0 \end{cases}$$

由于 T_X 和 T_R 相互独立，故下一位是红色外衣顾客的概率为

$$P\{\text{下一位是红色外衣顾客}\}=P\{T_R<T_X\}$$
$$=\int_0^{\infty} \lambda_R e^{-\lambda_R t_R} dt_R \int_{t_R}^{\infty} \lambda_X e^{-\lambda_X t_X} dt_X$$
$$=\frac{\lambda_R}{\lambda_R + \lambda_X} = \frac{\lambda_R}{\lambda_R + \lambda_G + \lambda_B}$$

令 T_Y 是从 t_0 算起的非蓝色外衣顾客的到达时刻，则同理可得

$$P\{\text{下一位是蓝色外衣顾客}\}=P\{T_B<T_Y\}$$
$$=\frac{\lambda_B}{\lambda_R + \lambda_G + \lambda_B}$$

可以得到

$$P\{\text{下一位是非红色外衣顾客}\}=1-\frac{\lambda_R}{\lambda_R + \lambda_G + \lambda_B}=\frac{\lambda_G + \lambda_B}{\lambda_R + \lambda_G + \lambda_B}$$

（3）观察到三位是红色外衣顾客，又一位非红色外衣顾客到达的概率为

$$P = \left(\frac{\lambda_R}{\lambda_R + \lambda_G + \lambda_B}\right)^3 \cdot \frac{\lambda_G + \lambda_B}{\lambda_R + \lambda_G + \lambda_B}$$

3.1.4 生灭过程

生灭过程是一类特殊的离散状态的连续时间马尔可夫过程，或者被称为连续时间马尔可夫链，更是一类特殊的 Poisson 过程。人们常常用稳态的生灭过程分析顾客（可以是帧、数据分组、信息流等）的排队性能。

生灭过程的特殊性在于状态为有限个或可数个，并且系统的状态变化一定是在相邻状态之间进行的。

1. 定义

如果用 $N(t)$表示系统在时刻 t 的状态，且 $N(t)$取非负整数值，如果 $N(t)=k$，称在时刻 t 系统处于状态 k，则当满足以下条件时，系统称为生灭过程。

（1）在时间$(t,t+\Delta t)$内，系统从状态 k（$k\geqslant 0$）转移到 $k+1$ 的概率为$\lambda_k\cdot\Delta t+o(\Delta t)$，这里$\lambda_k$为在状态 k 的出生率。

（2）在时间$(t,t+\Delta t)$内，系统从状态 k（$k\geqslant 0$）转移到 $k-1$ 的概率为$\mu_k\cdot\Delta t+o(\Delta t)$，这里$\mu_k$为在状态 k 的死亡率。

（3）在时间$(t,t+\Delta t)$内，系统发生跳转（状态变化数超过 2）的概率为$o(\Delta t)$。

（4）在时间$(t,t+\Delta t)$内，系统停留在状态 k 的概率为$1-(\lambda_k+\mu_k)\Delta t+o(\Delta t)$。

生灭过程有着极为简单的状态转移关系。

2．状态转移图

生灭过程的状态转移图如图 3.1.1 所示，该图直观地表示了系统的特征，状态的变化仅仅发生在相邻的状态之间，所以整个状态图是一个有限或无限的链。

对于生灭过程，大多关心系统在较长一段时间后的稳态分布。下面首先给出生灭过程满足的柯尔莫哥洛夫（Kolmogorov）方程，然后指出稳态分布满足的条件。

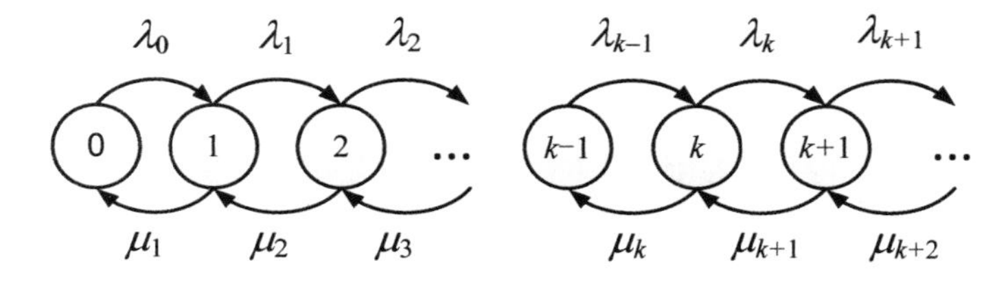

图 3.1.1　生灭过程的状态转移图

3．状态转移关系

首先假设 $p_k(t)=p\{N(t)=k\}$，$p_{ik}(t)$表示系统从状态 i 经过时间 t 后转移到 k 的条件概率，则条件概率满足

$$p_{ik}(t)\ \geqslant 0,\ \sum_{k=0}^{\infty}p_{ik}(t)=1 \tag{3.1.20}$$

根据生灭过程的性质（1）～（4），有

$$\begin{aligned}p_k(t+\Delta t)&=\sum_{i=0}^{\infty}p_i(t)p_{ik}(\Delta t)\\&=p_k(t)p_{k,k}(\Delta t)+p_{k-1}(t)p_{k-1,k}(\Delta t)+p_{k+1}(t)p_{k+1,k}(\Delta t)+o(\Delta t)\\&=p_k(t)[1-(\lambda_k+\mu_k)\Delta t+o(\Delta t)]+p_{k-1}(t)[\lambda_{k-1}\Delta t+o(\Delta t)]+p_{k+1}(t)[\mu_{k+1}\Delta t+o(\Delta t)]+o(\Delta t)\\&=p_k(t)[1-(\lambda_k+\mu_k)\Delta t]+\lambda_{k-1}p_{k-1}(t)\,\Delta t+\mu_{k+1}p_{k+1}(t)\,\Delta t+o(\Delta t)\end{aligned} \tag{3.1.21}$$

或者

$$\frac{p_k(t+\Delta t)-p_k(t)}{\Delta t}=\lambda_{k-1}p_{k-1}(t)+\mu_{k+1}p_{k+1}(t)-(\lambda_k+\mu_k)p_k(t)+\frac{o(\Delta t)}{\Delta t} \tag{3.1.22}$$

当$\Delta t\to 0$时，有

$$\frac{\mathrm{d}p_k(t)}{\mathrm{d}t}=\lambda_{k-1}p_{k-1}(t)+\mu_{k+1}p_{k+1}(t)-(\lambda_k+\mu_k)p_k(t) \tag{3.1.23}$$

式中，$k=0,1,2,\cdots$；$\lambda_{-1}=\mu_0=p_{-1}(t)=0$

式（3.1.23）表示的物理意义：在时刻 t 进入状态 k 的频率与离开状态 k 的频率之差为状

态 k 的变化率。

式（3.1.23）即非稳态分布的柯尔莫哥洛夫方程组，该微分方程组有不定个方程，求解困难。

下面来分析稳态分布（极限分布）的柯尔莫哥洛夫方程。

当 $t\to\infty$ 时，有 $\lim\limits_{t\to\infty}\frac{\mathrm{d}}{\mathrm{d}t}p_k(t)=0$，$\lim\limits_{t\to\infty}p_k(t)=p_k$，

式（3.1.23）就变为

$$\lambda_{k-1}p_{k-1}(t)+\mu_{k+1}p_{k+1}(t)-(\lambda_k+\mu_k)p_k(t)=0 \tag{3.1.24}$$

即

$$(\lambda_k+\mu_k)p_k=\lambda_{k-1}p_{k-1}+\mu_{k+1}p_{k+1} \tag{3.1.25}$$

式（3.1.25）就是生灭过程稳态时的柯尔莫哥洛夫方程，即稳态分布满足的必要条件，其表示的物理意义：在稳态时，顾客进入状态 k 的频率与顾客离开状态 k 的频率应该一样。

另外，存在概率归一性（有限性）：

$$\sum_{k=0}^{\infty}p_k=1 \tag{3.1.26}$$

形如式（3.1.25）的方程就有解了。

值得注意的是，生灭过程状态变换只限于相邻状态之间，且稳态时易解，用于分析顾客（帧、数据分组、信息流等）排队性能，第 4 章专门讨论这一问题。

3.2　图论基础

图论是现代组合数学的一个分支，研究人们在自然界和社会生活中遇到的包含某种二元关系的问题或系统（如电子线路中的节点和元件、航空图中的城市与航线等），并把其抽象为点和线的集合，用点和线相互连接的图来表示，这种图通常被称为点线图。

图是网络的一种表示形式，与路径上媒质的性质无关（如光纤、电缆或无线），也与处于路径连接的节点设备所完成的功能（如交换、交叉连接等）无关。在图论中，对节点常使用顶点、端这些术语，对链路则使用边、弧或分枝等术语。

在通信网设计与分析中，图论可以用于确定最佳网络结构、选择路由、分析网络可靠性等，第 7 章讨论其中的部分问题。

3.2.1　图的基本概念

1. 图的定义

点线图由若干个点和点间的连线组成，点是任意设置的，连线则表示不同点之间的联系，由此引出图的定义：

设有点集 $V=\{v_1,v_2,\cdots,v_n\}$ 和边集 $E=\{e_1,e_2,\cdots,e_n\}$，如果对任一边 $e_k\in E$，有 V 中的一个点对 (v_i,v_j) 与之对应，则图就是有序二元组 (V,E)，记为 $G=(V,E)$。

如果边 e_k 与点对 (v_i,v_j) 对应，则称 (v_i,v_j) 是 e_k 的端点，记为 $e_k=(v_i,v_j)$，称点与边关联。

需要注意的是：

（1）一个图所对应的几何图形不是唯一的。

（2）一个图只由它的点集 V、边集 E 和点与边的关系确定，而与点的位置和边的长度及形状无关。

2．有向图和无向图

如果图 $G=(V,E)$的任一边 e_k 都对应一个有序点对(v_i,v_j)，则称图 G 为有向图，如果 e_k 对应的是无序点对(v_i,v_j)，则称图 G 为无向图。

3．有权图

若对图 $G=(V,E)$中的每一条边 e_k 都赋予一个实数 l_k，则称图 G 为有权图或加权图，l_k 称为边 e_k 的权值。

权值可以表示不同的含义，如距离、流量、费用、时间（或时延）、带宽、排队队长等。

4．链路、路径、回路

对于图 $G=(V,E)$，若其中 k（≥2）条边和与之关联的点依次排成点和边的交替序列，则称该序列为链路；如果链路中不出现重复的边，则称为路径；如果路径的起点和终点重合，则称为回路。

5．连通图与非连通图

若图 G 中任意两点之间至少存在一条路径，则称图 G 为连通图（联结图），否则称为非连通图（非联结图）。非连通图总可以分成几个分离的部分。

在通信网研究中一般只考虑连通图，因为根据通信网的定义，任意两个用户间至少存在一条路径才能实现在该图中进行通信的目的。

6．图的连通性

与某点关联的边数为点的度数（或次数），记为 $d(v_i)$。

如图 3.2.1 所示，对于无向图，$d(v_1)=3$，$d(v_2)=4$，$d(v_3)=3$，$d(v_4)=2$；对于有向图，$d^+(v_i)$表示离开 v_i 或从 v_i 射出的边数，$d^-(v_i)$表示进入或射入 v_i 的边数，$d(v_i)= d^+(v_i)+ d^-(v_i)$表示 v_i 的度数。

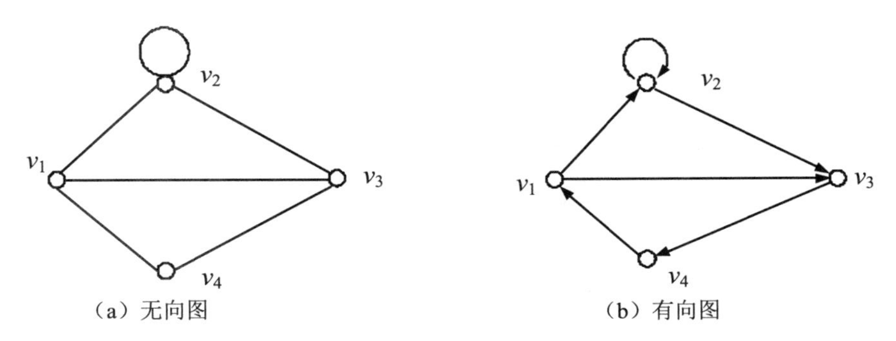

图 3.2.1　无向图和有向图

图的度数性质：

（1）对于 n 个点、m 条边的图，必有

$$\sum_{i=1}^{n} d(v_i)=2m \tag{3.2.1}$$

（2）在任意图中，度数为奇数的点的数量必为偶数（或零）。

这两个性质很容易证明。由于任何边或者与两个不同的点关联，或者与一个点关联而形成自环，都将提供度数 2，因此所有点的度数之和必为边数的 2 倍。

若将图的点集 V 分为奇度数点集 V_1 和偶度数点集 V_2，$V=V_1+V_2$，则根据式（3.2.1）有

$$\sum_{v_i \in V} d(v_i)=\sum_{v_i \in V_1} d(V_j)+\sum_{v_k \in V_2} d(V_k)=2m \tag{3.2.2}$$

式（3.2.2）中各 $d(v_k)$和 2m 均为偶数，则

$$\sum_{v_j \in v_1} d(v_j)=\text{偶数} \tag{3.2.3}$$

但式（3.2.2）中 $d(v_j)$为奇数，所以在 V_1 中 v_j 的个数必为偶数。

7．几种特殊的连通图

1）完全图

任意两点间都有一条边的无向图称为完全图。完全图的点数叫作图的阶。图 3.2.2 所示为一个 6 阶完全图。

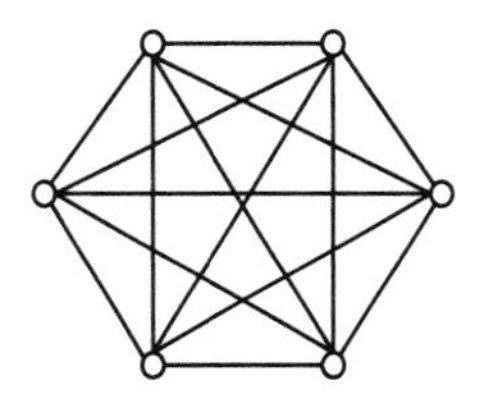

图 3.2.2　6 阶完全图

完全图的点数 n 与边数 m 有固定关系：

$$2m=n(n-1) \tag{3.2.4}$$

$$\text{所以 } m=n(n-1)/2 \tag{3.2.5}$$

2）正则图

所有点的度数均相等的连通图称为正则图。此时 $d(v_i)$=常数。

完全图是正则图，各点的度数均为 n−1。正则图的连通性最均匀，它是取得一定连通性的边数最少的图。

$d(v_i)$=2 和 $d(v_i)$=3 的正则图如图 3.2.3 所示。

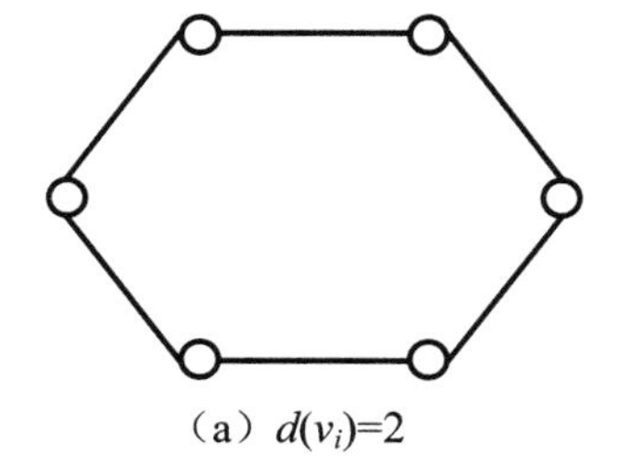

（a）$d(v_i)$=2

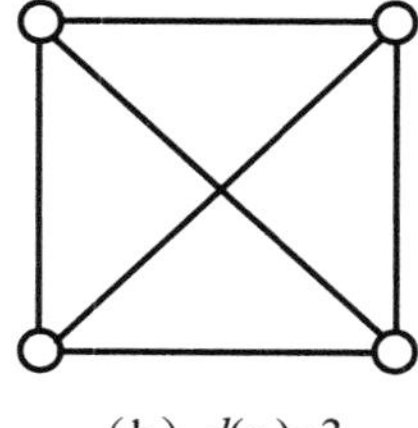

（b）$d(v_i)$=3

图 3.2.3　正则图

8．子图

若图 A 的点集和边集分别为图 G 的点集和边集的子集，则称 A 是 G 的子图，如图 3.2.4 所示，用 $A \subset G$ 表示。

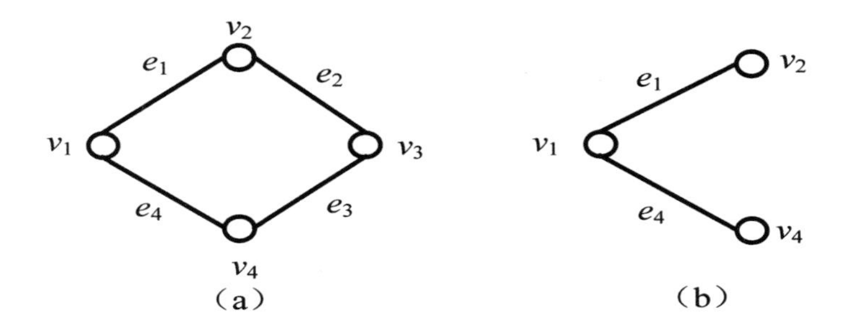

图 3.2.4　子图

任何图都是自己的子图，即 $A=G$ 的情况。若 $A \neq G$，则称 A 是 G 的真子图。

3.2.2　树

1．树的定义与性质

树是图论中一个十分重要的概念，在计算机科学和网络理论等方面应用很广泛。

一个无回路的连通图称为树，常用 T 来表示，如图 3.2.5 所示。许多事物都可以用树的图形来表示，如计算机中的目录查询系统、资料检索系统，某个单位的组织机构等。树中的边称为树枝，因为生成树而去掉的边称为连枝。

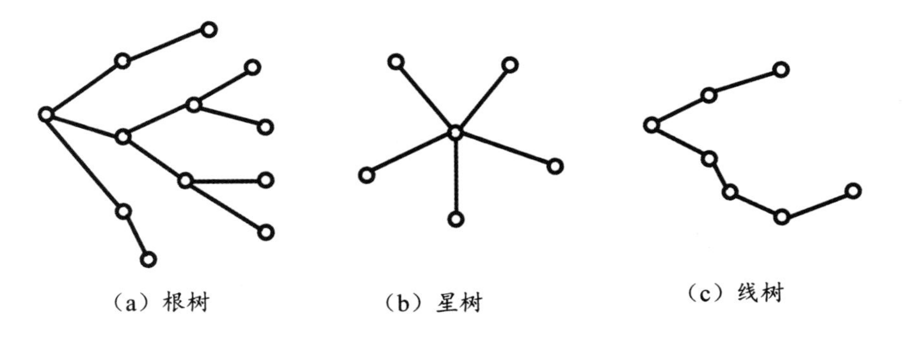

图 3.2.5　树

树有如下性质。

（1）具有 n 个点的树共有 $n-1$ 条树枝。

（2）树中任意两点之间只存在一条路径。

（3）树是连通的，但去掉任一条边便不连通。

（4）树无回路，但增加一条边便可得到一个回路。

（5）除单点树外，树至少有两个端点度数为 1。

2．图的支撑树

若树 $T \subset G$，且 T 包含 G 的所有点，则称 T 是 G 的支撑树，又叫生成树。支撑树中权值之和最小的支撑树叫最小权值支撑树。

注意：

（1）只有连通图才有支撑树，反之有支撑树的图必为连通图。

（2）通常除图 G 本身就是树外，G 的支撑树不止一个，即一个连通图至少有一棵支撑树。如图 3.2.6 所示，其中的（b）和（c）就是（a）的两棵树。

支撑树上的边组成树枝集，非树枝的边组成连枝集。

显然，不同的支撑树有不同的连枝集。

具有 n 个点、m 条边的连通图，支撑树 T 上有 $n-1$ 条树枝和 $m-n+1$ 条连枝。

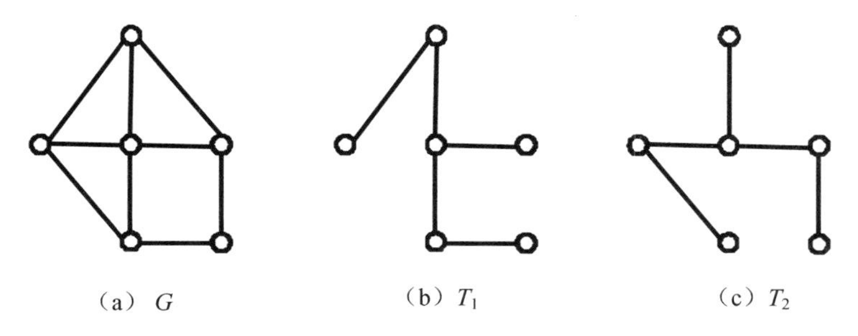

图 3.2.6　树及其支撑树

3.2.3　割和环

讨论图的连通性时用树很方便，讨论破坏图的连通性时应该用割。

1．割

割是指图的某些子集，去掉这些子集可使图的部分数增加；若图是连通的，那么去掉这些子集，图就成为非连通图。如图 3.2.7 所示，去掉点 v_4 或同时去掉边(v_2,v_4)和(v_3,v_4)，图的部分数就增加了。去掉的部分就是割。

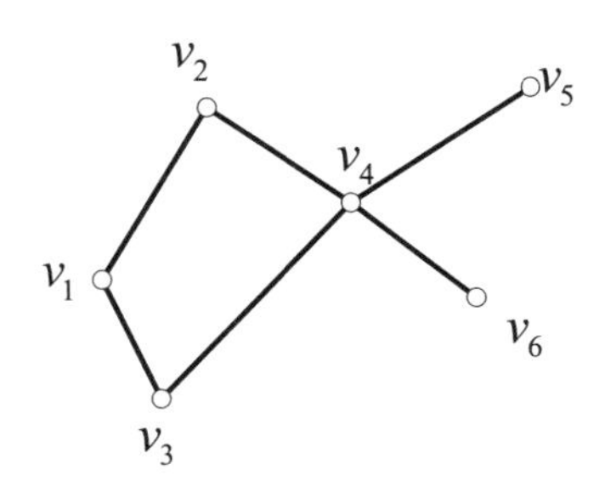

图 3.2.7　割的示意图

依据子集元素不同，割集可分为割端集和割边集。

1）割端和割端集

割端：若 v 是图 G 的一个端，去掉 v 和与之关联的边，使 G 的部分数增加，则 v 就是 G

的一个割端。所有割端的集合构成割端集。割端集中端数最少元素的集合就是最小割端集。

最小割端集的端数其实就是图的连通度，它表示破坏图的连通性的难度。连通度越大，连通性越不易被破坏，网络的可靠性越高。

2）割边集和割集

令 S 是图 G 的边子集，如果在 G 中去掉 S 能使 G 成为非连通图，那么 S 就是 G 的割边集。若 S 的任何真子集都不是割边集，则称 S 为割集。

割集就是最小割边集。

在图 3.2.8 中，$\{e_3,e_4,e_5,e_6\}$是割边集，但不是割集，因为其真子集$\{e_4,e_5,e_6\}$也是割边集。

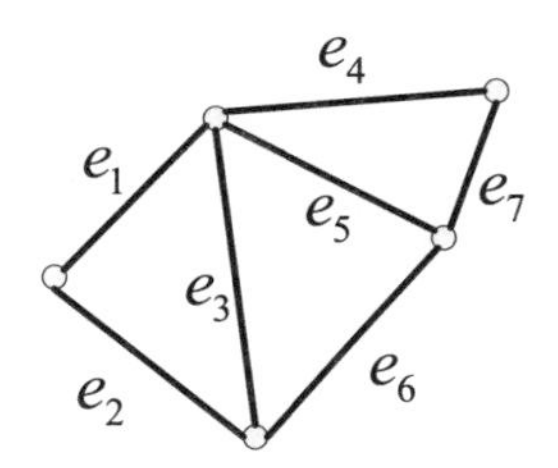

图 3.2.8　割边集和割集

$\{e_4,e_5,e_6\}$，$\{e_1,e_2\}$，$\{e_1,e_3,e_6\}$是割集。

边数最少的割集是最小割集，$\{e_1,e_2\}$和$\{e_4,e_7\}$是最小割集。

和最小割端集一样，最小割集的边数也是连通度，同样与网络的可靠性有关。

3）基本割集

设 T 是连通图 G 的一棵主树，若取一条树枝与某些连枝一定能构成一个割集，则这种割集称为基本割集。

基本割集只含一条树枝，若 G 有 n 个端，主树的树枝有 $n-1$ 条，则 G 有 $n-1$ 个基本割集。

例 3.2.1 在图 3.2.9 中，设主树 $T=\{e_1,e_3,e_4,e_6\}$，则连枝集为$\{e_2,e_5\}$，那么基本割集是？

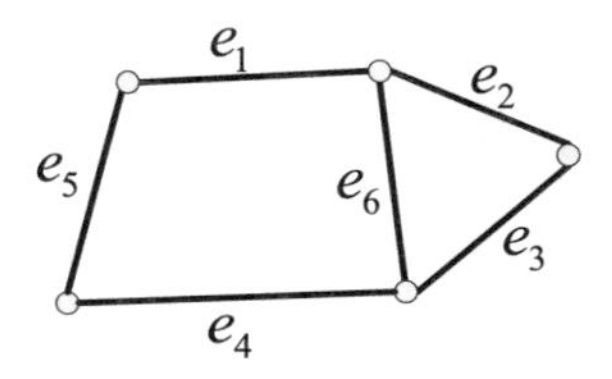

图 3.2.9　割集

基本割集：

$e_1:S_1=\{e_1,e_5\}$

$e_3:S_2=\{e_3,e_2\}$

$e_4:S_3=\{e_4,e_5\}$

$e_6:S_4=\{e_6,e_2,e_5\}$

每个基本割集各与一条树枝对应，故它们是线性独立的。以此为基，用模 2 和的方法可求得所有割集。

共有割集数为 $2^4-1=15$ 个，其余的割集：

$S_5=S_1 \oplus S_2= S_1 \cup S_2$

$S_6=S_1 \oplus S_3=\{e_1,e_4\}$

$S_7=S_1 \oplus S_4=\{e_1,e_2,e_6\}$

$S_8=S_2 \oplus S_3=S_2 \cup S_3$

$S_9=S_2 \oplus S_4=\{e_3,e_5,e_6\}$

$S_{10}=S_3 \oplus S_4=\{e_2,e_4,e_6\}$

$S_{11}=S_1 \oplus S_2 \oplus S_3=S_6 \oplus S_2$

$S_{12}=S_1 \oplus S_2 \oplus S_4=\{e_1,e_3,e_6\}$

$S_{13}=S_1 \oplus S_3 \oplus S_4=S_6 \oplus S_4=S_6 \cup S_4$

$S_{14}=S_2 \oplus S_3 \oplus S_4=\{e_3,e_4,e_6\}$

$S_{15}=S_1 \oplus S_2 \oplus S_3 \oplus S_4=S_6 \oplus S_9$

2. 环

1）环

取一条连枝可与某些树枝构成闭径，该闭径即环。

2）基本环

仅包含一条连枝的环，称为连通图的基本环。

一个图 G 中若有 m 条边，n 个端点，则基本环数量=连枝数=$m-n+1$，所有环数量=$2^{m-n+1}-1$，其中包括环和环的并。

例 3.2.2 如图 3.2.9 所示，基本环有 2 个，为 C_1 和 C_2，求所有环。

e_2:$C_1=\{e_2,e_3,e_6\}$

e_5:$C_2=\{e_5,e_1,e_6,e_4\}$

$C_3=C_1 \oplus C_2=\{e_1,e_2,e_3,e_4,e_5\}$

此处用环和的方法求得环 C_3。

3.2.4 图的矩阵表示

图的几何表示具有直观性，但在数值计算和分析时，需要借助于矩阵表示。这些矩阵是与几何图形一一对应的，有了图形能写出矩阵，有了矩阵也能画出图形。当然这样画出的图形可以不一样，但在拓扑上是一致的，也就是满足图的定义的。用矩阵表示图的最大优点是可以利用计算机进行运算。

这里我们只讨论几种常用的矩阵。

1. 关联矩阵与完全关联矩阵

关联矩阵是表示点与边关联性的矩阵。

一个具有 n 个点、m 条边的图 G 的完全关联矩阵 $\boldsymbol{M}(G)$，是以每点为一行、每边为一列的 $n \times m$ 矩阵，即

$$\boldsymbol{M}(G)=[m_{ij}]_{n \times m} \tag{3.2.6}$$

在完全关联矩阵中，对于无向图

$$m_{ij}=\begin{cases}1 & v_i\text{与}v_j\text{关联}\\0 & v_i\text{与}v_j\text{不关联}\end{cases}$$

对于有向图

$$m_{ij}=\begin{cases}1 & v_i\text{是}e_j\text{起点}\\-1 & v_i\text{是}e_j\text{终点}\\0 & v_i\text{与}e_j\text{不关联}\end{cases}$$

例 3.2.3 求图 3.2.10 中 G_1、G_2 的完全关联矩阵。

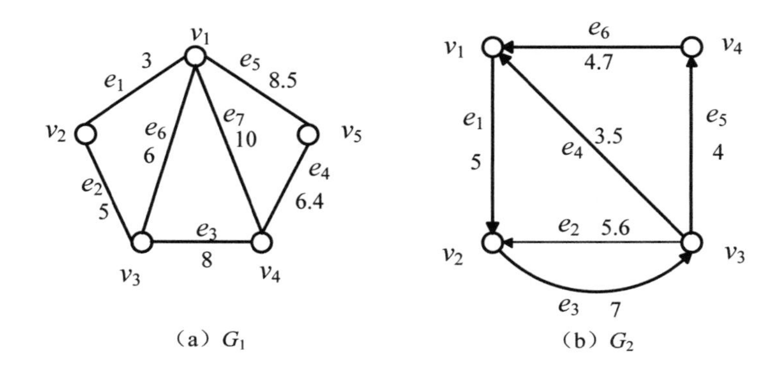

图 3.2.10　完全关联矩阵

解：

$$M(G_1)=\begin{matrix} & e_1 & e_2 & e_3 & e_4 & e_5 & e_6 & e_7\\ v_1 & 1 & 0 & 0 & 0 & 1 & 1 & 1\\ v_2 & 1 & 1 & 0 & 0 & 0 & 0 & 0\\ v_3 & 0 & 1 & 1 & 0 & 0 & 1 & 0\\ v_4 & 0 & 0 & 1 & 1 & 0 & 0 & 1\\ v_5 & 0 & 0 & 0 & 1 & 1 & 0 & 0\end{matrix}$$

对于无向图，每条边有两个端点，因此 $M(G_1)$的每一列元素之和必为 2，按模 2 计算其值为 0；对于有向图，每条边有一个起点和一个终点，因此矩阵的每一列元素之和恒为 0。所以 n 个行向量不是线性无关的，至多只有 $n-1$ 个行向量线性无关。

$$M(G_2)=\begin{matrix} & e_1 & e_2 & e_3 & e_4 & e_5 & e_6\\ v_1 & 1 & 0 & 0 & -1 & 0 & -1\\ v_2 & -1 & -1 & 1 & 0 & 0 & 0\\ v_3 & 0 & 1 & -1 & 1 & 1 & 0\\ v_4 & 0 & 0 & 0 & 0 & -1 & 1\end{matrix}$$

去掉其中的任意一行就可得到关联矩阵。去掉的一行对应实际问题中的参考点，如电路的接地点等。

$$M_0(G_2)=\begin{bmatrix}-1 & -1 & 1 & 0 & 0 & 0\\ 0 & 1 & -1 & 1 & 1 & 0\\ 0 & 0 & 0 & 0 & -1 & 1\end{bmatrix}$$

2. 邻接矩阵

邻接矩阵是表示点与点之间关系的矩阵，用 $\boldsymbol{A}(G)$表示。

一个具有 n 个点的图 G，其邻接矩阵 $\boldsymbol{A}(G)$是一个 $n\times n$ 的方阵，即

$$\boldsymbol{A}(G)=[a_{ij}]_{n\times n} \tag{3.2.7}$$

其中

$$a_{ij}=\begin{cases}1 & \text{当 } v_i \text{ 到 } v_j \text{ 有边时} \\ 0 & \text{当 } v_i \text{ 到 } v_j \text{ 无边或 } i=j \text{ 时}\end{cases}$$

在图 3.2.10 中，邻接矩阵为

$$\boldsymbol{A}(G_1)=\begin{matrix} & v_1 & v_2 & v_3 & v_4 & v_5 \\ v_1 & 0 & 1 & 1 & 1 & 1 \\ v_2 & 1 & 0 & 1 & 0 & 0 \\ v_3 & 1 & 1 & 0 & 1 & 0 \\ v_4 & 1 & 0 & 1 & 0 & 1 \\ v_5 & 1 & 0 & 0 & 1 & 0 \end{matrix} \quad \boldsymbol{A}(G_2)=\begin{matrix} & v_1 & v_2 & v_3 & v_4 \\ v_1 & 0 & 1 & 0 & 0 \\ v_2 & 0 & 0 & 1 & 0 \\ v_3 & 1 & 1 & 0 & 1 \\ v_4 & 1 & 0 & 0 & 0 \end{matrix}$$

对于 $\boldsymbol{A}(G_1)$，每行或每列上 1 的个数为该点的度数。

对于 $\boldsymbol{A}(G_2)$，每行上 1 的个数为该点的射出度数，每列上 1 的个数为该点的射入度数。

3. 权值矩阵

具有 n 个点的简单图 G 的权值矩阵为

$$\boldsymbol{W}(G)=[w_{ij}]_{n\times n} \tag{3.2.8}$$

其中

$$w_{ij}=\begin{cases}p_{ij} & v_i \text{ 到 } v_j \text{ 有边} \\ \infty & v_i \text{ 到 } v_j \text{ 有无边} \\ 0 & i=j\end{cases}$$

在图 3.2.10 中，权值矩阵为

$$\boldsymbol{W}(G_1)=\begin{matrix} & v_1 & v_2 & v_3 & v_4 & v_5 \\ v_1 & 0 & 3 & 6 & 10 & 8.5 \\ v_2 & 3 & 0 & 5 & \infty & \infty \\ v_3 & 6 & 5 & 0 & 8 & \infty \\ v_4 & 10 & \infty & 8 & 0 & 6.4 \\ v_5 & 8.5 & \infty & \infty & 6.4 & 0 \end{matrix} \quad \boldsymbol{W}(G_2)=\begin{matrix} & v_1 & v_2 & v_3 & v_4 \\ v_1 & 0 & 5 & \infty & \infty \\ v_2 & \infty & 0 & 7 & \infty \\ v_3 & 3.5 & 5.6 & 0 & 4 \\ v_4 & 4.7 & \infty & \infty & 0 \end{matrix}$$

本章小结

本章首先讨论了分析通信网络基础所需的随机过程、图论等数学基础，给出了随机过程的基本概念，简单分析了独立随机过程、马尔可夫过程、独立增量过程等典型随机过程的概念，重点讨论了 Poisson 过程及生灭过程的概念及实质；然后分析了与通信网络基础关系紧密的图论基础知识，从图的基本概念出发，引出树的概念、割和环的概念，以便讨论图的连通性；最后分析了图的矩阵表示，包括关联矩阵与完全关联矩阵、邻接矩阵和权值矩阵，这些

矩阵是分析图及其对应通信网络的数学工具。

思考题

1．试论述学习随机过程的意义。

2．试求 Poisson 过程的均值函数、方差函数和相关函数。

3．Poisson 过程的特性有哪些？

4．根据生灭过程的状态转移关系图，列出生灭过程方程，并说明其物理含义。

5．解释以下概念。

①图；②有向图；③无向图；④有权图；⑤链路；⑥路径；⑦回路；⑧连通图；⑨非连通图；⑩子图

6．什么是树，树有哪些性质？

7．试求图 1 中的所有支撑树。

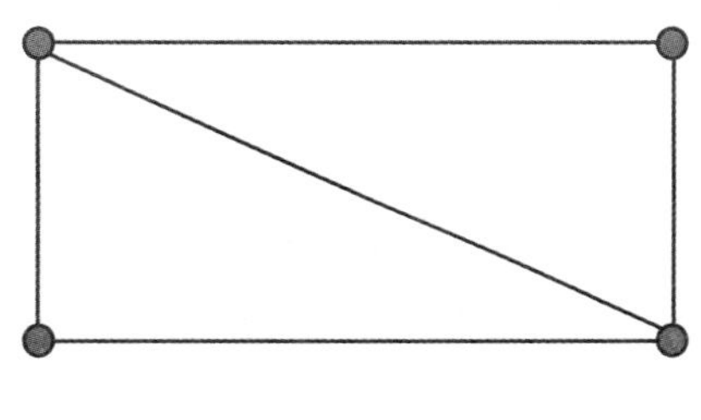

图 1

8．有 6 个点的图，它的权值矩阵为

$$\begin{array}{c} \\ v_1 \\ v_2 \\ v_3 \\ v_4 \\ v_5 \\ v_6 \end{array}\begin{array}{c} \begin{array}{cccccc} v_1 & v_2 & v_3 & v_4 & v_5 & v_6 \end{array} \\ \begin{bmatrix} 0 & 2 & 1 & 5 & 2 & \infty \\ 2 & 0 & 1 & \infty & \infty & 3 \\ 1 & 1 & 0 & 4.5 & 6 & \infty \\ 5 & \infty & 4.5 & 0 & \infty & 7 \\ 2 & \infty & 6 & \infty & 0 & 2 \\ \infty & 3 & \infty & 7 & 2 & 0 \end{bmatrix} \end{array}$$

试绘出对应的一幅图。

第 4 章　排队系统及网络时延分析

网络节点对帧或数据分组的处理是典型的随机聚散现象，更是一个随机服务系统，而排队理论能够较好地描述随机聚散现象和随机服务系统的性能，主要性能参数包括顾客平均排队时延、系统中平均顾客数及驻留在系统中顾客的平均时延等。

本章首先讨论排队论的基本概念及 Little 定理，然后讨论与通信网络相关的 M/M/1 型排队系统、M/M/*m* 型排队系统的时延性能及应用。

4.1　排队论基本概念

4.1.1　排队论起源及研究的问题

1. 排队论及其起源

排队论（Queuing Theory）主要在研究各种排队系统概率规律性的基础上，解决有关排队系统的最优设计和最优控制问题，是专门研究由随机因素的影响而产生的聚散现象（排队、等待）、随机服务系统工作过程的数学理论和方法的科学，也称为随机服务系统理论或拥塞理论（Congestion Theory），是一个独立的数学分支，有时也把它归到运筹学中。

排队论的发展最早是与电话、通信中的问题联系的，电话、通信现在仍是排队论传统的应用领域。近年来，排队论在通信网络、交通运输、医疗卫生系统、库存管理、作战指挥等各领域中均得到应用。

20 世纪 30 年代中期，当费勒（W.Feller）引进了生灭过程时，排队论才被数学界承认为一门重要学科。

20 世纪 40 年代，排队论在运筹学领域中成了一个重要部分。

20 世纪 50 年代初，肯德尔（D.G.Kendall）对排队论进行了系统的研究，他用马尔可夫（A.A.Markov）链方法研究排队论，使排队论得到进一步的发展。

20 世纪 60 年代，排队论研究的课题日趋复杂，很多问题很难求得精确解，因此开始了近似方法的研究。

排队论应用范围很广，适用于许多服务系统，尤其在通信系统、交通系统、计算机存储系统和生产管理系统等方面用得最广。排队论的发展大约经历了以下三个阶段。

初期（20 世纪 10 年代—20 世纪 40 年代）：主要研究应用于电话网和远程通信系统等无队列的排队系统（损失制）。

中期（20 世纪 40 年代—20 世纪 60 年代）：推广应用到军事、运输、生产、社会服务等领域，主要研究有队列（等待制）的排队系统和排队网络。

近期（20 世纪 60 年代至今）：主要研究大规模复杂排队系统的理论分析、数值分析和近似分析，尤其注重对业务突发性和带有各种网络控制的排队系统的研究。

2. 排队论主要研究的问题

排队论在进行系统最优设计和最优控制时，主要关心以下系统参数。

（1）顾客等待时间的分布和顾客平均等待时间。

（2）顾客在系统内时间（也称逗留时间）的分布、平均系统时间及系统时间的方差（时延抖动）。

（3）系统中的顾客数（也称系统占有数）的分布及均值。

（4）等待顾客数的分布及其均值。

（5）服务器（服务员）忙着（或空闲）的概率。

（6）忙期长度的分布及其均值。

（7）在忙期被服务的顾客数的分布及其均值。

当然，研究这些问题必须从研究排队系统入手。

4.1.2　排队系统

1. 排队现象

如表 4.1.1 所示，排队现象有很多，如在医院中对病人实施手术这一过程就存在排队现象，等待实施手术的病人就是顾客，医生或手术台就是服务员（服务机构或服务窗口），服务的内容是诊断或手术；还有进港货船的泊位设计与运营、到港飞机的进港设计与运营、机器维修和保养、上游河水入库等。现代通信网络中存在很多的排队现象，打电话是一种无形的排队现象，而路由器或交换机对数据帧或数据分组的转发是一种有形的排队现象。在通信网络中，不管是无形的还是有形的排队现象，我们首先要关心的是网络时延这一重要参数。

表 4.1.1　排队现象

到达顾客	服务内容	服务员（服务机构）
病　人	诊断/手术	医生/手术台
进港的货船	装货/卸货	码头泊位
到港的飞机	降　落	机场跑道
电话拨号	通　话	交换机
故障机器	修　理	修理技工
数据包	路由选择	路由器
上游河水	入　库	水闸管理员

2. 网络时延

网络时延是衡量网络传输能力的重要指标之一，是指将一个分组从源节点传到目的节点所需要的时间。对时延的考虑将会影响网络算法和协议（如多址协议、路由算法、流量与拥塞控制算法等）的选择。因此，必须了解网络时延的特征和机制，以及网络时延取决于哪些网络因素。

网络中的时延通常包括四个部分：处理时延、排队时延、传输时延和传播时延，它们的基本含义如下。

（1）处理时延：是指从分组到达一个节点的输入端开始，到该分组到达该节点输出端之间的时间，主要取决于节点对数据分组的处理能力，可能包括循环冗余校验、帧或数据分组头部信息计算、路由选择计算、放大过程、均衡过程等。

（2）排队时延：若节点的传输队列在节点的输出端，则排队时延是指从分组进入传输队列时刻起到该分组实际进入传输队列时刻之间的时间；若节点的输入端有一个等待队列，则排队时延是指从分组进入等待队列到分组进入节点进行处理时刻之间的时间。

（3）传输时延：是指发送节点在传输链路上开始发送分组的第一个比特到发完该分组的最后一个比特所需的时间。由此可见，传输时延与分组的长度及链路的传输速度有关。

（4）传播时延：是指发送节点在传输链路上发送第一个比特的时刻至该比特到达接收节点的时间。传播时延与电磁波在媒质中的传播速度有关，传播速度越大，传播时延越小；反之，传播时延越大。传播时延还与通信距离成正比关系，与信道容量本身并没有关系。

3．排队系统的要素及其特征

分析图 4.1.1 容易看出，排队系统（或服务系统）的要素包括顾客到达的规则或行为（输入过程）、排队结构与排队规则及服务机构与服务规则。顾客到达时刻及服务机构对顾客的服务时间（顾客占用服务系统的时间）是随机的，当然，在不同的排队现象中，这些随机的时间分布规律是不同的，因此不同的排队系统模型反映了不同的分布规律。

1）顾客到达的规则或行为（输入过程）

顾客到达的规则或行为包括顾客到达的数量是有限的还是无限的；顾客到达的方式是逐个独立的还是成批关联的（本章仅研究逐个独立的情况）；顾客到达过程是平稳的还是非平稳的（本章仅研究平稳的情况）；顾客到达时间间隔是确定的还是随机的，因为确定型的比较简单，因此本章主要研究随机型的，且顾客到达时间彼此之间是相互独立的。

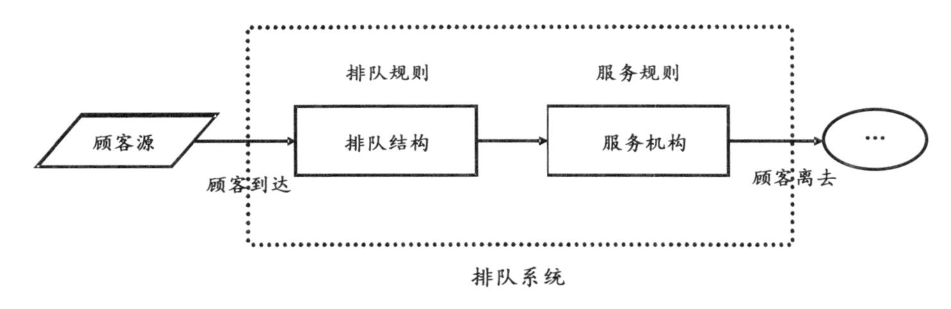

图 4.1.1　排队系统要素示意图

2）排队结构与排队规则

排队结构研究的是顾客到达排队系统后排队的方式，按照顾客到达排队系统后、接受服务机构服务前，所采取的决策或行为，可将排队系统分为等待制、损失制和混合制三种。

（1）等待制。等待制又称为无损型，即顾客到达时，所有服务机构均处于忙的状态，新到达的顾客无法接受服务而只能处于排队等待状态，且不离去。

（2）损失制。损失制又称为截止型，是指当顾客到达时，发现所有服务机构均处于忙的状态便立即离去。典型的损失制系统是电话通信系统。

（3）混合制。如果排队系统留给顾客排队等待的缓冲空间有限，则超过所能容纳顾客数量的顾客必须离开系统，这种排队规则就是混合制。正在排队的顾客中途退出或转移到列间其他服务机构（如果允许的话，本书仅讨论禁止中途退出和禁止列间转移的情况），放弃服务，也属于混合制。

3）服务机构与服务规则

服务机构研究的是服务窗口（服务员）的数量和设置方式，主要涉及以下几个问题。

服务窗口数量：是单服务窗口（服务员）还是多服务窗口（服务员）。

服务时间：是确定型的还是随机型的。确定型的服务时间是指具有恒定的服务时间，随机型的服务时间是指服务时间是随机变量，无法保障每个顾客的服务时间是不变的，所以研究顾客服务时间的分布规律就成了排队论研究的主要任务之一。

一般在研究通信网络排队理论中，我们都假设顾客到达时间和服务时间分别服从泊松分布和负指数分布，且顾客到达时间间隔序列和服务时间序列均为独立同分布，那么，这两个序列是相互独立的。

服务窗口（服务员）排列形式：是并列、串列还是混合的。

服务窗口（服务员）服务方式：是逐个的还是逐批处理的（本章仅研究逐个情形）。

服务时间分布是否平稳：是平稳型的还是非平稳型的（本章仅研究平稳型）。

服务窗口（服务员）为顾客服务的规则主要有先到先服务（FCFS）、后到先服务（LCFS）、随机服务和优先级服务。

4.1.3　排队模型

为便于研究排队系统，将组成部分的各自特征组合归纳并用符号表示出来，即排队模型。如果考虑各种可能的组合，排队系统将为无穷多种，同样，考虑研究的方便，一般只关注主要、常见的排队模型。

最早提出排队模型表示方法的是 D. G. Kendall，称为肯达尔表示法，该方法主要关注相继到达系统的顾客的时间间隔分布、服务窗口服务时间的分布和服务窗口的数量三个重要特征参数，如“M/M/1”表示顾客到达服从泊松分布、服务时间服从负指数分布、一个服务窗口的排队系统。后来，人们在肯达尔表示法的基础上增加了一个符号，用来表示系统的容量，如“M/M/1/20”，其中的“20”表示系统最多容纳 20 位顾客的排队。排队模型的这些表示方法，都需要研究顾客到达时间间隔和服务时间的分布规律，分析顾客排队数量、排队时间、吞吐率等参数，以及影响这些参数的因素，从而便于设计、控制与优化系统。

1. 排队模型表示方法

1953 年 D. G. Kendall 提出的排队系统表示法如下。

$X/Y/Z$。

该方法主要考虑排队系统的三个主要特征，分别用 X、Y 和 Z 三个符号来表示，这三个符号的基本含义如下。

X：表示顾客到达系统间隔时间分布规律。

Y：表示服务窗口（服务员）服务时间分布规律。

Z：表示服务窗口（服务员）数量。

1971 年国际排队论标准化会议将肯达尔表示法扩充如下。

$X/Y/Z/A/B/C$。

其中，X、Y 和 Z 三个符号表示的含义与肯达尔表示法一致，A、B 和 C 三个符号表示的含义如下。

A：系统排队容量限制的数量。

B：顾客源（总体）数量。

C：服务窗口的服务规则，可以是先到先服务（FCFS），或者是后到先服务（LCFS），或者是随机服务，甚至是优先级服务等。在通信网络中主要采用先到先服务的服务规则。

这种表示方法是我们现在经常用到的方法，但要注意，如果省略后三项，且不进行特殊说明，则“$X/Y/Z$”实际上是“$X/Y/Z/\infty/\infty$/FCFS”。

2．到达间隔和服务时间典型分布

到达间隔和服务时间典型分布规律如表 4.1.2 所示。

表 4.1.2　到达间隔和服务时间典型分布规律

序号	符号	分布规律	序号	符号	分布规律
1	M	泊松分布	4	E_k	k 阶爱尔朗分布
2	M	负指数分布	5	GI	一般相互独立分布
3	D	确定型分布	6	G	一般随机分布

我们在讨论通信网络中的帧或数据分组排队系统时，经常会用到以下分布规律。

1）无记忆的泊松分布

到达排队系统的顾客，其时间分布一般近似地认为是无记忆的泊松分布，用 M 来表示，其特点详见 3.1 节。

2）负指数分布

若顾客到达和服务窗口服务时间间隔 T 的概率密度函数为

$$f_T(t)=\begin{cases}\lambda e^{-\lambda t},\ t\geqslant 0\\ 0,\qquad t<0\end{cases} \tag{4.1.1}$$

则称 T 服从负指数分布，即其分布为

$$F(x)=1-e^{-\lambda x},\ \lambda>0 \tag{4.1.2}$$

式中，λ 为单位时间内到达的顾客数，即顾客到达率。

当顾客流是泊松流时，顾客到达的时间间隔显然服从上述负指数分布，其均值、均方值和方差分别为 $E[T]=1/\lambda$，$\mathrm{Var}\,[T]=1/\lambda^2$，$\sigma^2[T]=1/\lambda$。

负指数分布即具有马尔可夫特性的分布，典型的特征是具有无后效性，和无记忆的泊松分布特征一致，也用符号 M 来表示。

3）k 阶爱尔朗（Erlang）分布

设 $v_1,v_2,\cdots,v_k$ 是 k 个相互独立的随机变量，服从相同参数 $1/k\mu$ 的负指数分布，则 $T=v_1,v_2,\cdots,v_k$ 的概率密度函数为

$$b(t)=\frac{k\mu(k\mu t)^{k-1}}{(k-1)!}e^{-k\mu t} \tag{4.1.3}$$

称 T 服从 k 阶爱尔朗分布，其均值和均方值分别为 $E[T]=1/\mu$，$\mathrm{Var}\,[T]=1/(k\mu^2)$，$\mu$ 是顾客离开率。

有的排队系统服从 k 阶爱尔朗分布，用 E_k 表示，其概率密度函数为

$$b_k(t)=\begin{cases}\dfrac{\mu k(\mu kt)^{k-1}}{(k-1)!}\mathrm{e}^{-\mu kt} & t\geqslant 0\\ 0 & t<0\end{cases} \tag{4.1.4}$$

4）确定型分布

确定型分布为时间分布，又叫定长分布，是指服务时间为常数的分布，这种情况比较简单，此处不讨论，通常用符号 D 来表示。

5）一般服务时间分布

有的排队系统具有一般性，服从一般服务时间分布，用符号 G 来表示。

3．排队模型示例

根据排队模型的表示方法和时间分布规律，很容易给出具体的排队模型，如 M/M/1、M/D/1、M/E_k/1、M/M/c、M/M/c/∞/m、M/M/c/N/∞ 等。所表示的含义清晰明了，如 M/M/c/N/∞ 是这样一类排队模型：顾客到达流是泊松流，服务窗口服务时间服从负指数分布，服务窗口数量是 c 个，系统排队容量限制的数量是 N 个，顾客源数量无限，服务规则是先到先服务（FCFS 省略了）的排队模型。

在分析排队系统时一般先要判断属于哪一类排队模型，再根据时间分布规律和已知的参量，求得一个排队系统的其余参量，进而分析系统的性能。

分析一个排队系统基本的定理是 Little 定理，下面进行简要讨论。

4.1.4　Little 定理及应用

1．Little 定理

Little 定理又称为小定理，用来描述驻留在系统中平均顾客数、顾客驻留平均时间和顾客到达率之间的关系。

令 $N(t)$表示系统在 t 时刻的顾客数，N_t 表示在$[0,t]$时间内的平均顾客数，即

$$N_t=\frac{1}{t}\int_0^t N(t)\mathrm{d}t \tag{4.1.5}$$

系统稳态（$t\to\infty$）时的平均顾客数为

$$N=\lim_{t\to\infty}N_t \tag{4.1.6}$$

令 $\alpha(t)=$ 在$[0,t]$内到达的顾客数，则在$[0,t]$内的平均到达率为

$$\lambda_t=\frac{\alpha(t)}{t} \tag{4.1.7}$$

稳态的平均到达率为

$$\lambda=\lim_{t\to\infty}\lambda_t \tag{4.1.8}$$

令 T_i ＝第 i 个到达的顾客在系统内花费的时间（时延），则在 $[0,t]$内顾客的平均时延为

$$T_t=\frac{\sum_{i=0}^{\alpha(t)}T_i}{\alpha(t)} \tag{4.1.9}$$

稳态的顾客平均时延为

$$T = \lim_{t \to \infty} T_t \tag{4.1.10}$$

则稳态时 N、λ、T 的关系是

$$N = \lambda T \tag{4.1.11}$$

这就是 Little 定理（公式）。

该公式表明，系统在稳态时，驻留在其中的平均顾客数（用户数）为

系统中的顾客数（用户数）=[顾客（用户）的平均到达率]×[顾客（用户）的平均时延]。

上述讨论是针对时间平均值的结论，对于统计平均值有相同的结论，即

$$\overline{N} = \overline{\lambda} \cdot \overline{T} \tag{4.1.12}$$

式（4.1.12）成立的基本要求：系统具有各态历经性，并可以达到稳态。例如，令 $p_n(t)$ 表示在 t 时刻系统顾客数为 n 的概率。系统可以达到稳态的要求是

$$\lim_{t \to \infty} p_n(t) = p_n \quad n = 0,1,2,\cdots \tag{4.1.13}$$

令 $N(t)$的统计平均值为 $\overline{N(t)} = \sum_{n=0}^{\infty} n p_n(t)$，则各态历经性的要求是式（4.1.13）以概率 1 成立。

$$N = \lim_{t \to \infty} N_t = \lim_{t \to \infty} \overline{N_t(t)} = \overline{N} \tag{4.1.14}$$

式（4.1.14）说明：若系统具有各态历经性，则顾客数的时间平均值等于顾客数的统计平均值。同理可得 $\lambda = \overline{\lambda}$ 及 $T = \overline{T}$，则式（4.1.11）和式（4.1.12）是等价的。

Little 定理的证明如下。

可以用一个特例来说明 Little 定理的正确性，如图 4.1.2 所示，设系统的初始状态为 $N(0)=0$，在 t 时刻到达系统的总顾客数为 $\alpha(t)$，离开系统的总顾客数为 $\beta(t)$，则驻留在系统中的顾客数为 $N(t)=\alpha(t)-\beta(t)$。

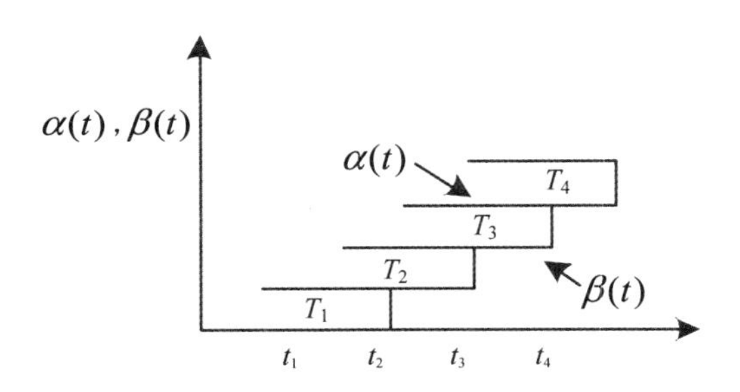

图 4.1.2 Little 定理证明示意图

证明方法 1：

进行以下定义。

t_i=第 i 个顾客的到达时间。

T_i=第 i 个顾客驻留在系统中的时间。

$N(t)$=在 t 时刻驻留在系统中的顾客数=$\alpha(t)-\beta(t)$。

对于先到先服务系统（非先到先服务系统证明相似），则

$N_t = \frac{1}{t}\int_0^t N(\tau)\mathrm{d}\tau$ = 队列中顾客数的时间平均值

$N=\lim\limits_{t\to\infty}N_t=$ 顾客数的稳态时间平均值

$\lambda_t=\dfrac{\alpha(t)}{t}$，$\lambda=\lim\limits_{t\to\infty}\lambda_t=$ 顾客到达率

$T_t=\dfrac{\sum_{i=0}^{\alpha(t)}T_i}{\alpha(t)}=$ 系统延迟的时间平均值，$T=\lim\limits_{t\to\infty}T_t$

假定以上极限都存在，且假定系统是各态历经的系统（平稳系统），则

$N(t)=\alpha(t)-\beta(t)$，进而 $N_t=\dfrac{\sum_{i=1}^{\alpha(t)}T_i}{t}$

$$N=\lim_{t\to\infty}\frac{\sum_{i=1}^{\alpha(t)}T_i}{t} \tag{4.1.15}$$

$T=\lim\limits_{t\to\infty}\dfrac{\sum_{i=1}^{\alpha(t)}T_i}{\alpha(t)}$，进而 $\sum_{i=1}^{\alpha(t)}T_i=\alpha(t)T$

有

$$N=\frac{\sum_{i=1}^{\alpha(t)}T_i}{t}=\left(\frac{\alpha(t)}{t}\right)\frac{\sum_{i=1}^{\alpha(t)}T_i}{\alpha(t)}=\lambda T \tag{4.1.16}$$

证明方法 2：

设顾客 i 在系统中驻留时间为 T_i，则

$$\sum_{i=1}^{\beta(t)}T_i\leqslant\int_0^t N(\tau)\mathrm{d}\tau\leqslant\sum_{i=1}^{\alpha(t)}T_i \tag{4.1.17}$$

同时除以 t，得

$$\frac{1}{t}\sum_{i=1}^{\beta(t)}T_i\leqslant\frac{1}{t}\int_0^t N(\tau)\mathrm{d}\tau\leqslant\frac{1}{t}\sum_{i=1}^{\alpha(t)}T_i \tag{4.1.18}$$

因为

$$\frac{1}{t}\sum_{i=1}^{\beta(t)}T_i=\frac{\beta(t)}{t}\cdot\frac{\sum_{i=1}^{\beta(t)}T_i}{\beta(t)}=\delta_t T_t \tag{4.1.19}$$

$$\frac{1}{t}\sum_{i=1}^{\alpha(t)}T_i=\frac{\alpha(t)}{t}\cdot\frac{\sum_{i=1}^{\alpha(t)}T_i}{\alpha(t)}=\lambda_t T_t \tag{4.1.20}$$

所以

$$\delta_t T_t\leqslant N_t\leqslant\lambda_t T_t \tag{4.1.21}$$

在系统达到稳态的情况下，进入系统的顾客数等于离开系统的顾客数，从而有

$$\delta T\leqslant N\leqslant\lambda T$$

$$\delta=\lambda \tag{4.1.22}$$

所以有

$$N = \lambda T \tag{4.1.23}$$

2. Little 定理的应用

Little 定理的应用相当广泛，现通过几个例题来说明其应用。

例 4.1.1 分组通过一个节点在一条链路上传输。假定分组到达率为λ，分组在输出链路上的平均传输时间为$\overline{t}$，在节点中等待的时间（不包括传输时间）为 $t_{\rm w}$。求在该节点中等待传输（不包括正在传输）的分组的个数（队长）$N_{\rm Q}$，以及传输链路上的平均分组数N。

首先，仅把节点中等待传输的分组队列作为考虑对象，对其应用 Little 定理，很明显有

$$N_{\rm Q} = \lambda t_{\rm w}$$

其次，仅把传输链路作为考虑对象，对其应用 Little 定理，则有

$$N = \lambda \overline{t}$$

例 4.1.2 假定一个售票大厅有G个售票窗口，该售票大厅最多可容纳N个顾客，售票大厅始终是满的。设每个顾客的平均服务时间为$\overline{t}$，则顾客在大厅里驻留的时间T为多少？

解：设进入大厅的顾客到达率为λ，对整个系统应用 Little 定理，有

$$T = \frac{N}{\lambda}$$

对服务窗口应用定理，有

$$G = \lambda \overline{t} \Rightarrow \lambda = \frac{G}{\overline{t}}$$

将两式合并得

$$T = \frac{N}{\dfrac{G}{\overline{t}}} = \frac{N\overline{t}}{G}$$

例 4.1.3 某服务大厅有G个服务窗口，顾客到达率为λ，每个顾客的平均服务时间为$\overline{t}$。假定顾客到达时发现服务窗口被占满就立即离开系统。求顾客被阻塞的概率。

解：由于顾客是随机到达的，则系统有时满，有时空。设平均处于忙的窗口数为$\overline{g}$ $\left(\overline{g} \leqslant G\right)$，记$\beta$为顾客被阻塞概率，则系统中的平均顾客数为

$$\overline{g} = (1-\beta)\lambda\overline{t}$$

因此

$$\beta = 1 - \frac{\overline{g}}{\lambda\overline{t}}$$

例 4.1.4 假设某 600 门程控电话交换机为某小区用户提供电话服务，该小区内有 6000 个用户，每个用户的平均通话时间为 3 分钟。如果在忙时，每个用户至少半小时打一次电话。试问该交换机能否为该小区内的用户提供实时服务？

解：由题意知，交换机的呼叫到达率λ至少为 6000/30=200 次/分钟，服务窗口数G为 600 个，$\overline{t}$为 3 分钟，根据例 4.1.3 有

$$\beta \geqslant 1 - \frac{G}{\lambda\overline{t}} = 1 - \frac{600}{200 \times 3} = 0$$

因此，肯定会出现打不通电话的情况，要想保障实时电话服务，必须增加交换机的容量。

4.2　M/M/1 型排队系统

M/M/1 排队系统有两种：一种是系统容量无限制型（等待型），即 M/M/1（∞）；另一种是系统容量有限制型（截止型），即 M/M/1（n），系统只能容纳 n 个顾客，多于 n 个顾客将被拒绝。这两种排队系统的时延性能显然不同。

4.2.1　M/M/1（∞）排队模型

排队系统的表示方式为 $X/Y/Z/A/B/C$，当顾客到达流服从无记忆的泊松分布、服务窗口服务时间服从负指数分布、服务窗口数量为 m 个时，为 M/M/m 型排队系统，A、B、C 缺省即系统排队容量无限、顾客源（总体）数量无限、服务窗口的服务规则为先到先服务（FCFS）。

无记忆的泊松分布理解：当前顾客到达分布与以后顾客到达分布甚至整个过程顾客到达分布完全相同。

进一步理解无记忆的含义：如果某物体不论被使用了多久，其剩余寿命的分布与总寿命的分布完全相同，那么这种寿命分布是无记忆的，体现了“永远年轻”。

对于 M/M/m 型排队系统来说，当 m=1 时，就是本节要讨论的排队模型：M/M/1（∞）排队模型。

理想的 M/M/1（∞）排队系统模型示意图如图 4.2.1 所示，排队系统包括缓存器和处理器两大部分，缓存器容量无限（排队容量无限）、呼叫来源无限（顾客源数量无限）、顾客流服从泊松分布且顾客到达率为 λ、处理器处理顾客的速率为 μ 。

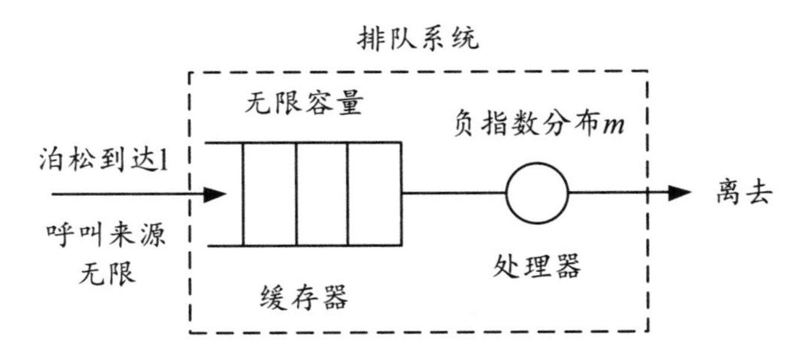

图 4.2.1 M/M/1（∞）排队系统模型示意图

显然，M/M/1（∞）排队系统具有以下特征。

顾客到达过程为无记忆的泊松过程，顾客单个到达，且相互独立，到达率为 λ。

系统允许排队的队长可以是无限的（系统的缓存容量无限大）。

服务窗口对所有顾客的服务过程为负指数过程，且服务时间相互独立，服务速率为 μ（平均服务时间为 $1/\mu$）。

服务窗口的数量为 1 个。

顾客到达时间和服务窗口对顾客的服务时间相互独立。

4.2.2 标准 M/M/1（∞）排队系统时延分析及应用

1．一般状态方程的建立

标准 M/M/1（∞）排队系统即 M/M/1/∞/∞/（FCFS），为能分析标准 M/M/1（∞）排队系统的性能，一般要解出该类排队系统稳态时（$t \to \infty$）的概率 p_n，才能根据式（4.2.1）求得驻留在系统中的平均顾客数 N，以及顾客驻留在系统中的平均时延 W 等性能参数。

$$N = \sum_{n=0}^{\infty} n p_n \tag{4.2.1}$$

为解出 p_n，先观察系统在$[t,t+\Delta t]$（Δt 很小）时间区间的特点，即 M/M/1（∞）排队问题的一般系统状态特点。

因为顾客到达过程是泊松过程，而泊松过程状态概率分布服从泊松分布，即

$$p_n(t) = \frac{(\lambda t)^n}{n!}\mathrm{e}^{-\lambda t},\quad n = 0,1,2,\cdots \tag{4.2.2}$$

又因为泊松过程是一个独立增量过程，所以 Δt 时间内状态转移概率为

$$p_n(\Delta t) = \frac{(\lambda \Delta t)^n}{n!}\mathrm{e}^{-\lambda \Delta t},\quad n = 0,1,2,\cdots \tag{4.2.3}$$

对式（4.2.3）中的 $\mathrm{e}^{-\lambda\Delta t}$ 进行泰勒级数展开有

$$\mathrm{e}^{-\lambda\Delta t} = 1 - \frac{\lambda\Delta \mathrm{t}}{1!} + \frac{(\lambda\Delta \mathrm{t})^2}{2!} - \frac{(\lambda\Delta \mathrm{t})^3}{3!}\cdots \tag{4.2.4}$$

忽略高阶无穷小 $\frac{(\lambda\Delta \mathrm{t})^2}{2!} - \frac{(\lambda\Delta \mathrm{t})^3}{3!}\cdots$，则有

$$\mathrm{e}^{-\lambda\Delta t} = 1 - \lambda\Delta t + O(\lambda\Delta t) \approx 1 - \lambda\Delta t \tag{4.2.5}$$

此时可以讨论在$[t,t+\Delta t]$时间内转移概率，根据 M/M/1（∞）排队系统特征及式（4.2.3），在$[t,t+\Delta t]$时间内有到达 1 个顾客、到达 0 个顾客和到达多个顾客的情况，三种情况的转移概率分别如下。

到达 1 个顾客转移概率为

$$p_1(\Delta t) = \frac{(\lambda\Delta t)^1}{1!}\mathrm{e}^{-\lambda\Delta t} = \lambda\Delta t\mathrm{e}^{-\lambda\Delta t} = \lambda\Delta t(1-\lambda\Delta t) \approx \lambda\Delta t$$

到达 0 个顾客转移概率为

$$p_0(\Delta t) = \frac{(\lambda\Delta t)^0}{0!}\mathrm{e}^{-\lambda\Delta t} = \mathrm{e}^{-\lambda\Delta t} \approx 1-\lambda\Delta t$$

同理可以计算多于 1 个顾客到达的概率为 $O(\Delta t)$，是可以忽略的。

同样，在$[t,t+\Delta t]$时间内有离开 1 个顾客、离开 0 个顾客和离开多个顾客的情况，三种情况的转移概率分别如下。

离开 1 个顾客转移概率为

$$p_1(\Delta t) = \frac{(\mu\Delta t)^1}{1!}\mathrm{e}^{-\mu\Delta t} = \lambda\Delta t\mathrm{e}^{-\mu\Delta t} = \mu\Delta t(1-\mu\Delta t) \approx \mu\Delta t$$

离开 0 个顾客转移概率为

$$p_0(\Delta t)=\frac{(\mu\Delta t)^0}{0!}\mathrm{e}^{-\mu\Delta t}=\mathrm{e}^{-\mu\Delta t}\approx 1-\mu\Delta t$$

同理可以计算多于 1 个顾客离开的概率为$O(\Delta t)$，是可以忽略的。

假设在时刻 $t+\Delta t$ 顾客呼叫（顾客状态）数为 k，并设出现该情况的概率为 $p_k(t+\Delta t)$。由于到达和离开顾客数多于 1 的情况是高阶无穷小，因此 $p_k(t+\Delta t)$ 由 4 种情况组成，如表 4.2.1 所示。

表 4.2.1　有 k 个顾客呼叫出现的概率情况

情况类型	在时刻 t 呼叫数	在时间$[t,t+\Delta t]$内		在时刻 $t+\Delta t$ 呼叫数	出现该情况的概率 $p_k(t+\Delta t)$
		到达	离开		
A	k	无	无	k	$p_k(t)\cdot(1-\lambda\Delta t)\cdot(1-\mu\Delta t)$
B	$k+1$	无	有	k	$p_{k+1}(t)\cdot(1-\lambda\Delta t)\cdot\mu\Delta t$
C	$k-1$	有	无	k	$p_{k-1}(t)\cdot\lambda\Delta t\cdot(1-\mu\Delta t)$
D	k	有	有	k	$p_k(t)\cdot\lambda\Delta t\cdot\mu\Delta t$

建立 $p_k(t)$ 的差分方程如下。

4 种情况相互独立，所以 $p_k(t+\Delta t)$等于 4 种情况概率之和，即

$$\begin{aligned}p_k(t+\Delta t)&=p_k(t)\cdot(1-\lambda\Delta t)\cdot(1-\mu\Delta t)+p_{k+1}(t)\cdot(1-\lambda\Delta t)\mu\Delta t\\&+p_{k-1}(t)\cdot\lambda\Delta t\cdot(1-\mu\Delta t)+p_k(t)\cdot\lambda\Delta t\cdot\mu\Delta t\end{aligned}$$

简化，合并高阶无穷小项得

$$p_k(t+\Delta t)=p_k(t)\cdot(1-\lambda\Delta t-\mu\Delta t)+p_{k+1}(t)\mu\Delta t+p_{k-1}(t)\cdot\lambda\Delta t+O(\Delta t)$$

即

$$p_k(t+\Delta t)-p_k(t)=\lambda p_{k-1}(t)\Delta t+\mu p_{k+1}(t)\Delta t-(\lambda+\mu)p_k(t)\Delta t+O(\Delta t)$$

方程两边同除以Δt，由此得差分方程

$$\frac{p_k(t+\Delta t)-p_k(t)}{\Delta t}=\lambda p_{k-1}(t)+\mu p_{k+1}(t)-(\lambda+\mu)p_k(t)+\frac{O(\Delta t)}{\Delta t}$$

令$\Delta t\to 0$，则得到关于 $p_k(t)$的微分方程

$$\frac{\mathrm{d}p_k(t)}{\mathrm{d}t}=\lambda p_{k-1}(t)+\mu p_{k+1}(t)-(\lambda+\mu)p_k(t)\qquad k=1,2,\cdots \tag{4.2.6}$$

可见，该系统状态 k 随时间 t 变化的过程为生灭过程的一个特殊情况。

$\lambda\Delta t$ 可看成在系统中已有 $k-1$ 个呼叫的条件下，有一个呼叫“诞生”的概率——生过程。

$\mu\Delta t$ 可看成在系统中已有 $k+1$ 个呼叫的条件下，有一个呼叫“灭掉”的概率——灭过程。

式（4.2.6）为不定方程，为求得方程的解，需要建立 $p_0(t)$的微分方程。

$p_0(t)$为 $k=0$ 状态的概率。按前述过程，在 $t+\Delta t$ 时刻有 0 个顾客呼叫的情况有 3 种，如表 4.2.2 所示。

表 4.2.2　有 0 个顾客呼叫出现的概率情况

情况类型	在时刻 t 呼叫数	在时间$[t,t+\Delta t]$内		在时刻 $t+\Delta t$ 呼叫数	出现该情况的概率 $p_0(t+\Delta t)$
		到达	离开		
A	0	无	无	0	$p_0(t)\cdot(1-\lambda\Delta t)\cdot(1-\mu\Delta t)$
B	0+1	无	有	0	$p_1(t)\cdot(1-\lambda\Delta t)\cdot\mu\Delta t$
C	0	有	有	0	$p_0(t)\cdot\lambda\Delta t\cdot\mu\Delta t$

因为情况类型 C 的概率为高阶无穷小，所以 $p_0(t+\Delta t)$等于 A、B 两种情况概率之和，即

$$p_0(t+\Delta t)=p_0(t)(1-\lambda\Delta t)(1-\mu\Delta t)+p_1(t)(1-\lambda\Delta t)\mu\Delta t$$

由于 $\mu\Delta t<<1$，$1-\mu\Delta t\approx 1$，所以

$$p_0(t+\Delta t)=p_0(t)(1-\lambda\Delta t)+p_1(t)(1-\lambda\Delta t)\mu\Delta t$$

即

$$p_0(t+\Delta t)-p_0(t)=-\lambda p_0(t)\Delta t+\mu p_1(t)\Delta t$$

方程两边同除以Δt，得

$$\frac{p_0(t+\Delta t)-p_0(t)}{\Delta t}=\mu p_1(t)-\lambda p_0(t)$$

令$\Delta t\to 0$，则得到关于 $p_0(t)$的微分方程

$$\frac{\mathrm{d}p_0(t)}{\mathrm{d}t}=-\lambda p_0(t)+\mu p_1(t)\qquad k=0 \tag{4.2.7}$$

式（4.2.6）和式（4.2.7）就是 M/M/1 排队问题的一般系统状态方程，即

$$\begin{cases}\dfrac{\mathrm{d}p_k(\mathrm{t})}{\mathrm{d}t}=\lambda p_{k-1}(\mathrm{t})+\mu p_{k+1}(\mathrm{t})-(\lambda+\mu)p_k(\mathrm{t}) & k=1,2,\cdots\\ \dfrac{\mathrm{d}p_0(t)}{\mathrm{d}t}=-\lambda p_0(t)+\mu p_1(t) & k=0\end{cases} \tag{4.2.8}$$

式（4.2.8）就是 M/M/1 排队问题的系统方程，求解以后，就能清楚地看到 $p_k(t)$随时间的变化规律。

其实，对于 M/M 问题，可用状态转移图直接由柯尔莫哥洛夫方程写出。由于式（4.2.6）中只有进入和离开 k 状态的概率，而不包含从 k 状态仍回到 k 状态的概率，所以状态转移图就可以简化成图 4.2.2，当 k=0 时，只有一进一出两条转移线，而当 k>0 时，有两进两出四条转移线。一般状态（暂态）下，进出状态概率之差是$\dfrac{\mathrm{d}p_k(t)}{\mathrm{d}t}$（$k$=0,1,2…），这就不难理解式（4.2.8）了。

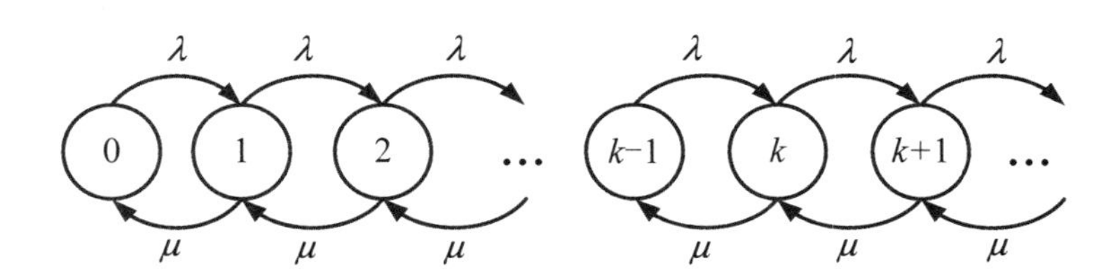

图 4.2.2　M/M/1（∞）排队系统状态转移图

2．稳态方程的建立及理解

M/M/1（∞）排队系统的运行经过暂态进入稳态，在数学上来说就是当$t\to\infty$时，$p_k(t)$已经稳定，即$\dfrac{\mathrm{d}p_k(t)}{\mathrm{d}t}=0$。

则 $p_k(t)$与 t 无关，可简记为p_k。在实际中，当 t 足够大时，稳态解已经基本正确，这是人们最感兴趣的情况。

因此，在稳定、非时变概率情况下，由式（4.2.8）可得稳态方程

$$\begin{cases} \lambda p_{k-1} + \mu p_{k+1} = (\lambda + \mu) p_k \\ \mu p_1 = \lambda p_0 \end{cases} \tag{4.2.9}$$

它表明了 M/M/1（∞）排队系统的稳态平衡原理。

式(4.2.9)中第一个方程左边代表了以概率 p_k 处于 k 状态的排队系统脱离原状态 k 的频率。

式（4.2.9）中第一个方程右边代表了系统从 $k-1$ 状态或 $k+1$ 状态进入 k 状态的频率。

稳态存在的条件：排队系统脱离 k 状态的频率必须等于从 $k-1$ 状态和 $k+1$ 状态进入 k 状态频率之和。

对 M/M/1（∞）排队系统平衡概念的进一步理解如下。

结合图 4.2.2，每一个状态都应该有一个稳态方程，这些方程称为“平衡方程”。按照生灭过程，对于状态 k，离开频率等于进入频率，如表 4.2.3 所示。

表 4.2.3　每一个状态下顾客的离开频率和进入频率

状态	离开频率	进入频率
0	λp_0	μp_1
1	$(\lambda+\mu)p_1$	$\lambda p_0+\mu p_2$
2	$(\lambda+\mu)p_2$	$\lambda p_1+\mu p_3$
3	$(\lambda+\mu)p_3$	$\lambda p_2+\mu p_4$
…	…	…
n	$(\lambda+\mu)p_n$	$\lambda p_{n-1}+\mu p_{n+1}$
…	…	…

3．稳态概率的求解及应用

令 $\rho = \dfrac{\lambda}{\mu}$（$\rho$ 为系统工作强度且 $\rho < 1$，也是系统忙的概率，当然在一般系统中，ρ 也可以大于或等于 1，本章不讨论这种情况），用递推的方法可以求得稳态概率。

$$p_{k+1} = \left(1+\frac{\lambda}{\mu}\right)p_k - \frac{\lambda}{\mu}p_{k-1} = (1+\rho)p_k - \rho p_{k-1}$$

$$p_1 = \frac{\lambda}{\mu}p_0 = \rho p_0$$

$$p_2 = (1+\rho)p_1 - \rho p_0 = (1+\rho)\rho p_0 - \rho p_0 = \rho^2 p_0$$

$$\vdots$$

$$p_n = \rho^n p_0 \quad n=0,1,2,\cdots k \tag{4.2.10}$$

由于 p_n 为状态 n 的概率，因此必有

$$\sum_{n=0}^{\infty} p_n = 1$$

因此，在ρ<1 的条件下，有

$$\sum_{n=0}^{\infty} p_n = \frac{p_0}{1-\rho} = 1$$

结合式（4.2.10），于是有 $p_0 = 1-\rho$

$$p_n = \rho^n(1-\rho) \qquad n = 0, 1, 2, \cdots \tag{4.2.11}$$

ρ<1 是式（4.2.11）成立的必要条件。为使平衡得以存在，队列的到达率或负荷必须小于输出容量μ。如果在无限长排队模型中这一条件不满足，队列就会随时间持续不断地增长，而永远达不到平衡点。图 4.2.3 所示为 M/M/1 队列状态概率。

根据式（4.2.11）可以求得驻留在系统中的平均用户数 N。

$$\begin{aligned} N &= \sum_{n=0}^{\infty} np_n = \sum_{n=0}^{\infty} n\rho^n(1-\rho) \\ &= (1-\rho)\rho + 2(1-\rho)\rho^2 + 3(1-\rho)\rho^3 + \cdots + n(1-\rho)\rho^n + \cdots \\ &= \rho - \rho^2 + 2\rho^2 - 2\rho^3 + 3\rho^3 + \cdots + n\rho^n - n\rho^{n+1}\cdots \\ &= \rho + \rho^2 + \rho^3 + \cdots + \rho^n + \cdots = \frac{\rho}{1-\rho} = \frac{\lambda}{\mu-\lambda} \end{aligned} \tag{4.2.12}$$

可见，当$\rho \to 1$ 时，队长会无限制地增加，N 与ρ 的关系如图 4.2.4 所示。显然，当排队系统上负荷比较轻，如ρ <0.5 时，系统中的平均呼叫数 N 相当少；当ρ >0.5 时，系统中的平均呼叫数 N 增加很快。

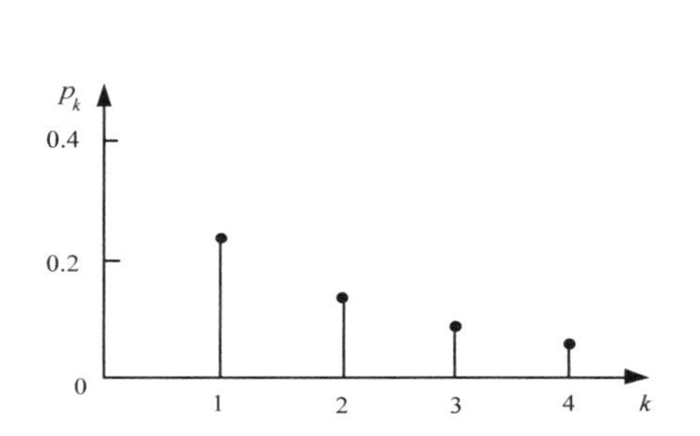

图 4.2.3　M/M/1 队列状态概率（ρ=0.5）

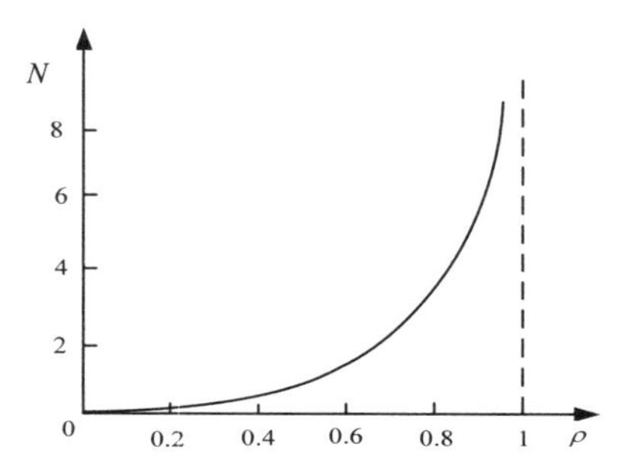

图 4.2.4　M/M/1 队列平均队长

对于 M/M/1（∞）排队模型来说，人们比较关心的参数除系统平均用户数 N 外，还有平均排队队长 N_Q、平均排队时延 W_Q、驻留在系统中的平均时延 W 等，如图 4.2.5 所示。

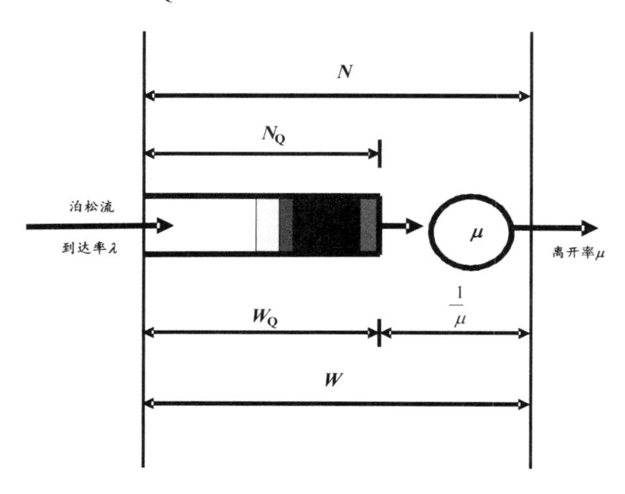

图 4.2.5　M/M/1（∞）的几个参数示意图

利用 Little 定理，可求得驻留在系统中用户的平均时延为

$$W=\frac{N}{\lambda}=\frac{\rho}{1-\rho}\cdot\frac{1}{\lambda}=\frac{1}{\mu-\lambda} \tag{4.2.13}$$

每个用户的平均排队时延 W_Q 为

$$W_Q=W-\frac{1}{\mu}=\frac{\rho}{\mu(1-\rho)} \tag{4.2.14}$$

系统中的平均排队队长 N_Q 为

$$N_Q=\lambda W_Q=\frac{\lambda}{\mu}\cdot\frac{\rho}{1-\rho}=\frac{\rho^2}{1-\rho} \tag{4.2.15}$$

式（4.2.12）、式（4.2.13）、式（4.2.14）和式（4.2.15）就是容量无限制型（等待型）单窗口排队系统，即 M/M/1（∞）系统的性能参数计算公式。

下面通过几个例题更好地理解和掌握以上系统特性。

例 4.2.1 在某数据传输网络中，有一个数据交换节点。信息包按泊松流到达此节点。已知平均每分钟到达 20 个信息包，此节点的处理事件服从负指数分布，平均处理每个信息包需要 2.5 秒，试计算（小数点后保留两位有效数字）：

（1）节点忙的概率 $p_{忙}$。

（2）节点闲的概率 $p_{闲}$。

(3) 驻留在节点中的平均数据包的个数 N。

(4) 驻留在节点中数据包的平均时延 W。

（5）驻留在节点中数据包的平均排队时延 W_Q。

（6）节点中数据包平均排队队长 N_Q。

解：这是一个 M/M/1 排队模型，其中

λ= 20/60（个/分钟）$=\frac{1}{3}$（个/秒），$\mu=\frac{1}{2.5}=\frac{2}{5}$（个/秒）

（1）节点忙的概率：$p_{忙}=\rho=\frac{\lambda}{\mu}$=5/6。

（2）节点闲的概率：$p_{闲}$=1− ρ =1/6。

（3）平均数据包的个数：$N=\lambda W=\frac{\lambda}{\mu}\cdot\frac{\rho}{1-\rho}=\frac{\rho^2}{1-\rho}$=5（个）。

（4）平均时延（驻留时间）：$W=\frac{1}{\mu-\lambda}$=15（秒）。

（5）平均排队时延：$W_Q=W-\frac{1}{\mu}=\frac{\rho}{\mu(1-\rho)}$=12.5（秒）。

（6）平均排队队长：$N_Q=\frac{\rho^2}{1-\rho}\approx$4.17（个）。

例 4.2.2 设某学校有一部传真机为全校 2 万个师生提供传真服务。假定每份传真的传输时间服从负指数分布，其平均传输时间为 3 分钟，并假定每个人发送传真的可能性相同。如果希望平均排队的队长不大于 5 个人，试问平均每个人间隔多少天才可以发送一份传真？

解：假定要发送的传真服从泊松到达，则该传真服务系统可用 M/M/1 队列来描述。已知 $1/\mu$ =3（分钟），N_Q=5（个），要求解 λ（份/天）。

因为

$$N_{\mathrm{Q}}=\frac{\lambda}{\mu}\frac{\rho}{1-\rho}=\frac{\rho^2}{1-\rho}=5\text{（个）}$$

所以

$$\rho=\frac{\lambda}{\mu}=\frac{3\sqrt{5}}{2}\approx 0.854$$

系统总的可以发送传真的速率为

$$\lambda=\frac{\rho}{1/\mu}=\frac{0.854}{3}\approx 0.285\text{（份/分钟）}\approx 410\text{（份/天）}$$

则平均每个用户要隔 20000/410≈49 天才可以发送一份传真。

例 4.2.3 设有一个分组传输系统，其分组到达过程是到达率为λ的泊松过程，分组长度服从指数分布，均值为 $1/\mu$。如果将 k 个这样的分组流统计复接在一个高速信道上来传输，即将输入到达率提高 k 倍，并将信道速率提高 k 倍（服务时间变为 $1/k\mu$）。试比较这两种情况下的传输时延。

解： 原系统中的平均分组数和平均时延为

$$N=\frac{\lambda}{\mu-\lambda}$$

$$W=\frac{1}{\mu-\lambda}$$

复接后系统中的平均分组数和平均时延为

$$N'=\frac{k\lambda}{k\mu-k\lambda}=\frac{\lambda}{\mu-\lambda}$$

$$W'=\frac{1}{k\mu-k\lambda}=\frac{1}{k}\frac{1}{\mu-\lambda}=\frac{W}{k}$$

可以看出，复接后系统的平均时延降低到原来平均时延的 $1/k$。

如果反过来分析该例题，即将一个高速分组传输信道通过 FDM 或 TDM 方式分解成 k 个子信道，并假设高速信道分组到达率为λ，服务时间为$1/\mu$，则子信道分组到达率为λ/k，服务时间为k/μ，试比较分解前后的传输时延。

高速信道的传输时延为

$$W=\frac{1}{\mu-\lambda}$$

分解后各子信道的传输时延为

$$W'=\frac{1}{\mu/k-\lambda/k}=\frac{k}{\mu-\lambda}=kW$$

可以看出，将一个高速信道分解成 k 个低速信道后，传输时延将增加 k 倍。另外，这样分解后，当各个低速信道的到达率不同时，会出现忙闲不均的现象，但如果低速信道的容量和用户匹配时，各信道将没有等待时延和等待排队现象；而在高速信道中，尽管传输的时延减少了，但各用户的等待时间及时延的变化都会增加。

由上述讨论可知，M/M/1 模型的主要参数取决于排队业务强度 $\rho = \lambda/\mu$。

首先，$\rho = 1 - p_0$ 为排队系统（或缓存器）中有呼叫的概率，即窗口或服务器忙的概率。对于单服务器，ρ 就是排队系统的效率 η，因此，为了提高服务资源的利用率，希望 ρ 选得大些。

其次，由平均排队时延 W_Q 的公式可见，ρ 增大将使 W_Q 增大，这意味着呼叫等待许久才能被处理，即排队系统的服务质量下降，这不是用户所希望的。

最后，当 $\rho \geqslant 1$ 时，相当于到达呼叫数和排队等待时间均趋于无限，队长的不断增长使系统不能稳定地工作，故必须要使 $\rho < 1$。

4.2.3　有限容量的 M/M/1 排队模型（拒绝型排队系统）*

系统效率、排队等待时间和系统稳定性对 $\rho = \lambda/\mu$ 的要求是矛盾的，因此，必须设法兼顾三者来考虑 λ/μ 的选择。这就是说，必须选择 λ/μ，使得在提高系统效率的同时，压缩排队长度以减少排队等待时间。为此，通常采用拒绝型排队系统，即排队系统容量有限制（有限容量缓存器）的系统，或者说截止排队长度，如限定 K 个呼叫的有限队列，以构成 M/M/1/ K / ∞ /FCFS 模型。显然，这是会降低系统服务质量的，但为了工作的稳定性，实际的通信网多采用截止型排队系统。若为了压缩排队长度，不采用这种消极方法，可实行多窗口制式。在通信网中，增加信道数量，加大传输带宽，提高传输速率和处理速率等，都是从这一思想出发的。增加服务器数量，从而提高了排队系统的工作效率，减少了排队长度，自然减少了排队等待时间。

这里简单讨论有限容量的 M/M/1 排队模型的状态概率和系统特性参数的计算方法，在 4.2.4 节中简单讨论有限顾客源的 M/M/1 排队模型的状态概率和系统特性参数的计算方法。

设有限系统容量为 K，这时与无限队列排队系统相比，平衡方程维持原状，所不同的是状态数量有限，共有 K+1 个状态，其状态转移图如图 4.2.6 所示。

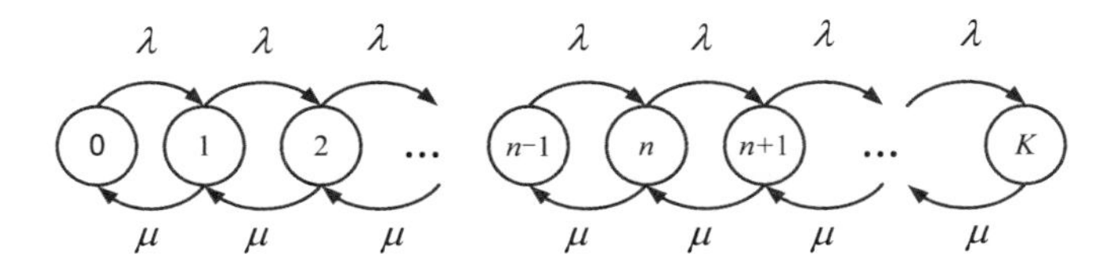

图 4.2.6 有限容量的 $M/M/1$ 排队系统状态转移图

当系统处于稳态时，根据生灭过程有

$$\begin{cases} \mu p_1 - \lambda p_0 = 0 & n = 0 \quad (4.2.16) \\ \lambda p_{n-1} + \mu p_{n+1} - (\lambda + \mu) p_n = 0 & 0 < n < K \quad (4.2.17) \\ \lambda p_{K-1} - \mu p_K = 0 & n = K \quad (4.2.18) \end{cases}$$

K 对应的状态概率的归一化条件为

$$\sum_{n=0}^{K} p_n = 1 \tag{4.2.19}$$

联立式（4.2.16）、式（4.2.17）、式（4.2.18）和式（4.2.19），则有下列结论。

（1）系统在稳态下处于状态 n 的概率。

系统空闲的概率为

$$p_0=\begin{cases}\dfrac{1-\rho}{1-\rho^{K+1}}, & \rho\neq 1\\ \dfrac{1}{K+1}, & \rho=1\end{cases} \tag{4.2.20}$$

系统中有 n 个顾客的概率为

$$p_n=\rho^n p_0=\begin{cases}\dfrac{(1-\rho)\rho^n}{1-\rho^{K+1}}, & \rho\neq 1,\ 1\leqslant n\leqslant K\\ \dfrac{1}{K+1}, & \rho=1\end{cases} \tag{4.2.21}$$

很显然，排队系统全满的概率为

$$p_K=\frac{(1-\rho)\rho^K}{1-\rho^{K+1}} \tag{4.2.22}$$

$\rho=\lambda/\mu$，此处 $\rho<1$ 的条件可以取消。

不过，当 $\rho>1$ 时，系统的损失率 p_n（或表示被拒绝的平均数 λp_n）将是很大的。

（2）系统的运算指标。

系统中的平均顾客数 N 为

$$N=\sum_{n=0}^{K}np_n\begin{cases}\dfrac{\rho}{1-\rho}-\dfrac{(K+1)\rho^{K+1}}{1-\rho^{K+1}}, & \rho\neq 1\\ \dfrac{K}{2}, & \rho=1\end{cases} \tag{4.2.23}$$

系统中等待的平均顾客数 N_{Q} 为

$$\begin{aligned}N_{\mathrm{Q}}&=\sum_{n=0}^{K}(n-1)p_n=N-(1-p_0)\\&=\begin{cases}\dfrac{K(K-1)}{2(K+1)}, & \rho=1\\ \dfrac{\rho^2}{1-\rho}-\dfrac{(K+\rho)\rho^{K+1}}{1-\rho^{K+1}}, & \rho\neq 1\end{cases}\end{aligned} \tag{4.2.24}$$

顾客在系统中的驻留时间 w 的分布及平均驻留时间 W 为

$$F_{(w)}=\frac{1-\rho}{1-\rho^K}\sum_{n=0}^{K-1}\rho^n\left\{1-\mathrm{e}^{-\mu w}\left[1+\mu w+\frac{(\mu w)^2}{2!}+\cdots+\frac{(\mu w)^n}{n!}\right]\right\},\quad w\geqslant 0 \tag{4.2.25}$$

$$W=\begin{cases}\dfrac{K+1}{2\lambda}, & \rho=1\\ \dfrac{1}{\mu-\lambda}-\dfrac{K\rho^{K+1}}{\lambda(1-\rho^K)}, & \rho\neq 1\end{cases} \tag{4.2.26}$$

顾客在系统中的排队等待时间分布及平均排队等待时间 W_{Q} 为

$$F_{\mathrm{Q}}(w)=1-\sum_{n=1}^{K-1}\frac{\rho^n(1-\rho)}{1-\rho^K}\sum_{j=0}^{n-1}\frac{(\mu w)^j}{j!}\rho^{-\mu w},\quad w\geqslant 0 \tag{4.2.27}$$

$$W_Q = W - \frac{1}{\mu} = \begin{cases} \frac{\rho}{\mu(1-\rho)} - \frac{K\rho^{K+1}}{\lambda(1-\rho^K)}, & \rho \neq 1 \\ \frac{K-1}{2\lambda}, & \rho = 1 \end{cases} \tag{4.2.28}$$

（3）系统的有效到达率 λ_e。

对于容量有限的系统，λ 是在系统中有空闲等待空间时的平均到达率，当系统已满（$n=K$）时，到达率为零，需要求出有效到达率 $\lambda_e = \lambda(1-p_K)$，故

$$\lambda_e = \begin{cases} \frac{\lambda(1-p^K)}{1-\rho^{K+1}}, & \rho \neq 1 \\ \frac{K\lambda}{K+1}, & \rho = 1 \end{cases} \tag{4.2.29}$$

4.2.4　有限顾客源的 M/M/1 排队模型（M/M/1/∞/*K*/FCFS）*

当系统的顾客源有限（为 K）时，设每个顾客的平均到达率为 λ，服务窗口的平均服务率为 μ，排队系统（M/M/1/∞/K）的生灭过程可用如图 4.2.7 所示的状态转移图表示。

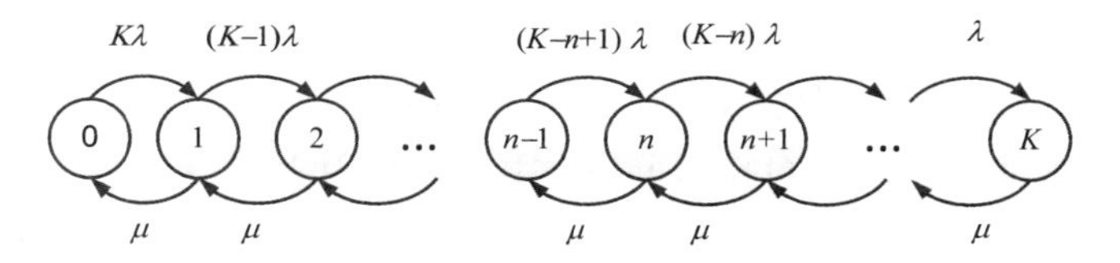

图 4.2.7　有限顾客源的 *M*/*M*/1 排队系统状态转移图

系统处于稳态时的概率方程如下。

$$\begin{cases} K\lambda p_0 = \mu p_1 & (n=0) \\ (K-n+1)\lambda p_{n-1} + \mu p_{n+1} = (K-n)\lambda p_n + \mu p_n & (0<n<K) \\ \mu p_K = \lambda p_{K-1} & (n=k) \end{cases} \tag{4.2.30}$$

考虑到 $p_0 + p_1 + \cdots + p_K = 1$，解得

$$p_0 = \left(\sum_{i=0}^{K} \frac{K!}{(K-i)!} \left(\frac{\lambda}{\mu} \right)^i \right)^{-1} \tag{4.2.31}$$

$$p_n = \frac{K!}{(K-n)!} \left(\frac{\lambda}{\mu} \right)^n p_0 \qquad (0<n<K) \tag{4.2.32}$$

系统的各项运行指标计算如下。

系统中平均顾客数：

$$N = K - \mu(1-p_0)/\lambda$$

系统中平均排队顾客数：

$$N_Q = N - (1-p_0) = K - \frac{1}{\lambda}(\lambda+\mu)(1-p_0)$$

有效到达率：

$$\lambda_e = \lambda(K - N_Q) = \mu(1-p_0)$$

顾客平均驻留时间：

$$W = N / \lambda_e$$

顾客平均排队等待时间：

$$W_Q = W - 1/\mu = N_Q / \lambda_e$$

4.3 M/M/*m* 型排队系统*

在 4.2.3 节中指出，为提高排队系统的效率，压缩排队长度以减少排队等待时间，通常采用拒绝型排队系统，即排队系统容量有限（有限容量缓存器）的系统，或者说截止排队长度，如限定 n 个呼叫的有限队列，显然，这是会降低系统服务质量的，但为了工作的稳定性，实际的通信网多采用截止型排队系统。另外，为了进一步压缩排队长度，可结合多窗口制式。在通信网中，增加信道数量，加大传输带宽，提高传输速率和处理速率等，都是从这一思想出发的。增加服务器数量，从而提高了排队系统的工作效率，减少了排队长度，自然减少了排队等待时间。

以上两种措施可以组合起来应用，成为截止型多窗口排队系统，该排队系统有两种排队方式。第一种方式为混合排队，所有顾客排成一队，依次接受 m 个窗口的服务。第二种方式为顾客排成 m 个队，分别接受 m 个窗口的服务，如果不准中途转队，则为 m 个独立的 M/M/1 问题；如果允许转队，则应规定转队规则，不同的规则有不同的性能参数。

M/M/m（n）问题实际上是混合排队问题。其工作特征是有 m 个窗口，每个窗口的服务率均为 μ，服务时间和顾客到达间隔时间均服从指数分布，到达率为 λ，截止队长为 n。当窗口未占满时，顾客到达后立即接受服务；当窗口占满时，顾客依先到先服务规则等待，任一窗口有空即被服务。当队长（含正在服务的顾客）长达 n 时，新来的顾客被拒绝而离去。这种问题的解具有一般性，M/M/1 问题、非截止型的 M/M/m 问题、延时拒绝的单窗口问题 M/M/1（n）和即时拒绝的多窗口问题 M/M/m（m）都是它的特例。

4.3.1 M/M/*m* 排队系统

M/M/m 排队系统是指顾客到达时间间隔服从无记忆泊松过程，服务时间服从负指数分布，服务窗口数为 m、容量无限、顾客源无限、服务规则为 FCFS 的排队系统。

“M/M/m”是排队系统的通用表示法。

在 M/M/m 排队系统中，服务窗口数为 m。有如下两种情况。

（1）当系统中的顾客数 $n > m$ 时，顾客离开的速率为 $m\mu$。

（2）当系统中的顾客数 $n \leq m$ 时，顾客离开的速率为 $n\mu$。

M/M/m 排队系统状态转移图如图 4.3.1 所示。

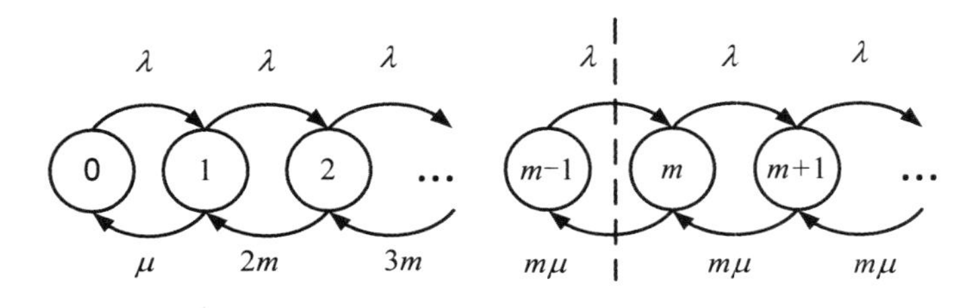

图 4.3.1 M/M/m 排队系统状态转移图

采用与 M/M/1 排队系统相同的分析方法，可得系统的稳态局域平衡方程为

$$\begin{cases}\lambda p_{n-1}=n\mu p_n & n\leqslant m\\ \lambda p_{n-1}=m\mu p_n & n>m\end{cases} \tag{4.3.1}$$

采用与 M/M/1 排队系统相同的推导过程，可得系统的稳态解为

$$p_n=\begin{cases}p_0\dfrac{(m\rho)^n}{n!} & n\leqslant m\\ p_0\dfrac{(m^m\rho^n)}{n!} & n>m\end{cases} \tag{4.3.2}$$

式中，$\rho=\dfrac{\lambda}{m\mu}<1$。则

$$p_0=\left[1+\sum_{n=1}^{m-1}\frac{(m\rho)^n}{n!}+\sum_{n=m}^{\infty}\frac{(m\rho)^n}{m!}\frac{1}{m^{n-m}}\right]^{-1} \tag{4.3.3}$$

结论如下。

（1）顾客到达系统必须等待的概率。

$$p_{\mathrm{Q}}=\sum_{n=m}^{\infty}p_n=\frac{p_0(m\rho)^m}{(1-\rho)m!}$$

（2）正在排队的顾客数。

$$N_{\mathrm{Q}}=\sum_{n=0}^{\infty}np_{n+m}=p_{\mathrm{Q}}\frac{\rho}{1-\rho}$$

（3）顾客的平均排队时延（利用 Little 定理）。

$$W_{\mathrm{Q}}=\frac{N_{\mathrm{Q}}}{\lambda}=\frac{\rho}{\lambda(1-\rho)}p_{\mathrm{Q}}$$

（4）每个顾客的平均时延。

$$W=\frac{1}{\mu}+W_{\mathrm{Q}}=\frac{1}{\mu}+\frac{p_{\mathrm{Q}}}{m\mu-\lambda},\quad p=\frac{\lambda}{m\mu}<1$$

（5）系统中的平均顾客数。

$$N=\lambda W=\frac{\lambda}{\mu}+N_{\mathrm{Q}}=m\rho+\frac{\rho p_{\mathrm{Q}}}{1-\rho}$$

例 4.3.1 假定有 m 个信道，到达率为 λ 的分组流动态共享这些信道，每个信道的服务时间为 $1/\mu$，试求分组的平均时延 W，并将该时延与到达率为 λ 的分组流在服务速率为 $m\lambda$ 的单信道上传输的时延进行比较。

分析：下面是 M/M/1 和 M/M/m 两个系统的比较。

M/M/m：$W=\dfrac{1}{\mu}+\dfrac{p_{\mathrm{Q}}}{m\mu-\lambda}$。

M/M/1：$W'=\dfrac{1}{m\mu}+\dfrac{p'_{\mathrm{Q}}}{m\mu-\lambda}$。

在轻负荷的情况下，分组的时延主要由分组的传输时延决定。

在重负荷的情况下，分组的时延主要由分组的等待时延决定，此时二者的时延基本相等。

4.3.2 M/M/*m*（*n*）排队系统

如前所述，M/M/*m*（*n*）问题是混合排队问题。这种问题的解具有一般性，M/M/1 问题、非截止型的 M/M/*m* 问题、延时拒绝的单窗口问题 M/M/1（*n*）和即时拒绝的多窗口问题 M/M/*m*（*m*）都是它的特例。

1. M/M/*m*（*n*）排队系统状态转移图

M/M/*m*（*n*）排队系统状态转移图如图 4.3.2 所示，令系统内顾客数 k 作为系统的状态变量，此时只有 n+1 种状态，k 加 1 的转移率均为λ，但 k 减 1 的转移率与 k 有关。当$k \leqslant m$时，有 k 个窗口被占用，则服务率为$k\mu$；当$m \leqslant k \leqslant n$时，$m$ 个窗口均被占用，则服务率为$m\mu$。

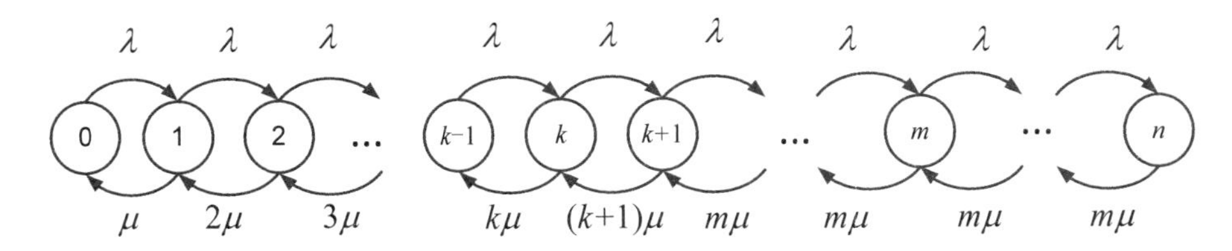

图 4.3.2 M/M/*m*（*n*）排队系统状态转移图

2. 系统方程及稳态解

根据图 4.3.2 可直接得到如下系统方程。

$$\left.\begin{array}{ll} k=0, & \dfrac{\mathrm{d}p_0(t)}{\mathrm{d}t}=\mu p_1(t)-\lambda p_0(t) \\ 0<k\leqslant m, & \dfrac{\mathrm{d}p_k(t)}{\mathrm{d}t}=\lambda p_{k-1}(t)+(k+1)\mu p_{k+1}(t)-(\lambda+k\mu)p_k \\ m\leqslant k<n, & \dfrac{\mathrm{d}p_k(t)}{\mathrm{d}t}=\lambda p_{k-1}(t)+m\mu p_{k+1}(t)-(\lambda+m\mu)p_k(t) \\ k=n, & \dfrac{\mathrm{d}p_k(t)}{\mathrm{d}t}=\lambda p_{n-1}(t)-m\mu p_n(t) \\ k>n, & p_k(t)=0 \end{array}\right\} \tag{4.3.4}$$

以下只求稳态解，即$\dfrac{\mathrm{d}p_k(t)}{\mathrm{d}t}=0$，$p_k(t)$与$t$无关，记为$p_k$，式（4.3.4）成为

$$\left.\begin{array}{ll} k=0, & \mu p_1-\lambda p_0=0 \\ 0<k\leqslant m, & \lambda p_{k-1}+(k+1)\mu p_{k+1}-(\lambda+k\mu)p_k=0 \\ m\leqslant k<n, & \lambda p_{k-1}+m\mu p_{k+1}-(\lambda+m\mu)p_k=0 \\ k=n, & \lambda \mathrm{p}_{n-1}-\mathrm{m}\mu \mathrm{p}_n=0 \end{array}\right\} \tag{4.3.5}$$

式（4.3.5）中有 n+1 个变量，n+1 个线性方程，这些方程不是线性无关的，因为它们的和恒等于零。其实在状态转移图中，每一个转移概率在求和时必出现两次，一次在进入某状态时以正值出现，另一次在离开某状态时以负值出现，所以求和时相互抵消。由此可见，只要满足其中 n 个方程，最后一个方程将自动满足，同时为了解出这些p_k，需要有另一个方程，这就是p_k的归一性，即

$$\sum_{k=0}^{n} p_k = 1 \tag{4.3.6}$$

令 $\rho = \lambda / m\mu$，对于不拒绝系统，$\rho < 1$ 是系统稳定的充分必要条件，此时平均到达顾客数 λ 将小于平均离去顾客数 $m\mu$，保证队长不会无限增大。

用 k=0 的方程，可得

$$p_1 = m\rho p_0$$

再用 $0 < k \leqslant m$ 的公式，可以递推求得

$$p_2 = \frac{1}{2}[(m\rho+1)m\rho p_0 - m\rho p_0] = \frac{1}{2}(m\rho)^2 p_0$$

$$p_3 = \frac{1}{3}[(m\rho+2)\frac{1}{2}(m\rho)^2 p_0 - m\rho p_0] = \frac{1}{6}(m\rho)^3 p_0$$

$$\cdots$$

因此得通解

$$p_k = \frac{(m\rho)^k}{k!} p_0 \qquad (0 < k \leqslant m)$$

再用 $k \geqslant m$ 的公式递推，可得

$$p_k = \frac{m^m}{m!} \rho^k p_0 \qquad (m \leqslant k \leqslant n)$$

当 k=n 时，p_n 就是顾客被拒绝的概率，即

$$p_n = \frac{m^m}{m!} \rho^n p_0 \tag{4.3.7}$$

以上各式中的 p_0 是系统内无顾客的概率，可用概率归一性以式（4.3.7）求得，即

$$p_0 = \left[\sum_{r=0}^{m-1} \frac{(m\rho)^r}{r!} + \sum_{r=m}^{n} \frac{m^m}{m!} \rho^r\right]^{-1} = \left[\sum_{r=0}^{m-1} \frac{(m\rho)^r}{r!} + \frac{(m\rho)^m}{m!} \cdot \frac{1-\rho^{n-m+1}}{1-\rho}\right]^{-1} \tag{4.3.8}$$

式中，r 为被占用的窗口数。关于 p_k 的公式，再综合如下

$$p_k = \begin{cases} \dfrac{(m\rho)^k}{k!} p_0 & 0 \leqslant k \leqslant m \\ \dfrac{m^m}{m!} \rho^k p_0 & m \leqslant k \leqslant n \\ 0 & k > n \end{cases} \tag{4.3.9}$$

几种特例的 p_0 可得如下结论。

（1）m=1，排队问题为 M/M/1（n）问题。

$$p_0 = \frac{1-\rho}{1-\rho^{n+1}} \tag{4.3.10}$$

（2）$n \to \infty$，排队问题为 M/M/1（∞）问题。

$$p_0 = 1-\rho \tag{4.3.11}$$

（3）n=m，排队问题为即时拒绝系统的 M/M/m（m）问题。

$$p_0=[\sum_{r=0}^{m}\frac{m^r}{r!}\rho^r]^{-1} \tag{4.3.12}$$

式中，r 为顾客占用的窗口数，此时拒绝概率为

$$p_n=p_m=\frac{m^m}{m!}p^m[\sum_{r=0}^{m}\frac{m^r}{r!}\rho^r]^{-1}=\frac{a^m/m!}{\sum_{r=0}^{m}a^r/r!} \tag{4.3.13}$$

式中，$\alpha=\lambda/\mu$。这就是通信系统中常用的爱尔朗（Erlang）公式，α 称为呼叫量，表示在具有 m 条线路的电路交换系统中，顾客到达时发现 m 条线路都忙的概率。

（4）$n\to\infty$，排队问题为多窗口不拒绝系统的 M/M/m（∞）问题，此时

$$p_0=[\sum_{r=0}^{m-1}\frac{(m\rho)^r}{r!}+\frac{(m\rho)^m}{m!(1-\rho)}]^{-1} \tag{4.3.14}$$

有了 p_k 的通式，就可以计算平均等待时间等参量了。

到达顾客的等待时间 w 与到达时刻系统状态 k 有关，当 $k<m$ 时，顾客不需要等待即被服务；当 $k\geqslant n$ 时，顾客被拒绝而离开，也无等待时间；所以只有当 $m\leqslant k\leqslant n$ 时，才存在等待问题。此时，在 k 个顾客中，有 m 个在被服务，$k-m$ 个在排队等待。因此新到达的顾客要等待 $k-m+1$ 个顾客被服务完毕，才能开始被服务。由于 m 个窗口都在工作，所以平均服务率是 $m\mu$，则新到达顾客的平均等待时间为

$$\begin{aligned}W_{\mathrm{Q}}&=\sum_{k=m}^{n-1}\frac{k-m+1}{m\mu}p_k=\sum_{k=m}^{n-1}\frac{k-m+1}{m\mu}\cdot\frac{m^m}{m!}\rho^k p_0\\&=\frac{m^m}{m!}\cdot\frac{p_0}{m\mu}\sum_{k=m}^{n-1}(\frac{\mathrm{d}\rho^{k+1}}{\mathrm{d}\rho}-m\rho^k)\\&=\frac{m^m}{m!}\cdot\frac{p_0}{m\mu}\sum_{k=m}^{n-1}(\frac{\mathrm{d}}{\mathrm{d}\rho}\frac{\rho^{m+1}-\rho^{n+1}}{1-\rho}-m\frac{\rho^m-\rho^n}{1-\rho})\\&=\frac{m^{m-1}}{m!}\cdot\frac{p_0}{\mu}\rho^m\frac{1-(n-m+1)\rho^{n-m}+(n-m)\rho^{n-m+1}}{(1-\rho)2}\end{aligned} \tag{4.3.15}$$

或

$$\mu W_{\mathrm{Q}}=\frac{m^{m-1}\rho^m}{m!}p_0\frac{1-(n-m+1)\rho^{n-m}+(n-m)\rho^{n-m+1}}{(1-\rho)^2}$$

式中，μW_{Q} 是平均等待顾客数。

当 m=1 时，将式（4.3.10）代入，可得 M/M/1（n）问题的平均等待顾客数

$$\mu W_{\mathrm{Q}}=\rho p_0\frac{1-n\rho^{n-1}+(n-1)\rho^n}{(1-\rho)^2}=\frac{\rho}{1-\rho}\frac{1-n\rho^{n-1}+(n-1)\rho^n}{1-\rho^{n+1}} \tag{4.3.16}$$

当 $n\to\infty$ 时，将式（4.3.14）代入，可得 M/M/m 问题的平均等待顾客数

$$\mu W_{\mathrm{Q}}=\frac{m^{m-1}}{m!}\rho^m\frac{1}{(1-\rho)^2}[\sum_{r=0}^{m-1}\frac{(m\rho)^r}{r!}+\frac{(m\rho)^m}{m!(1-\rho)}]^{-1} \tag{4.3.17}$$

令 m=1，式（4.3.17）就成为以前的 M/M/1 的情况，即

$$\mu W_{\mathrm{Q}}=\frac{\rho}{1-\rho}$$

对于平均队长 N

$$N=\sum_{k=0}^{m-1}k\frac{(m\rho)^k}{k!}p_0+\sum_{k=m}^{n}k\frac{m^m}{m!}\rho^k p_0$$

经过一般的运算，结果为

$$N=\frac{\sum_{k=0}^{m-1}\frac{(m\rho)^k}{(k-1)}+\frac{(m\rho)^m}{m!}\frac{m-(m-1)\rho-(n+1)\rho^{n-m+1}+n\rho^{n-m+2}}{(1-\rho)^2}}{\sum_{k=0}^{m-1}\frac{(m\rho)^k}{k!}+\frac{(m\rho)^m}{m!}\frac{1-\rho^{n-m+1}}{1-\rho}} \tag{4.3.18}$$

顾客在系统中停留时间 W 的平均值可用 W_Q 算出，只要注意平均服务时间 $\bar{\tau}$（也就是 $1/\mu$）中应除去被拒绝的顾客，后者是未被服务的，即

$$W=W_Q+\bar{\tau}(1-p_n)=W_Q+\frac{1}{\mu}(1-p_n) \tag{4.3.19}$$

其中，W_Q 和 p_n 可用式（4.3.15）和式（4.3.7）代入求得。

至此，可验证所得结果是否满足 Little 定理，即

$$\lambda W=N$$

Little 定理具有一般性，它也适用于拒绝系统。

3．系统的效率 η

最后来确定 M/M/m（n）系统的效率 η。

当 $k<m$ 时，系统的效率即窗口占用率是 k/m；当 $k\geqslant m$ 时，系统的效率是 1，所以可得

$$\begin{aligned}\eta&=\sum_{k=0}^{m-1}\frac{k}{m}p_k+\sum_{k=m}^{n}p_k=p_0\Big[\sum_{k=0}^{m}\frac{k}{m}\frac{(m\rho)^k}{k!}+\sum_{k=m+1}^{n}\frac{m^m}{m!}\rho^k\Big]\\&=p_0\Big[\rho\sum_{k=0}^{m-1}\frac{(\mathrm{m}\rho)^k}{k!}+\frac{m^m}{m!}\frac{\rho^{m+1}-\rho^{n+1}}{1-\rho}\Big]\\&=\frac{\sum_{k=0}^{m-1}\frac{(m\rho)^k}{k!}+\frac{m^m}{m!}\frac{\rho^{m+1}-\rho^{n+1}}{1-\rho}}{\sum_{k=0}^{m-1}\frac{(m\rho)^k}{k!}+\frac{(m\rho)^m}{m!}\frac{1-\rho^{n-m+1}}{1-\rho}}\cdot\rho\end{aligned} \tag{4.3.20}$$

作为特例，当 $n\to\infty$ 时，多窗口不拒绝系统 M/M/m（∞）的效率为

$$\eta=\rho=\lambda/(m\mu) \tag{4.3.21}$$

从形式上说，这与 M/M/1 系统一样，但不同的单窗口系统的效率也是 $1-p_0$，多窗口系统则不然。

令 m=1，得单窗口拒绝系统 M/M/1（n）的效率为

$$\eta=\rho\frac{1-\rho^n}{1-\rho^{n+1}}=1-p_0 \tag{4.3.22}$$

例 4.3.2 某维修站有 2 名工人，站内可放 5 台机器。设待修机器的到达间隔与维修时间皆服从负指数分布，平均每隔 5 分钟就有一台机器送来，每台机器的平均修理时间为 10 分钟。求（1）维修站里没有机器的概率；（2）维修站场地有空位的概率；（3）进入维修站的平均机器数；（4）机器在维修站内的平均等待时间。

解：这是 M/M/2/5 的 FCFS 问题。

$$\begin{cases} p_k=\begin{cases}\dfrac{\rho^k}{k!}p_0, & k<n \\ \dfrac{\rho^k}{n!n^{k-n}}p_0, & n\leqslant k\leqslant m\end{cases} \\ p_0=\left(\sum_{k=0}^{n-1}\dfrac{\rho^k}{k!}+\sum_{k=n}^{m}\dfrac{\rho^k}{n!n^{k-n}}\right)^{-1}, \rho=\dfrac{\lambda}{\mu}\end{cases}$$

$\lambda=\dfrac{1}{5}$，$\mu=\dfrac{1}{10}$，$\rho=\dfrac{\lambda}{\mu}=2$，$n=2$，$m=5$

（1） $p_0=\left(\sum_{k=0}^{n-1}\dfrac{\rho^k}{k!}+\sum_{k=n}^{m}\dfrac{\rho^k}{n!n^{k-n}}\right)^{-1}=\left(1+2+\dfrac{4}{2}+\dfrac{8}{4}+\dfrac{16}{8}+\dfrac{32}{16}\right)^{-1}=\dfrac{1}{11}$

（2）维修站场地有空位的概率$=p_0+p_1+\cdots+p_4=1-p_5=1-\dfrac{2}{11}=\dfrac{9}{11}$

（3）进入维修站的平均机器数

$$=p_1+2p_2+3p_3+4p_4+5p_5$$

$$=\left(2+2\times\frac{4}{2}+3\times\frac{8}{4}+4\times\frac{16}{8}+5\times\frac{32}{16}\right)\times\frac{1}{11}=\frac{30}{11}\approx 2.727（台）$$

（4）设机器在维修站内的平均等待时间为W_{Q}，则

$$p_5=\frac{\rho^5}{2!2^{5-2}}p_0=\frac{32}{16}\times\frac{1}{11}=\frac{2}{11}, \bar{\lambda}=\lambda(1-p_5)=\frac{1}{5}\times\frac{9}{11}=\frac{9}{55}$$

$$W_{\mathrm{Q}}=\frac{E(N)}{\bar{\lambda}}-\frac{1}{\mu}=\frac{30}{11}\times\frac{55}{9}-10=\frac{60}{9}\approx 6.667（分钟）$$

例 4.3.3 有一个洗车间，服务速率为 60 辆/小时，洗车间外可停 4 辆车，汽车到达的速率为 40 辆/小时。求（1）洗车间无车的概率；（2）洗车间停满车的概率；（3）汽车到达此洗车间的平均数量；（4）平均等待数量；（5）平均驻留时间；（6）平均等待时间。

解：这是 M/M/1/5 问题。

$$\lambda=40，\mu=60，\rho=\frac{40}{60}=\frac{2}{3}，n=1$$

$$p_0=[\sum_{k=0}^{n-1}\frac{\rho^k}{k!}+\sum_{k=n}^{m}\frac{\rho^k}{n!n^{k-n}}]^{-1}=[1+\rho+\rho^2+\rho^3+\rho^4+\rho^5]^{-1}=\frac{1-\rho}{1-\rho^6}=\frac{243}{665}\approx 0.365$$

$$p_i=\rho^i p_0=\left(\frac{2}{3}\right)^i\frac{243}{665}，i=1,2,3,4,5$$

$$p_5=\frac{\dfrac{\rho^5}{n!n^{5-1}}}{\sum_{k=0}^{n-1}\dfrac{\rho^k}{k!}+\sum_{k=n}^{m}\dfrac{\rho^k}{n!n^{k-n}}}=\frac{\rho^5}{1+\rho+\rho^2+\rho^3+\rho^4+\rho^5}$$

$$=\frac{\rho^5(1-\rho)}{1-\rho^6}\approx 0.048$$

$$N=\sum_{k=1}^{m}kp_k\approx 1.423$$

$$\overline{\lambda} = \lambda(1 - p_m) = 40\times(1 - 0.048) = 40\times 0.952 = 38.08$$

时延：$W = \dfrac{N}{\overline{\lambda}} = \dfrac{1.423}{38.08} \approx 0.0374$（小时）$\approx 2.242$（分钟）

$$N_Q = N - (1 - p_0) = 0.788,\ W_Q = \frac{N_Q}{\overline{\lambda}} = \frac{0.788}{38.08} \approx 1.242（分钟）$$

现在来讨论这些计算结果，先把 M/M/1（n）的各式绘成三组曲线，如图 4.3.3 所示。图 4.3.3（a）是效率η与排队强度ρ的关系；图 4.3.3（b）是平均等待顾客数μW与ρ的关系；图 4.3.3（c）是拒绝概率p_n与ρ的关系，所用的参变量都是截止队长n。

由这些曲线可以看出：

（1）对于一定的ρ，增大截止队长可以提高效率，但等待时间将增长。这就是说时延可以换取效率，只要平均时延是允许的，则采用较大的n是合理的。

（2）对于不拒绝系统（$n\to\infty$），ρ必须小于 1，才能使系统稳定；当$\rho\to 1$时，W将无限增大。对于拒绝系统，当$\rho \geqslant 1$时，系统仍能稳定工作。这就是说，以拒绝顾客为代价可取得稳定性，只要拒绝概率被控制在一定限度内，增大ρ可提高系统效率。

（3）当n一定时，增大ρ将使W上升；但当ρ大于一定值时，大部分顾客被拒绝，参加排队的顾客可少等待一些时间，这是以拒绝概率的增大为代价而得到的，其实综合服务质量是下降的。

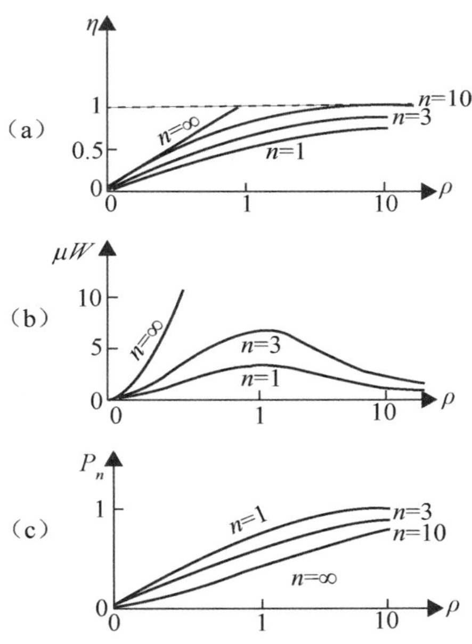

图 4.3.3　M/M/1（n）的各种特性曲线图

上述结果虽是针对 M/M/1（n）而得到的，但对于 M/M/m（n）有类似的结论。

将多窗口不拒绝系统的平均等待顾客数与ρ的关系画成如图 4.3.4 所示的曲线，参变量是窗口数m。

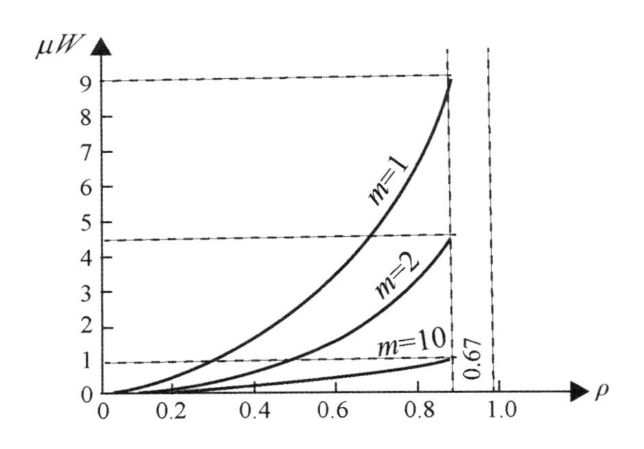

图 4.3.4 M/M/m 的平均等待顾客数曲线

在不拒绝系统中，由式（4.3.21）可见，效率η是等于排队强度ρ的。以ρ=0.9 为例，当m=1 时，$\mu W=9$，即平均要等 9 个人才能被服务；当m=2 时，需要等待的人数下降到 4.3 个人，当m=10 时只需要等待 0.67 个人。这说明m个 M/M/1 系统与一个 M/M/m 系统相比，在同样的系统效率下，后者的服务质量高于前者；反之，在同样的平均等待人数下，后者的效率高于前者。其实，在拒绝系统中，增加窗口数可提高效率。

4.3.3 M/M/∞排队系统

若$m\to\infty$，$n\to\infty$，就变成了 M/M/∞排队系统，由于该系统有无限个服务窗口，或者说是一个不用排队的系统，所以其排队队长为 0，系统的平衡方程仅取决于式（4.3.1）的上半部分，即

$$\lambda p_{n-1}=n\mu p_n \qquad n=1,2,\cdots \tag{4.3.23}$$

可以推出

$$p_n=p_0\left(\frac{\lambda}{\mu}\right)^n\frac{1}{n!} \qquad n=1,2,\cdots \tag{4.3.24}$$

根据$\sum\limits_{n=0}^{\infty}p_n=1$，可得

$$p_0=\mathrm{e}^{-\frac{\lambda}{\mu}} \tag{4.3.25}$$

结合式（4.3.24）和（4.3.25）有

$$p_n=\left(\frac{\lambda}{\mu}\right)^n\frac{\mathrm{e}^{-\frac{\lambda}{\mu}}}{n!} \tag{4.3.26}$$

式（4.3.26）是一个参量为$\dfrac{\lambda}{\mu}$的泊松分布，因此系统中的平均顾客数为

$$N=\frac{\lambda}{\mu} \tag{4.3.27}$$

利用 Little 定理，得平均时延为

$$T = \frac{N}{\lambda} = \frac{1}{\mu} \tag{4.3.28}$$

式（4.3.28）表明，M/M/∞排队系统没有等待时延，仅有服务时延。

4.3.4　M/M/*m*/*m* 排队系统

对于 M/M/*m*/*m* 排队系统，系统中的容量为 *m*。当顾客进入系统时，发现 *m* 个服务窗口全忙，就立刻离开系统（或丢失）。这种情况主要用于电路交换系统。

例如，当我们打长途电话时，假定仅有 *m* 条线路可用，如果我们发现线路全忙，我们就会过一会再打或以后再打，这就相当于我们离开系统。这是一种呼损制系统，而不像 M/M/*m* 是一个等待制系统。

M/M/*m*/*m* 排队系统状态转移图如图 4.3.5 所示。

系统的平衡方程仅取决于式（4.3.1）的上半部分，即

$$\lambda p_{n-1} = n\mu p_n \qquad n = 1,2,\cdots m \tag{4.3.29}$$

$$p_n = p_0\left(\frac{\lambda}{\mu}\right)^n \frac{1}{n!} \qquad n = 1,2,\cdots m \tag{4.3.30}$$

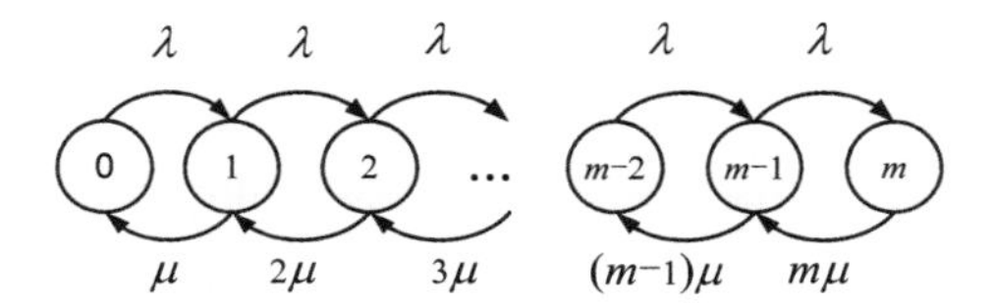

图 4.3.5　M/M/ *m* / *m* 排队系统状态转移图

根据 $\sum_{n=0}^{\infty} p_n = 1$，可得

$$p_0 = \left[\sum_{n=0}^{m}\left(\frac{\lambda}{\mu}\right)^n \frac{1}{n!}\right]^{-1} \tag{4.3.31}$$

在呼损制系统中，人们感兴趣的主要参数是呼损率（阻塞概率，Blocking Probability）。

呼损率是指新到达顾客发现系统所有线路都忙的概率，也就是呼叫被拒绝的概率。

呼损率就是所有（*m* 个）服务窗口都忙的概率，即

$$B = p_m = \frac{\left(\frac{\lambda}{\mu}\right)^m \Big/ m!}{\sum_{n=0}^{m}\left(\frac{\lambda}{\mu}\right)^n \Big/ n!} \tag{4.3.32}$$

该公式称为 Erlang *B* 公式，它不仅适用于服务时间指数分布的系统，而且适用于服务时间为 $\frac{1}{\mu}$ 的一般性分布的系统。

利用该公式可以确定每个服务窗口的繁忙程度η（如果每一个服务窗口对应一个物理信道，则繁忙程度对应信道利用率）。

$$\eta = \frac{(1-B)}{m}\frac{\lambda}{\mu} = (1-B)\rho \tag{4.3.33}$$

以上讨论了顾客到达和离开同具有马尔可夫性的M/M问题，或者说顾客到达间隔和服务时间均为指数分布的纯随机排队系统。这种系统在数学上容易处理，与许多实际问题近似，然而，并不是所有实际系统都可以近似为这种模型，如顾客到达时间间隔为指数分布，或者说顾客以泊松流到达系统，但服务时间为一般（General）随机分布的M/G/1问题；服务时间为指数分布的G/M/1问题及服务时间为确定型分布的M/D/1问题；还有顾客到达时间间隔t与服务时间τ都是任意分布的单窗口G/G/1问题。这些问题的解法与具有马尔可夫性的M/M问题有很大不同，而且只限于单窗口不拒绝系统的稳态解，至于更一般化的问题，虽也有一些结果，如成批问题，但只属于探索阶段。鉴于此，关于M/G/1问题和M/D/1问题此处不进行更多的讨论。

本章小结

本章主要讨论了与通信网络分析有关的排队论，主要包括排队论基本概念与Little定理、M/M/1型排队系统、M/M/m型排队系统。首先从排队论的基本概念出发，引出排队系统与排队模型，在此基础上，研究了Little定理及其在通信网络中的应用；由于具有一个服务窗口的排队模型在通信网络中是最常见的排队现象，所以对这种排队模型进行了重点讨论，主要包括M/M/1（∞）排队模型、标准M/M/1（∞）排队系统性能分析及应用、有限容量的M/M/1排队模型、有限顾客源的M/M/1排队模型；作为扩展内容的M/M/m型排队系统比较复杂一些，讨论的内容主要包括M/M/m型排队系统的内涵、M/M/m（n）排队系统、M/M/∞排队系统及M/M/m/m排队系统的性能分析。

思考题

1．试述排队系统的三个组成部分并依次写出主要特性参数表达式。

2．设顾客到达一个快餐店的速率为每分钟5个人，顾客等待自己需要的食品的平均时间为5分钟，顾客在店内用餐的概率为0.5，带走的概率为0.5，一次用餐的平均时间为20分钟，问快餐店内的平均顾客数是多少？

3．一个通信链路分成两个相同的信道，每个信道服务一个分组流，所有分组具有相等的传输时间T和相等的到达间隔R（$R>T$）。假如改变信道的使用方法，将两个信道合并成一个信道，将两个分组流统计复接到一起，每个分组的传输时间为$T/2$，试证明一个分组在系统内的平均时间将会从T下降到（$T/2$～$3T/4$），分组在队列中等待的方差将会从0变为$T^2/16$。

4．一个通信链路的传输速率为50kbit/s，用来服务10个session，每个session产生的泊松业务流的速率为150分组/秒，分组长度服从指数分布，其均值为1000bit。

（1）当该链路按照下列方式为 session 服务时，对于每一个 session，求在队列中的平均分组数、在系统中的平均分组数、分组的平均时延。

①10 个相等容量的时分复用信道。

②统计复用。

（2）在下列情况下重做问题（1）。

①5 个 session 发送的速率为 250 分组/分钟。

②另 5 个 session 发送的速率为 50 分组/分钟。

5．某商店每天开 10 个小时，一天平均有 90 个顾客到达商店，商店的服务速率是平均每小时服务 10 个顾客。假定顾客到达服从泊松分布，服务时间服从负指数分布。求（1）在商店等待服务的顾客平均数；（2）在队长中多于 2 个顾客的概率；（3）在商店中的平均顾客数；（4）若希望商店的平均顾客数少到 2 个，则平均服务速率需要提高到多少？

6．某商店有 3 个服务员，每个服务员在每一时刻只能服务一个顾客，服务时间服从负指数分布，均值为 2.5 分钟。顾客到达服从泊松分布，平均每分钟到达 1.2 个顾客。（1）设无等待，求顾客到达而未被服务所占的百分比；（2）若要求到达而未被服务顾客所占的比例小于 5%，问需要几个服务员？

7．某理发店只有 1 名理发员，因场所有限，店里最多可容纳 4 个顾客，假设来理发的顾客按泊松过程到达，平均到达率为 3 个/小时，理发时间服从负指数分布，平均 12 分钟可为 1 个顾客理发，求该系统的各项参数指标。

8．某售票点有两个售票窗口，顾客按参数 λ=8 个/分钟的泊松流到达，每个窗口的售票时间均服从参数 μ=5 个/分钟的负指数分布，试比较以下两种排队方案的运行指标。

（1）顾客到达后，以 1/2 的概率站成两个队列，如图 1 所示。

（2）顾客到达后排成一个队列，顾客发现哪个窗口为空，他就接受哪个窗口的服务，如图 2 所示。

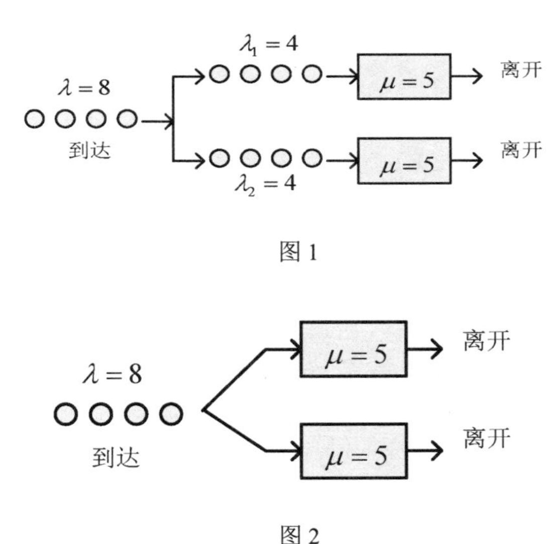

图 1

图 2

9．设一条传输链路由 m 个等容量的电路组成，有两种类型的 session，其泊松到达率分别为 λ_1 和 λ_2，当所有电路都忙时，一个到达的 session 将被拒绝而离开系统，否则一个到达的 session 将被分配到任一个空闲的电路，两种类型的服务时间（保持时间）服从指数分布，其

均值分别为 $1/\mu_1$ 和 $1/\mu_2$，求该系统的稳态阻塞概率。

10．有一个网络如图 3 所示，有四个 session ACE、ADE、BCED 和 BDEF，它们发送的泊松业务速率分别为 100 分组/分钟、200 分组/分钟、500 分组/分钟和 600 分组/分钟，分组的长度服从均值为 1000bit 的指数分布，所有传输链路的容量均为 50kbit/s，每条链路的传输时延为 2ms，利用 Kleinrock 的独立性近似，试求解系统中的平均分组数、分组的平均时延及每个 session 中分组的平均时延。

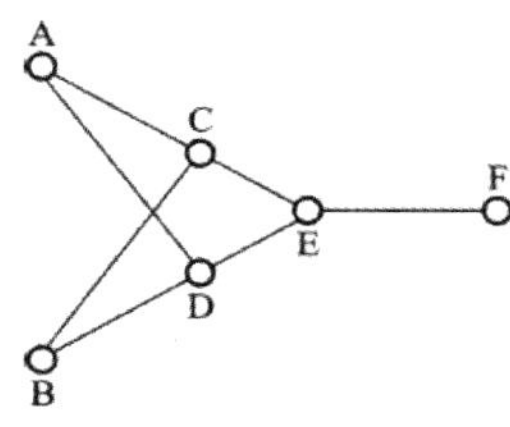

图 3

第 5 章　通信网络传输与交换

网络传输与网络交换是网络通信的两个基本过程，网络传输的实现使得异地信息交流成为可能，网络交换大大提高了信息在重要节点的转发效率和信息管理的灵活性，并进一步提高了网络公共链路的利用率。如何提高这两个过程的服务质量一直是通信领域研究的重点。

本章首先分析网络传输原理，在简介各种传输媒质的基础上，分析了三种组帧方法，解决了网络中数据分组的起止问题和收发两端同步问题，讨论了同步、异步传输技术及传输复用技术；然后详细分析数据链路的差错控制技术，以保障传输链路的可靠传输；最后讨论网络交换原理与实现，并分析了目前几种比较成熟的交换技术，主要包括电路交换、分组交换、快速分组交换等。

5.1　网络传输

网络信息流传输是指借助网络资源实现信息流点到点或端到端交接的过程。图 5.1.1 所示为简化的网络信息流传输示意图。

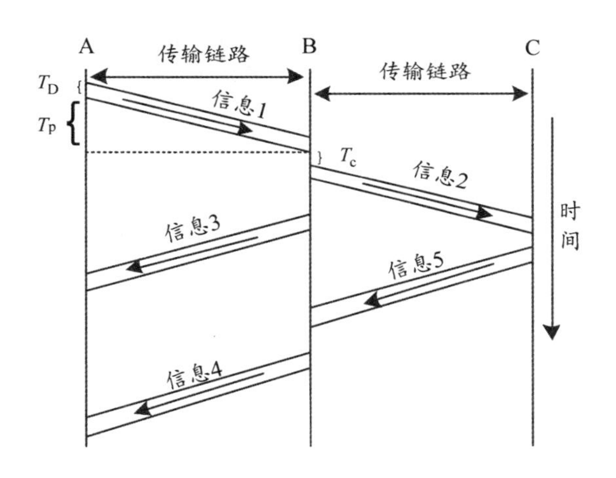

图 5.1.1　简化的网络信息流传输示意图

在图 5.1.1 中，A、B、C 为三个带有缓存的网络节点，实现五个信息的传输。其中 T_D 为传输时延，T_p 为传播时延，T_c 为处理时延（在分组交换网中可能还包含排队时延）。如果链路传输速率一致，五个信息长短一致，AB 和 BC 传输链路长度一致，则图中各段斜线的斜率都是相同的，T_D 和 T_p 也是相同的，若三个节点设备性能不一样，则 T_c 有可能不一样。当然，这只是特定情况下的描述，不是全面的网络传输描述，实际情况要复杂得多。

基于信息流的网络传输技术主要包括传输媒质、异步传输、同步传输、传输复用及传输链路的差错控制等技术，下面分别讨论。

5.1.1 传输媒质

传输媒质是指在传输系统中，借助电磁波能量载荷的信号由发送端传送到接收端的媒质，在通信网络体系结构中位于最底层即物理层。传输媒质也称为传输介质或传输媒介，它是数据传输系统中发送器和接收器之间的物理通道，不同类型的传输媒质的主要区别在于传输带宽不同。传输媒质可以分为两类，即导向传输媒质和非导向传输媒质。在导向传输媒质中，电磁波被导向沿着固定媒质（铜线或光纤）传播；而非导向传输媒质就是自由空间，在非导向传输媒质中，电磁波的传播常称为无线传播。

1. 导向传输媒质

1）双绞线

双绞线也称双纽线、平衡电缆、对称电缆，是由两根或多根具有绝缘层的金属导线绞合而成的传输电缆。通过把两根绝缘的导线按一定的密度互相绞在一起，不仅可以抵御外界的电磁波干扰，还可以抵消自身辐射的电磁波，达到降低多对双绞线之间的相互干扰的效果。模拟传输和数字传输都可以使用双绞线，其通信距离可达几到十几千米。由于双绞线价格便宜性能也不错，因此使用十分广泛。

为了提高双绞线的抗电磁干扰的能力，可以在双绞线的外面加上一层用金属丝编织而成的屏蔽层，这就是屏蔽双绞线（STP），没有屏蔽层的就是无屏蔽双绞线（UTP），如图 5.1.2 所示。

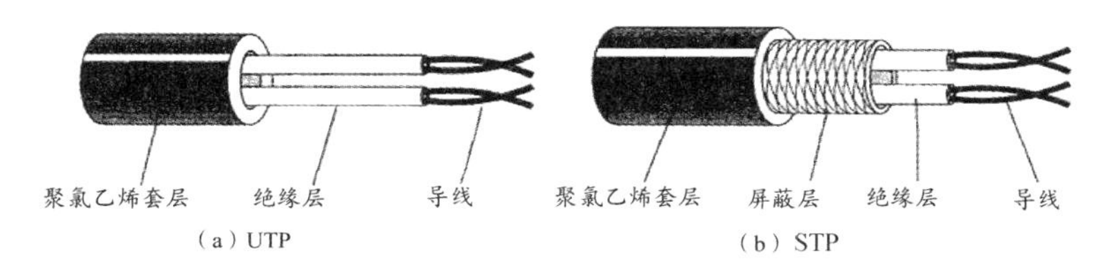

图 5.1.2 双绞线结构示意图

双绞线主要用于以太网和电话线中，如用于百兆位以太网和千兆位以太网的五类线（CAT5）、超五类线（CAT5e）、六类线（CAT6）等。

2）同轴电缆

同轴电缆由内导体铜质芯线（单股实心线或多股绞合线）、绝缘层、网状编织的外导体屏蔽层（也可以是单股的）及保护塑料外层组成，如图 5.1.3 所示，由于外导体的屏蔽作用，同轴电缆具有很好的抗干扰特性，被广泛用于传输较高速率的数据。

在局域网发展的初期曾广泛地使用同轴电缆作为传输媒质，但随着技术的进步，在局域网领域基本上都采用双绞线作为传输媒质。目前同轴电缆主要用在有线电视网络的居民小区中。同轴电缆的带宽取决于电缆的质量，高质量的同轴电缆带宽可达 1Gbit/s～2Gbit/s。

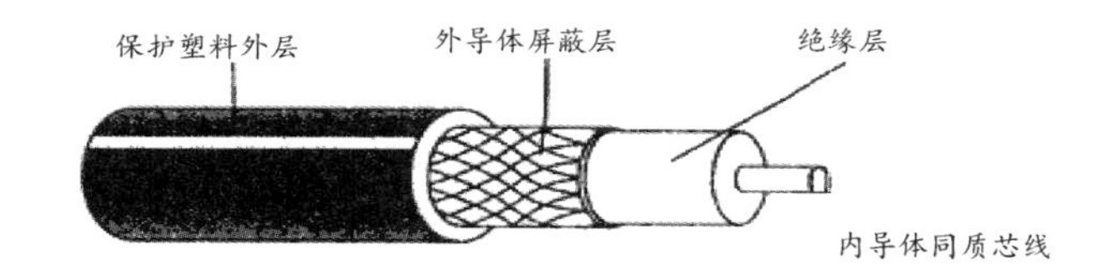

图 5.1.3 同轴电缆结构示意图

3）光纤

光纤是光导纤维的简称，是光纤通信传输光脉冲的基本媒质。由于用于光纤通信的频率非常高，因此一个光纤通信系统的传输带宽远远大于目前其他传输媒质的带宽。

当采用光纤传输信息时，发送端需要有光源，可以采用发光二极管或半导体激光器，它们在电脉冲的作用下能产生出光脉冲，在接收端利用光电二极管构成光检测器，这样在检测到光脉冲时可还原出电脉冲。

构成光纤的基本材料是石英玻璃，光纤由三部分组成：高折射率的纤芯、低折射率的包层、具有保护作用的涂覆层。采用特定波长的光波作为光载波携带信源光信号，常用光载波的波长有 0.85μm、1.31μm、1.55μm 等几种类型。对于多模光纤，光纤传输光信号利用的是全反射的基本原理；对于单模光纤，光线在纤芯中以直线的方式传播，这样光波被限制在纤芯中传播。

光纤按照不同的性质可分为不同的种类，主要有以下几种。

根据光纤所支持的模式数量的不同，光纤可以分为单模光纤和多模光纤。单模光纤的纤芯直径小，一般为 8～10.5μm，载波波长为 1.3～1.6μm，只能使用激光作为光源，传输速率为 10Gbit/s 以上，传输距离为 20～120km，只能以单一模式传输，主要用于长距离、大容量传输。多模光纤的纤芯直径为 50～100μm，载波波长为 0.85μm 或 1.31μm，可以以多个模式进行传输，使用低成本的发光二极管或垂直腔面发射激光器作为光源，传输速率为 0.1～10Gbit/s，传输距离为 2～10km，主要用于建筑内或园区内的短距离传输。与单模光纤相比，多模光纤的传输性能较差。

根据折射率变化，光纤可以分为跳变式光纤和渐变式光纤。跳变式光纤纤芯的折射率和包层的折射率都是常数，渐变式光纤纤芯的折射率随着半径增大而增大。

与其他传输媒质相比，光纤显著的特点如下。

（1）频带宽：虽然光纤对不同频率的光信号有不同的损耗，但在最低损耗区频带宽度也能达到 30000GHz。

（2）抗干扰能力强：纤芯和包层的基本材料是石英玻璃，不受外界电磁的干扰。

（3）传输损耗低：光纤传输光信号损耗可低至 0.2dB/km，远低于其他媒质对光信号的损耗。

（4）体积小，质量轻，原材料丰富，成本低。

2．非导向传输媒质

非导向传输媒质即自由空间，是无线通信的传输媒质。自由空间主要是指大地及外围空间的大气层、电离层和大气中的水凝物（雨、雪、冰等）。自由空间对电磁波的传输影响较大，主要考虑以下几个因素。

（1）传播衰减：是指电磁波在传播过程中能量的衰减。衰减值的大小与传播距离、电波频率、极化、发射天线、发射功率及空间的微粒紧密相关。

（2）衰落现象：是指信号随时间的随机起伏现象。电磁波在自由空间传播时受到地形和气候的影响，发生信号的反射、折射、绕射、散射和吸收等现象，导致信号衰落，从而降低信号的传输质量。

（3）传输失真：是指信号在传输过程中与原有信号或标准信号相比发生偏差，形成信号畸变。传输失真包括振幅失真和相位失真。

根据电磁波波长或频率的差异，电磁波在自由空间传播时存在的主要形式有以下几种。

长波（3kHz～30kHz）：以天波或地波的形式传播，传播距离可达几千甚至上万千米，能穿透海水和土壤。长波通信适用于海上、水下、地下的通信与导航业务。

中波（0.03MHz～3MHz）：以天波或地波的形式传播，当利用地波时，由于大地对中波吸收作用较强，因此传播距离不会太远，一般只有几百千米。中波通信较多应用于广播业务。

短波（3MHz～30MHz）：电离层对短波的吸收作用小，因此短波通常用天波的形式传播，电离层可对其多次反射，传播距离可达几千甚至上万千米。短波通信适用于应急和远距离通信。

超短波（30MHz～300MHz）：穿透电离层能力强，比短波天波传播方式稳定性高，受季节和气候影响小。由于频带较宽，因此超短波被广泛应用于电视、调频广播、雷达、导航、移动通信等业务。

微波（0.3GHz～300GHz）：具有较好的穿透性，以直线视距传播，但易受地形及雨雾雪的影响，能穿透电离层，对空传播可达数万千米。由于频带宽、性能稳定，因此微波主要适用于移动通信和卫星通信等业务。

5.1.2 组帧方法

当信息被送到数据链路层时，必须确定帧的起始位置，这就是组帧方法（技术）。组帧是解决分组起始点的重要方法，也是帧信息可靠传输的重要保障。

目前常用的组帧方法主要有三种：一是面向字符的组帧方法；二是面向比特的组帧方法；三是以长度计数的组帧方法。

1. 面向字符的组帧方法

所谓面向字符的组帧方法是指物理层传输的基本单元是一个字符（通常一个字符可用一个字节来表示），并在此基础上形成具有一定格式的字符串。

在物理层中，可以有多种方式来实现字符的传输，如可以采用 RS-232C 异步串行接口协议。该协议在传输每个字符（如一个字符由 8 个比特 $D_7D_6D_5D_4D_3D_2D_1D_0$ 组成）前后分别加上起始位（$D_{起}$）、停止位（$D_{止}$），以便区分不同的字符，如图 5.1.4 所示。

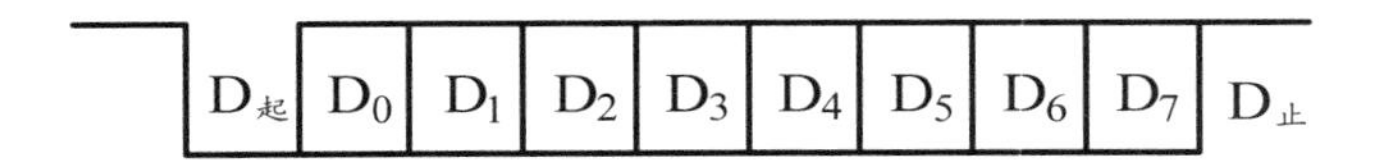

图 5.1.4 RS-232C 串行通信字符传输格式

Internet 中常用的面向字符的组帧方法的协议有 SLIP 和 PPP。

SLIP 的帧格式如图 5.1.5 所示。SLIP 帧运载的是高层 IP 数据报。SLIP 帧采用两个特殊字符：END（十六进制 C0H，这里 H 表示十六进制）和 ESC（十六进制 DBH）。END 用于表示一帧的开始和结束。为了防止 IP 数据报中出现相同的 END 字符而使接收端错误地终止一帧的接收，SLIP 中使用了转义字符 ESC。当 IP 数据报中出现 END 字符时，就转换为 ESC 和 ESC-END（其中 ESC-END 就是 DCH）两个字符。当 IP 数据报中出现 ESC 字符时，就转换为 ESC 和 ESC-ESC（其中 ESC-ESC 就是 DDH）两个字符。这样接收端只要收到 END 字符就表示一帧的开始或结束。每当遇到 ESC 字符就进行字符转换，恢复 IP 报文中的原有的 END 和 ESC 字符。这样就可以完全以一个 IP 数据报的形式向 IP 层提交数据。

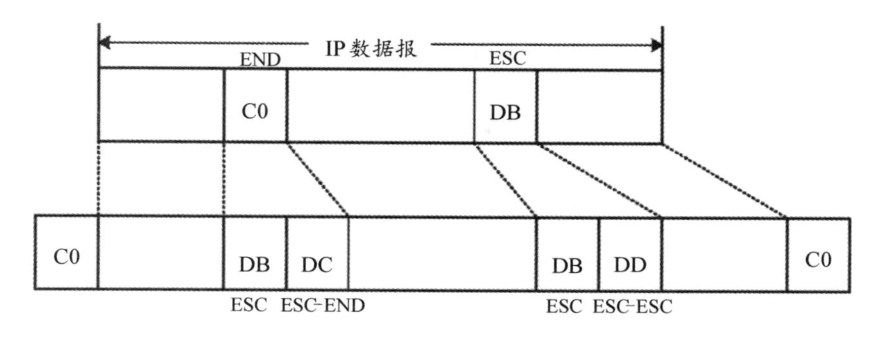

图 5.1.5　SLIP 协议的帧格式

PPP 的帧格式如图 5.1.6 所示，该格式与后面要讨论的 HDLC 的帧格式相同。在 PPP 中，采用 7EH 作为一帧的开始和结束标志（F）；地址域（A）和控制域（C）取固定值（A＝FFH，C＝03H）；协议域（两个字节）取 0021H 表示该帧运载的信息是 IP 数据报，取 C201H 表示该帧运载的信息是链路控制数据，取 8021H 表示该帧运载的信息是网络控制数据；帧校验域（FCS）为两个字节，用于对信息域的校验。若信息域中出现 7EH，则转换为 7DH 和 5EH 两个字符。若信息域中出现 7DH，则转换为 7DH 和 5DH。若信息流中出现 ASCII 码的控制字符（小于 20H），则在该字符前加入一个 7DH 字符。

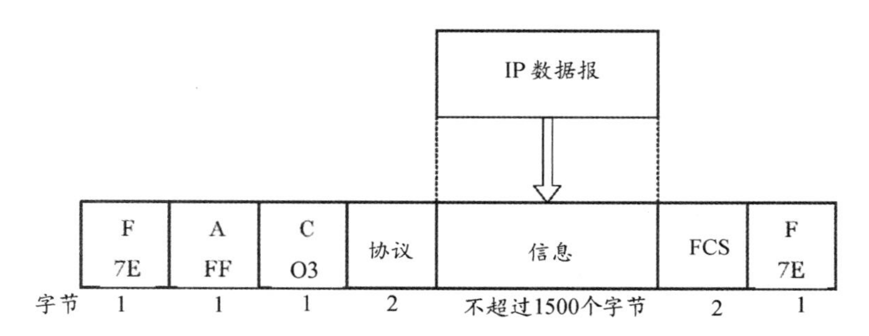

图 5.1.6　PPP 的帧格式

上述两种帧格式均支持数据的透明传输，这些帧格式在处理时非常简单，缺点是效率较低，插入了许多转义字符。另外，数据长度必须以字节为单位。

2．面向比特的组帧方法

在面向比特的组帧方法中，通常采用一个特殊的比特串（称为 Flag），如 01^60（1^j 表示连续 j 个“1”）来表示一帧的正常结束和开始。这里与面向字符的组帧方法面临相同的问题，即当信息比特流中出现与 Flag 相同的比特串时（如连续出现 6 个“1”）如何处理？这里采用的办法是比特插入技术，在发送端信息流中，每出现连续的 5 个“1”就插入一个“0”，如图 5.1.7 所示。这样被插“0”的信息比特流中就不会有多于 5 个“1”的比特串出现。接收端在收到 5 个“1”以后，如果收到的是“0”就将该“0”删去；如果是“1”就表示一帧结束。

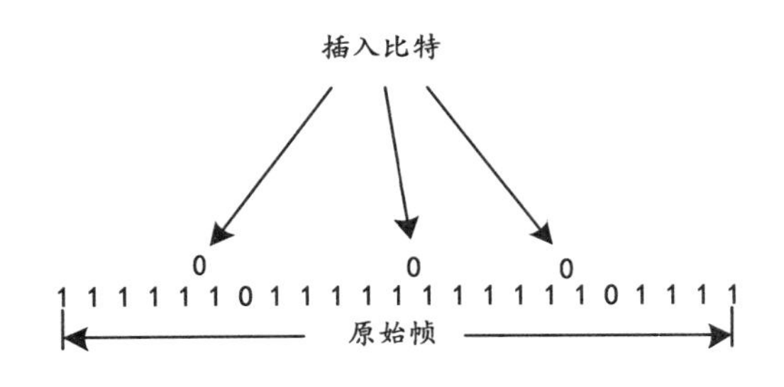

图 5.1.7 比特插入技术

比特插入技术除带来消除信息帧中出现 Flag 的作用外，还带来其他作用，如要丢弃或中止一帧，则可连续发送 7 个或 7 个以上的“1”。若链路字段连续出现 15 个“1”，则认为链路空闲。因此 01^6 是一个结束标志，如果 01^6 后面是 0 表示正常结束，如果 01^6 后面是 1 表示非正常中止。

HDLC 协议采用面向比特的组帧方法成帧，是数据链路控制协议的典型代表，该协议不依赖于任何一种字符编码集；数据报文可透明传输，用于实现透明传输的“0”比特插入技术易于硬件实现；在进行全双工通信时，有较高的数据链路传输效率；所有帧采用 CRC 校验，对信息帧进行顺序编号，可防止漏收或重复，传输可靠性高；传输控制功能与处理功能分离，具有较大灵活性。下面简要分析其帧格式及各部分功能。

HDLC 的帧格式由五个字段构成，如图 5.1.8 所示，即标志字段（F）、地址字段（A）、控制字段（C）、信息字段（I）、帧校验字段（FCS）。

标志字段F（8位）	地址字段A（8/16位）	控制字段C（8/16位）	信息字段I（长度可变）	帧校验字段FCS（16/32位）	标志字段F（8位）

图 5.1.8 HDLC 的帧格式

标志字段（F）：HDLC 协议指定采用 01111110 为标志序列，称为 F 标志字段，要求所有帧必须以 F 标志开始和结束，以实现帧同步，从而保证接收部分对后续字段的正确识别。在帧与帧的空载期间，可以连续发送 F 标志，用作时间填充。在业务数据流中，有可能产生与标志字段相同的比特组合，此时，用比特插入技术予以解决，保证数据的透明传输。另外，当帧连续传输时，前一帧的结束标志字段 F 可以作为后一帧的开始标志字段；当暂时没有信息传输时，可以连续发送标志字段，以保持接收端和发送端的同步。

地址字段（A）：表示链路上站的地址，长度一般为 8 位，可以表示 256 个地址。其中全 1 地址为全站地址，通知所有站执行命令；全 0 地址为无站地址，用于测试数据链路的状态。

控制字段（C）：用来表示帧的类型、帧的编号、命令与控制信息，长度一般为 8 位，如图 5.1.9 所示。HDLC 帧分为三种类型：I 帧（Information）、S 帧（Supervisory）、U 帧（Unnumbered）。I 帧用于控制信息帧的传输，S 帧用于四种监控功能，U 帧用于实现数据链路控制功能。控制帧的操作应用比较复杂，这里简单介绍信息帧含义，其中，N(S)是发送帧的顺序号，N(R)是接收帧的顺序号，P/F 就是 Poll / Final，P=1 表示询问，F=1 表示响应，且 P 与 F 成对出现。

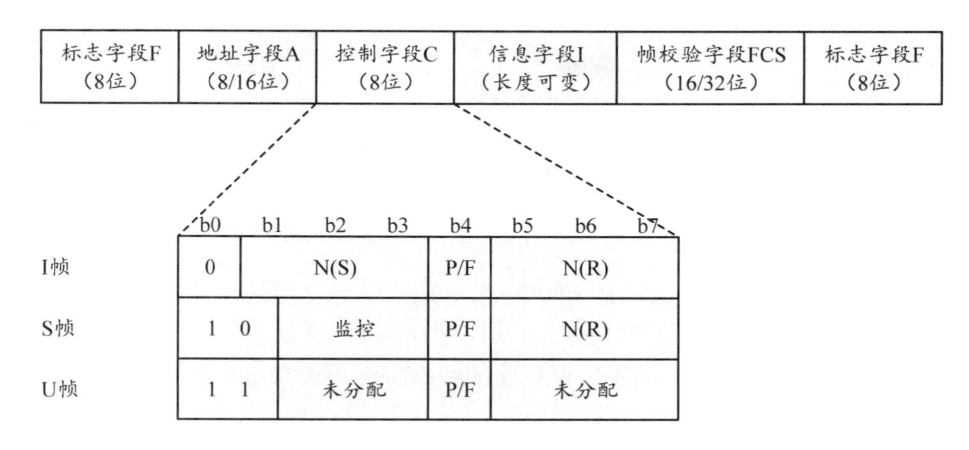

图 5.1.9　HDLC 帧类型及控制字段含义

信息字段（I）：信息字段内包含了用户的数据信息和来自上层的各种控制信息。在 I 帧和 U 帧中具有该字段，它可以是任意长度的比特序列（一般小于 256 个字节）。在实际应用中，信息字段的长度由收发站的缓冲器的大小和线路的差错情况决定，但必须是 8 位的整数倍。

帧校验字段（FCS）：帧校验字段用于对帧进行循环冗余校验，其校验范围为两个标志字段内的所有比特，并且规定为了透明传输而插入的“0”不在校验范围内。

3．以长度计数的组帧方法

组帧方法的关键是正确地表示一帧何时结束，除前面采用 Flag 和特殊字符外，还可以采用帧长度来表示一帧何时结束，如图 5.1.10 所示。长度域的比特数通常是固定的。例如，DECNET 就采用了以长度计数的组帧方法。

采用以长度计数的组帧方法的开销与采用 Flag 的开销类似。

信息组帧之后就可以在链路上传输与交换了。

图 5.1.10　以长度计数的组帧方法

5.1.3　同步传输与异步传输

数据帧或分组在链路上的传输有同步传输和异步传输两种方式，下面一一介绍。

1．同步传输

同步传输是指通信的收发双方在时间基准上保持一致。通信网络中的同步传输是以固定的时钟序列来发送数据信息的，帧结构主要由同步字符、控制字符和数据字符组成。数据字符之前为一组同步字符（SYN）和必要的控制字符，根据需要，数据字符可以有任意个字符，最后的控制字符可以表示帧的结束，如图 5.1.11 所示。

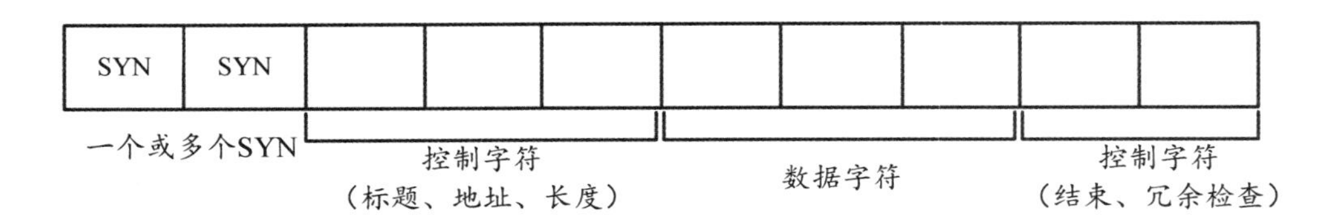

图 5.1.11 同步传输方式下的数据帧组成

同步字符为一个或多个从 ASCII 码中精选出来的供通信用的特殊字符，其作用类似于 5.1.2 节中的 $D_{起}$，除可以表示帧的开始外，还能确保接收方的采样速度和比特的到达速度保持一致，使收发双方进入同步。同步字符后面的数据字符不需要任何附加位，发送端和接收端应先约定同步字符的个数。

在同步传输方式中，发送方和接收方的时钟是统一的，字符与字符间的传输是同步无间隔的，所有数据字符形成一个完整的数据帧，该数据帧通常较大，帧中的比特位有严格的位置，一旦一个比特出现错位，后续比特均错位。同步传输通常要比异步传输快速得多，接收方不必对每个字符进行开始和停止的操作，同步传输的开销也比较小，传输效率高，适用于高速网络干线设备。

2．异步传输

通信网络中的异步传输是以字符为单位进行传输的，传输字符之间的时间间隔可以是随机的、不同步的，但在传输一个字符的时间段内，收发双方仍需要依据比特流保持同步，所以也称起-止式同步方式，如图 5.1.12 所示。发送方可以在任何时刻发送分组，而接收方从不知道它们会在什么时候到达。

异步传输方式并不要求发送方和接收方的时钟完全一样，字符与字符间的传输是异步的，但需要在每个字符的首尾附加起始位和停止位，因此额外开销大，传输效率低。这种方式主要适用于低速网络设备。

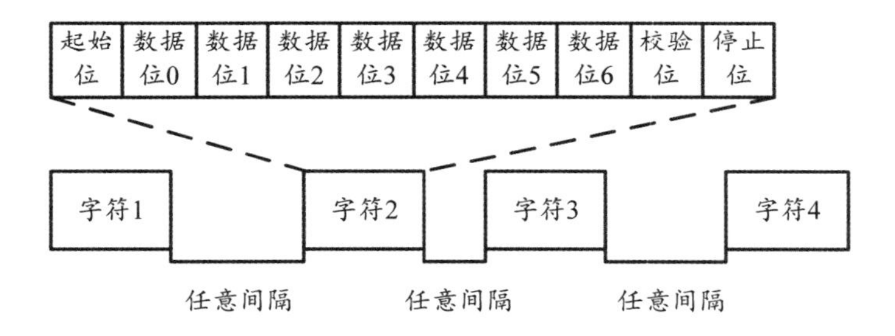

图 5.1.12 异步传输方式示意图

综上所述，同步传输与异步传输的区别主要如下。

（1）同步传输是面向比特传输的，而异步传输是面向字符传输的。

（2）同步传输的基本单元是帧，而异步传输的基本单元是字符。

（3）同步传输是在同步字符中抽取同步信息，而异步传输通过起始字符和停止字符实现同步。

（4）同步传输往往通过特定的时钟线路协调时钟，而异步传输对时钟的要求较低。

（5）同步传输实现较为复杂，但效率高，适用于高速干线传输，而异步传输实现简单，但效率较低，适用于低速网络设备。

5.1.4　传输复用

为有效提高网络干线传输链路利用率并实现远距离的数据传输，需要将多条低速链路合成一个高速链路共同传输，达到为多条低速链路提供服务的目的，实现此过程的技术称为传输复用技术。

传输复用原理示意图如图 5.1.13 所示，n 路用户的低速链路数据信息通过复用器汇集在一起，送入一条高速链路进行传输，到达目的地后通过解复用器对数据进行分离，分发到 n 路用户，实现一个方向的数据信息复用传输。此外，可以实现反方向复用传输，当然每一端应该都有复用器和解复用器，从而达到双工通信的目的。

能够实现以上传输复用的技术主要有频分复用（FDM）、时分复用（TDM）、波分复用（WDM）、码分复用（CDM）及空分复用（SDM）等。下面简单介绍其中三种主要复用技术的实现方法和特点。

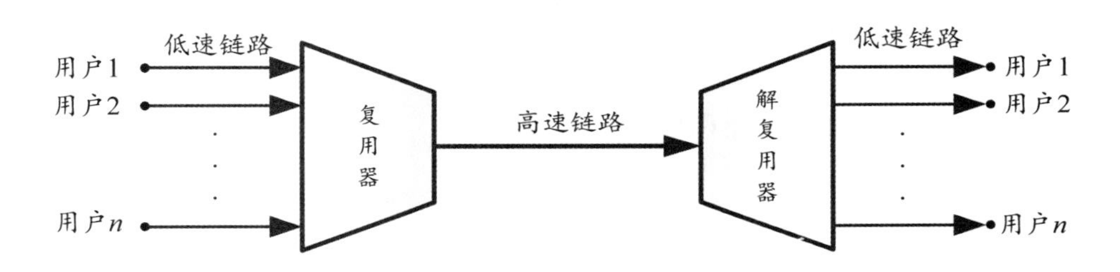

图 5.1.13　传输复用原理示意图

频分复用是指干线信道中的载波带宽被划分为多种不同频带的子信道，每个子信道可以并行传送一路信息的一种多路复用技术。在频分复用系统中，信道的可用频带被分成若干个互不交叠的频段，每路信息用其中一个频段传输，因此可以用滤波器将它们分别滤出来，并且分别接收解调。频分复用技术成熟，实现容易，信道复用率高，解复用方便，常用于模拟传输的宽带网络中。但频分复用需要保护带宽，降低了传输效率；信道的非线性失真改变了它的实际频率特性，易造成串音和互调噪声干扰；不提供差错控制技术，不便于性能监测；所需设备随输入路数增加而增多，不易小型化。

时分复用是按干线信道传输信息的时间进行分割的，它使不同用户的信息在不同的时间内传输，将整个传输时间分为许多时间间隔即时隙（TS），每个时隙被一路信息占用。PCM、PDH、SDH 数字传输体制就是典型的时分复用。时分复用技术的特点是时隙事先规划分配好且固定不变，所以有时也叫同步时分复用。其优点是时隙分配固定，便于调节控制，适用于数字信息的传输；缺点是当某用户没有数据传输时，它所对应的信道会出现空闲，而其他繁忙的信道无法占用这个空闲的信道，因此会降低线路的利用率。

码分复用是指利用各路信号码型结构正交性实现多路复用的传输方式。码分复用与频分复用、时分复用不同，它既共享信道的频率，也共享时间，是一种真正的动态复用技术。码分复用的原理是每比特时间被分成 m 个更短的时间槽，称为码片（Chip），通常情况下每比特时间有 64 或 128 个码片。每个站点（通道）被指定一个唯一的 m 位的代码或码片序列。当发送 1 时，站点就发送码片序列，当发送 0 时，站点就发送码片序列的反码。当两个或多个站点同时发送时，各路数据在信道中被线性相加。为了从信道中分离出各路信号，要求各个站点的码片序列相互正交。码分复用抗窄频带干扰能力强，保密性强，各路的连接、变换较灵活，但电路较复杂并需要精度高的同步系统。因此码分复用主要用于无线通信系统，特别是移动通信系统。码分复用不仅可以提高通信的语音质量和数据传输的可靠性及减少干扰对通信的影响，而且可以增大通信系统的容量。

5.2 传输链路差错控制

当通信的两端有直达链路时，用数据链路层协议进行差错控制；当通信的两端位于同一子网内时，用网络层协议完成差错控制；当通信的两端位于不同子网内时，用传输层协议来完成差错控制。

网络通信的目的是实现信息的端到端的可靠传输，而要实现信息可靠传输，首先要在数据链路层解决如何标识高层送下的分组起始点，然后解决如何发现网络中的传输错误，最后解决错误的消除。

由于成帧后的信息在数据链路中传输时会受到损耗、衰落、噪声及其他电磁场的干扰，因此接收端可能无法正确地恢复出原始信息。要可靠地传输信息就需要进行差错控制，差错控制主要包括差错检测和差错纠错两部分。

5.2.1 差错检测

传输链路差错检测的目的是检测数据分组经物理层传输后是否正确。常用方法有奇偶校验和循环冗余校验（CRC）。这两种方法的基本思想是相同的：发送端按照给定的规则在 K 个信息比特后面增加 L 个校验比特，接收端对收到的信息比特重新计算 L 个校验比特。比较接收到的校验比特和本地重新计算的校验比特，如果相同则认为传输无误，否则认为传输有误。

1．奇偶校验

奇偶校验的类型有很多，如奇校验、偶校验等，这里举例说明。如表 5.2.1 所示，设信息序列长 K=3，校验序列长 L=4，输入信息比特为$\{S_1,S_2,S_3\}$，校验比特为$\{C_1,C_2,C_3,C_4\}$，校验的规则为$C_1 = S_1 \oplus S_3$，$C_2 = S_1 \oplus S_2 \oplus S_3$，$C_3 = S_1 \oplus S_2$，$C_4 = S_2 \oplus S_3$。

假设发送的信息比特为{100}，经过奇偶校验码生成的校验序列为{1110}，则发送的信息序列为{1001110}，若经过物理层传输后，接收的序列为{1011110}，则本地根据收到的信息比特{101}计算出的校验序列为{0011}。显然，该序列与接收的校验序列{1110}不同，表明接收的信息序列有误。

如果 L 取 1，即$C = S_1 \oplus S_2 \oplus S_3 \cdots \oplus S_K$为最简单的单比特的奇偶校验码，它使得生成的码字（信息比特+校验比特）所含“1”的个数为偶数。该码字可以发现所有奇数个比特错误，但是不能发现任何偶数个错误。

在实际应用奇偶校验码时，每个码字中 K 个信息比特可以输入信息比特流中 K 个连续的比特，也可以按一定的间隔（如一个字节）取 K 个比特。为了提高检测的能力，可将上述两种取法重复使用。

表 5.2.1　奇偶校验码

S_1	S_2	S_3	C_1	C_2	C_3	C_4	校验规则
1	0	0	1	1	1	0	$C_1 = S_1 \oplus S_3$ $C_2 = S_1 \oplus S_2 \oplus S_3$ $C_3 = S_1 \oplus S_2$ $C_4 = S_2 \oplus S_3$
0	1	0	0	1	1	1	
0	0	1	1	1	0	1	
1	1	0	1	0	0	1	
1	0	1	0	0	1	1	
1	1	1	0	1	0	0	
0	0	0	0	0	0	0	
0	1	1	1	0	1	0	

2．CRC

CRC 是根据输入比特序列$(S_{K-1},S_{K-2},\cdots S_1,S_0)$，通过下列 CRC 算法产生 L 位的校验比特序列$(C_{L-1},C_{L-2},\cdots C_1,C_0)$来进行检测的。

CRC 算法如下。

将输入比特序列表示为下列多项式的系数

$$S(D)=S_{K-1}D^{K-1}+S_{K-2}D^{K-2}+\cdots+S_1D+S_0 \quad (5.2.1)$$

式中，D 可以看成一个时延因子，D^i 对应比特 S_i 所处的位置。

例如：10101100，则 $S(D)=D^7+D^5+D^3+D^2$ 。

设 CRC 校验比特的生成多项式（产生 CRC 的多项式）为

$$g(D)=D^L+g_{L-1}D^{L-1}+\cdots+g_1D+1 \quad (5.2.2)$$

则校验比特对应下列多项式的系数

$$C(D)=\text{Remainder}\left[\frac{S(D)\cdot D^L}{g(D)}\right]=C_{L-1}D^{L-1}+\cdots+C_1D+C_0 \quad (5.2.3)$$

式中，Remainder[]表示取余数。式中的除法与普通的多项式除法相同，其差别是系数是二进制的，其运算以模 2 为基础。最终形成的发送序列为$(S_{K-1},S_{K-2},\cdots S_1,S_0,C_{L-1},\cdots C_1,C_0)$。

生成多项式不是任意的，其选取必须使得生成的校验序列有很强的检测能力，常用的生成多项式如下。

CRC-8 （L=8）：

$$g(D)=D^8+D^2+D+1 \quad (5.2.4)$$

CRC-10 （L=10）：

$$g(D)=D^{10}+D^9+D^5+D^4+D^2+1 \quad (5.2.5)$$

CRC-12 （L=12）：

$$g(D)=D^{12}+D^{11}+D^3+D^2+D+1 \quad (5.2.6)$$

CRC-16 （L=16）：

$$g(D)=D^{16}+D^{15}+D^2+1 \quad (5.2.7)$$

CRC-CCITT （L=16）：

$$g(D)=D^{16}+D^{12}+D^5+1 \quad (5.2.8)$$

CRC-32 （L=32）：

$$g(D)=D^{32}+D^{26}+D^{23}+D^{22}+D^{16}+D^{12}+D^{11}+D^{10}+D^{8}+D^{7}+D^{5}+D^{4}+D^{2}+D+1 \quad (5.2.9)$$

例 5.2.1 设输入比特序列为(10110111)，采用 CRC-16 生成多项式，求其校验比特序列。

解：输入比特序列可表示为

$$S(D)=D^7+D^5+D^4+D^2+D+1,\ K=8$$

因为 $g(D)=D^{16}+D^{15}+D^2+1$，$L=16$

所以 $C(D)=\text{Remainder}\left[\dfrac{S(D)\cdot D^L}{g(D)}\right]$

$$=\text{Remainder}\left[\frac{D^{23}+D^{21}+D^{20}+D^{18}+D^{17}+D^{16}}{D^{16+}D^{15}+D^2+1}\right]$$

$$=\text{Remainder}\left[\frac{(D^7+D^6+D^4+D^3+D^1)(D^{16}+D^{15}+D^2+1)+D^9+D^8+D^7+D^5+D^4+D}{D^{16}+D^{15}+D^2+1}\right]$$

$$=D^9+D^8+D^7+D^5+D^4+D$$

$$=0\cdot D^{15}+0\cdot D^{14}+0\cdot D^{13}+0\cdot D^{12}+0\cdot D^{11}+0\cdot D^{10}+$$

$$1\cdot D^9+1\cdot D^8+1\cdot D^7+0\cdot D^6+1\cdot D^5+1\cdot D^4+0\cdot D^3+0\cdot D^2+1\cdot D+0$$

由此得校验比特序列为(0000001110110010)。最终形成的经过校验后的发送序列为(101101110000001110110010)。

在接收端，将接收到的序列

$$R(D)=r_{K+L-1}D^{K+L-1}+r_{K+L-2}D^{K+L-2}+\cdots+r_1D+r_0 \quad (5.2.10)$$

与生成多项式 $g(D)$ 相除，并求其余数。如果 $\text{Remainder}\left[\dfrac{R(D)}{g(D)}\right]=0$，则认为接收无误。

$\text{Remainder}\left[\dfrac{R(D)}{g(D)}\right]=0$ 有两种情况：一是接收的序列正确无误；二是有误，但此时的错误使得接收序列等同于某一个可能的发送序列。后一种情况称为漏检。理论证明漏检的概率是 2^{-L}。

5.2.2 差错纠错

通过差错检测发现错误后进行纠错主要有三种方法：一是前向纠错（FEC），其基本思想是在传输数据时传输冗余信息，若传输中出现错误，则允许接收端再建数据。在单向信道中，一旦错误被发现，接收端将无权再请求传输；二是重传机制，即发送端发现接收端不能接收到正确的信息而重传信息，典型的方法是自动请求发送端重传（ARQ），这是本节重点讨论的方法；三是将 FEC 和 ARQ 结合的混合自动请求重传（HARQ）。

1. FEC

FEC 本质上属于物理层具有纠错功能的编码技术。其基本原理是发送端对信息码元按一定规律加入新的监督码元以增加码元的冗余度，使得输出信息码元具有一定的纠错能力和抗干扰能力，同时增加通信的可靠性，接收端的纠错译码器不仅能自动发现错误，还能自动纠正错误。

FEC 的优点是译码实时性好，控制电路简单；缺点是译码设备比较复杂，并且需要以最坏的信道条件来设计纠错码，因此编码效率低。FEC 主要应用于重传开销大（如卫星通信和深空通信）或不能重传（如单向通信）的通信环境。

2．ARQ

当接收端收到发送端的分组或帧，通过差错检测技术发现错误之后，纠错的最简单的方法就是 ARQ 出错的分组或帧。ARQ 协议通过反馈信道（该信道可以与前向传输信道相同，也可以不同）以某种反馈规则通知发送端重复上述过程，直到接收端收到正确的分组或帧为止。反馈规则和重传规则的设计，要保证整个 ARQ 协议的正确性和有效性。

为了讨论 ARQ 协议，对物理链路进行如下三个假定。

（1）在物理链路上传输的分组或帧到达接收端前被延迟了一个任意可变的时间。

（2）分组或帧在传输过程中可能丢失，也可能出错。

（3）分组或帧到达的顺序与发送的顺序相同。

ARQ 协议有四种不同的类型，分别是停等式 ARQ（Stop-and-Wait ARQ）、返回式 *n*-ARQ（Go Back *n*-ARQ）、选择重传式 ARQ（Selective Repeat ARQ）和并行停等式 ARQ（ARPANET ARQ），下面分别讨论。

1）停等式 ARQ

停等式 ARQ 的基本思想：在开始下一帧或分组传输以前，必须确保当前帧或分组已被正确接收。

下面来分析停等式 ARQ 协议的工作过程。

假定 A 发，B 收。具体的传送过程如下：A 发送一帧后，B 如果接收正确，则 B 向 A 返回一个肯定应答（ACK）；B 如果接收错误，则 B 向 A 返回一个否定应答（NAK）。A 必须在收到 B 的正确 ACK 后，才发送下一帧。如果 A 发送一帧后（并给定时器设置一个初值），在一个规定的时间内（定时器溢出），没有收到对方的 ACK，则重传该帧；如果收到了 NAK，也要重传该帧，如图 5.2.1 所示。

A 到 B 之间的双向链路都可能出错，上述协议能否正确工作？或者说如何保证该协议能够正确工作呢？

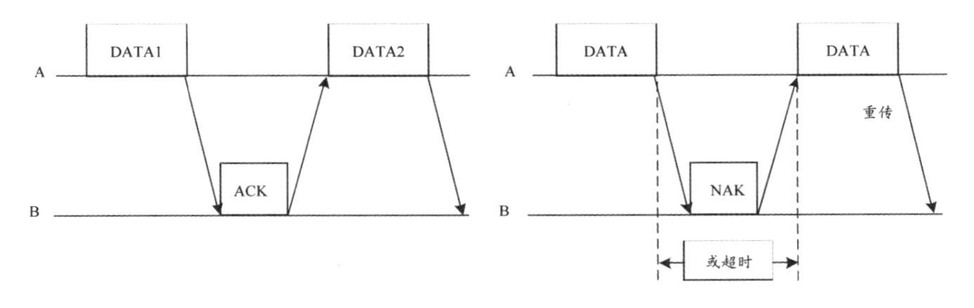

图 5.2.1　停等式 ARQ 传输示意图

基本的方法是在传输的帧中增加发送序号（SN）和接收序号（RN）。接收序号（RN）通常是接收端希望接收的下一个发送帧的序号（SN）（也可以是下一帧的第一个字节的编号）。ARQ 帧格式如图 5.2.2 所示。

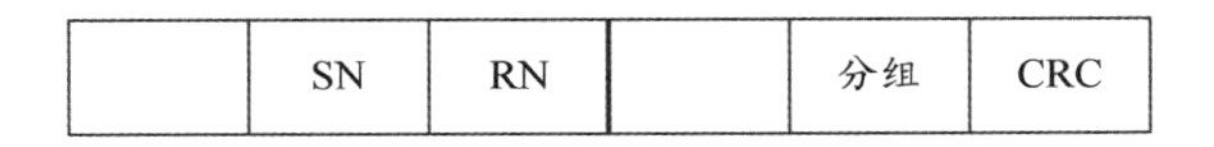

图 5.2.2　ARQ 帧格式

增加发送序号是有意义的：如图 5.2.3 所示，如果没有发送序号，A 发送一个帧，B 在 t_1 时刻正确收到后发送确认信息 ACK，假设该 ACK 传输错误或被延迟了一段不可接受的时间，A 都要重传该帧或分组，这样，B 会在 t_2 时刻又收到该帧或分组，此时，B 区分不开收到的这两个帧是同一个帧还是不同的帧，由此可见，发送端增加发送序号是有意义的。

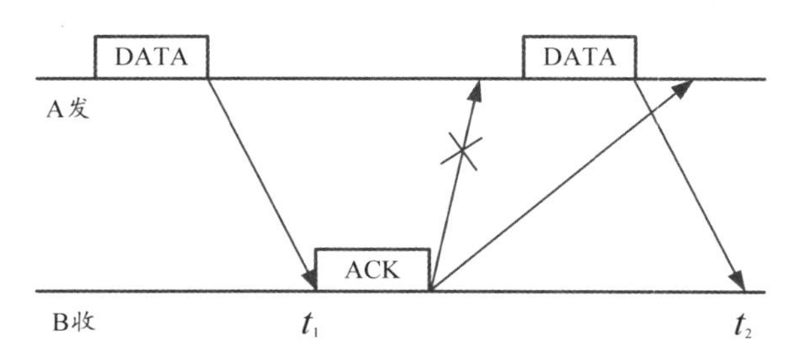

图 5.2.3　无 SN 时 ARQ 传输可能会出现的情况示意图

同样，增加接收序号是有意义的：如图 5.2.4 所示，仍然 A 发 B 收，A 发送序号为 0 的帧，B 正确接收后发送了确认信息 ACK，但是被延迟了一段时间，A 定时器超时后将重传该帧，重传后收到了一个确认信息 ACK，A 误认为收到了序号为 0 的帧的确认信息，于是发送序号为 1 的帧，而等到序号为 0 的帧的确认信息到达 A 处后，A 认为已经收到了序号为 1 的帧的确认信息，于是发送序号为 2 的帧，产生这一错位确认的根本原因是 A 无法判定 ACK 信息是对应哪一个帧的 ACK 信息。还有更严重的情况会出现，假设 A 对 ACK 的错位判断情况继续存在，又假设 A 发送序号为 1 的帧时出错，B 经差错检测后发送 NAK 信息，而等到 A 收到后，A 会误认为序号为 2 的帧出错，于是重传序号为 2 的帧，最终导致序号为 1 的帧丢失。

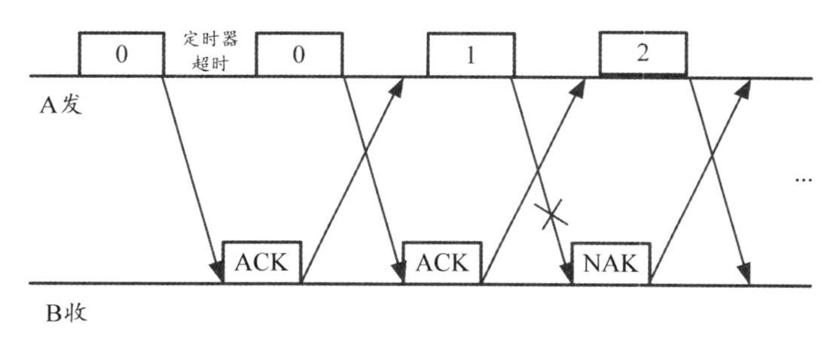

图 5.2.4　无 RN 时 ARQ 传输可能会出现的情况示意图

为了解决以上存在的问题，简单的处理方法是给反馈的应答信息加上序号，该序号反馈给发送端。ACK 的序号 RN，可以是已经正确接收的帧的序号，也可以是接收端想要接收的下一帧的序号（一般采用该方法）；NAK 的序号应该和对应的 SN 序号一致。另外，通信双方一般都是双向传输的，反馈信息的序号可以附加在反向的帧中，以提高传输效率。

总之，对于停等式 ARQ 协议，收发端都要附加帧的序号 SN 和 RN。

停等式 ARQ 协议算法描述如下。

发送端 A：

假设 A 向 B 发送帧（A→B），则 A 执行的发送算法如下。

（1）初始化设置，置 SN=0。

（2）如果从高层接收到一个分组，则将 SN 指配给该分组；如果没有从高层接收到分组，则等待。

（3）将发送序号为 SN 的帧发送给接收端 B。

（4）如果从 B 处接收的 RN>SN，则将 SN 加 1，返回（2）。如果在规定的有限时间内，没有从 B 处接收到 RN>SN 的帧（应答），则返回（3）进行重传。

接收端 B：

（1）初始化设置，置 RN=0。

（2）无论何时从 A 处正确接收一个 RN=SN 的帧，都将该帧发送给高层，并将 RN 加 1。

（3）在接收到该帧后的一个规定的有限长时间内，将 RN 发送给 A，返回（2）。

在以上算法中，应答信息是附加在反向帧中的，如果 B 没有帧发送给 A，则 B 需要专门发送一个只包含 RN 的应答信息给 A，即发送一个空的帧。由此可见，反向业务流对停等式 ARQ 协议原理没有影响，仅对应答的时延有一定的影响。

发送序号 SN 和接收序号 RN 是用来区分发送和接收的帧的，它们的变化可以按序增加，但需要很大的比特域来表示，在实际中没有必要，可以用一个整数模值来表示，循环利用，这样可以大大降低序号的比特域，如模 8、模 16 等。很显然，在停等式 ARQ 协议中采用模 2 就够用了。

理论证明，停等式 ARQ 算法具有正确性和有效性。正确性是指算法本身不会产生错误的结果，发送端能不停地将帧或分组传送给接收端；有效性可以从链路利用率、吞吐率及帧或分组时延三个方面来讨论。下面主要来分析算法的有效性。

链路利用率是指链路中传输有效帧或分组所占的比例。很明显，一个帧或分组在第一次传输过程中如果出错，就会重传，重传次数的增加就会降低有效帧或分组的传输效率，导致较低的链路利用率，相反会提高链路利用率。因此，可以用一个有效帧或分组的传输时间与成功传输一个帧或分组所用总时间的比值来表示链路利用率。停等式 ARQ 传输周期示意图如图 5.2.5 所示。

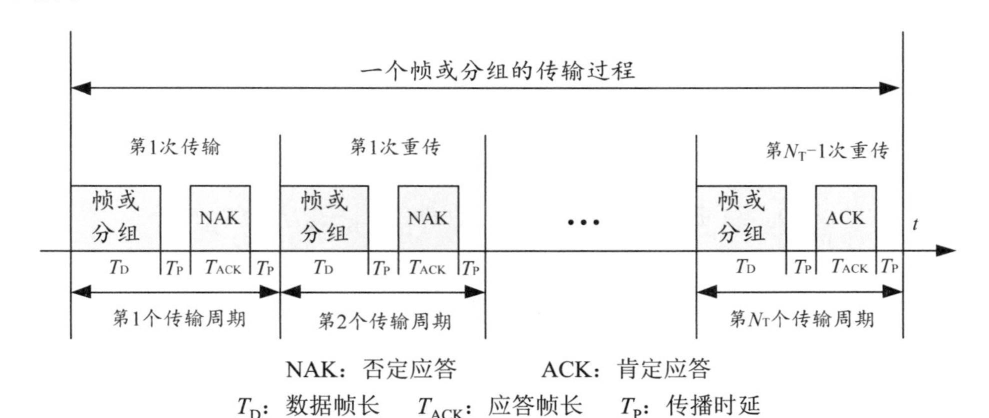

图 5.2.5　停等式 ARQ 传输周期示意图

为便于讨论问题，假设帧或分组是固定长度的，其传输时间为 T_D，ACK 和 NAK 长度相同，传输时间均为 T_{ACK}，传输链路的传播时延为 T_P，校验算法的处理时延很短，可以忽略，则一个帧或分组的传输周期为（$T_D+T_P+T_{ACK}+T_P$），假设成功传输一个帧或分组需要 N_T 个周期才能完成（其中第 1 次是传输，第 N_T-1 次是重传，且第 N_T 次成功传输），如图 5.2.5 所示，依次可以计算传输链路的最大平均利用率 U。

$$U=\frac{T_{\mathrm{D}}}{N_{\mathrm{T}}(T_{\mathrm{D}}+2T_{\mathrm{P}}+T_{\mathrm{ACK}})}=\frac{1}{N_{\mathrm{T}}(1+2T_{\mathrm{P}}/T_{\mathrm{D}}+T_{\mathrm{ACK}}/T_{\mathrm{D}})} \tag{5.2.11}$$

令$\alpha=T_{\mathrm{P}}/T_{\mathrm{D}}$，忽略应答帧的应答时间，上式变为

$$U=\frac{1}{N_{\mathrm{T}}(1+2\alpha)} \tag{5.2.12}$$

为了定量地表示出 N_{T}，假定帧的错误率为 p（$0<p<1$），因应答帧很短，出错的可能性很低，忽略其错误率，则一个帧在发送 i 次成功传输的概率应是 $i-1$ 次不成功传输的条件下 1 次成功传输的概率 p_i 为

$$p_i=p^{i-1}(1-p) \tag{5.2.13}$$

则 N_{T} 应为

$$N_{\mathrm{T}}=\sum_{i=1}^{\infty}ip_i=\sum_{i=1}^{\infty}ip^{i-1}(1-p)=\frac{1}{1-p} \tag{5.2.14}$$

将式（5.2.14）代入式（5.2.12）得到传输链路的最大平均利用率为

$$U=\frac{1-p}{1+2\alpha} \tag{5.2.15}$$

据此可以讨论 U 与 p、α之间的关系。

吞吐率是指在给定的物理信道和输入分组流的条件下，接收端能够呈送给高层的分组速率（分组/秒或比特/秒）。

根据图 5.2.5 容易得出停等式 ARQ 的最大平均吞吐率 S 为

$$S=\frac{1}{N_{\mathrm{T}}(T_{\mathrm{D}}+2T_{\mathrm{P}}+T_{\mathrm{ACK}})}=\frac{1-p}{T_{\mathrm{D}}(1+2\alpha)}\ \text{（分组/秒）} \tag{5.2.16}$$

分组时延是指数据链路层从发送端收到高层的分组开始到接收端将该分组呈送给高层为止所需的时间。

停等式 ARQ 的平均分组时延 D_{T} 为

$$\begin{aligned}D_{\mathrm{T}}&=\text{组帧时延}+(N_{\mathrm{T}}-1)(T_{\mathrm{D}}+T_{\mathrm{P}}+T_{\mathrm{ACK}}+T_{\mathrm{P}})+(T_{\mathrm{D}}+T_{\mathrm{P}})\\&\approx\text{组帧时延}+N_{\mathrm{T}}T_{\mathrm{D}}+2(N_{\mathrm{T}}-1)T_{\mathrm{P}}\end{aligned} \tag{5.2.17}$$

式（5.2.17）中第一部分组帧时延是指数据链路层从收到分组的第一个比特开始到收到最后一个比特为止所需的时间；第二部分是 $N_{\mathrm{T}}-1$ 次不成功传输所需的时间；第三部分是第 N_{T} 次成功传输所需的时间。

2）返回式 n-ARQ（连续式 ARQ）

停等式 ARQ 协议发送端在等待接收端应答信息时，几乎没有做什么事情，因此传输效率较低。针对这一点，人们提出了几种改进的 ARQ 协议：返回式 n-ARQ（Go Back n-ARQ）、选择重传式 ARQ（Selective Repeat ARQ）和并行停等式 ARQ（APRANET ARQ），下面主要讨论返回式 n-ARQ 协议。

返回式 n-ARQ 协议的基本思想：发送端在收到接收端应答信息之前可以连续发送 n 个帧而不需要应答，从而减小应答等待时间，提高系统吞吐率和传输效率，接收端只接收正确且

连续的帧，接收端返回的应答信息中的 RN 表示发送端下一步可以发送的帧的序号，RN 之前的帧都已正确接收，另外接收端不必每收到一个正确帧就进行应答，在一定情况下可以对接收到正确帧的最大序号帧进行应答。

值得注意的是，返回式 n-ARQ 协议的传输效率不一定比停等式 ARQ 协议高。例如，当传输链路的传输质量很差，误码率较大时，返回式 n-ARQ 协议不一定优于停等式 ARQ 协议。

n 叫作（滑动）窗口宽度，是一个重要参数。返回式 n-ARQ 协议的工作过程为发送端一次连续发送序号为 0~n−1 的帧之后，若收到 SN=0 的 ACK 应答信息，就连续发送序号为 1~n 的帧，若继续收到 SN=1 的 ACK 应答信息，就连续发送序号为 2~n+1 的帧，继续下去，随着应答信息的不断到来，窗口不断地向前滑动，如图 5.2.6 所示。

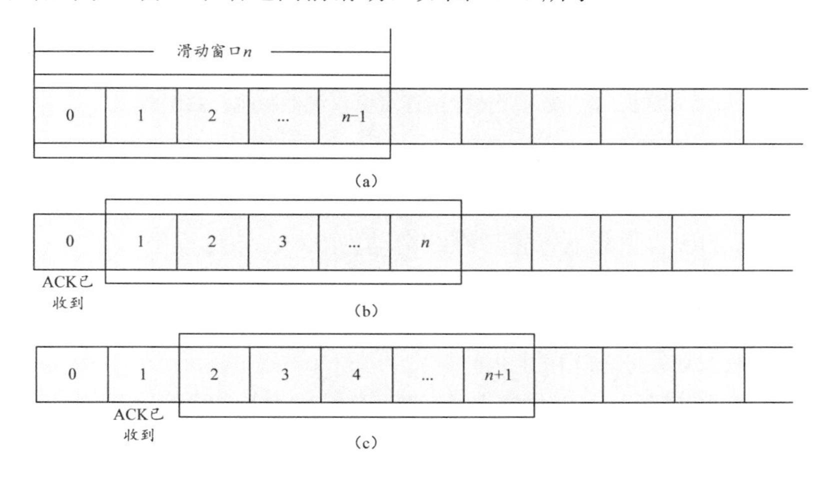

图 5.2.6　返回式 n-ARQ 协议发送端窗口滑动示意图

从图 5.2.6 中可以看出，如果发送端能连续不断地接收返回的应答信息，发送端就能连续发送帧，实现最大速率的发送，传输效率显著提高。如果我们能有效地控制应答信息返回的节奏，就可以有效地降低发送端的发送速率，实现速率控制的目的，所以返回式 n-ARQ 协议不仅能纠错，还能进行端到端的流量控制。

在实际网络中，收发双方都有帧在传输，并且帧不等长，返回的 RN 序号嵌在反向数据分组中，此时窗口滑动比较复杂，下面来分析几种情况。

情况一：用反向帧传输应答信息对发送窗口的影响。

因为应答信息是嵌在反向帧中传输的，如果考虑到接收端的处理时间，如接收端需要进行 CRC 校验等，应答信息被延缓（尤其是延缓超时），都会影响窗口的滑动。

情况二：发送端传输错误对发送窗口的影响。

如图 5.2.7 所示，节点 A 为发送端，节点 B 为接收端，返回应答信息 RN 嵌在反向业务流中，因此 RN 的传输时延将受到反向业务流的限制。假设窗口尺寸为 5，A 端第一次发送窗口情况是[0,4]，一段传输时延后，B 端收到 SN=0 的帧，经 CRC 校验后正确接收，并将该帧送往高层，同时在反向业务流中的下一帧中传送 RN=1 的帧，A 端收到后，发送窗口滑动为[1,5]，即发送 SN=1 到 SN=5 的帧，如果 SN=1 的帧传输错误，则 B 端在随后的一段时间内 RN 维持 1，即不停地向 A 端索要 SN=1 的帧。A 端将 SN=1 的帧传输错误，在传输完 SN=5 的帧后等待 RN=2 的帧，即等待 SN=1 的帧的应答信息。

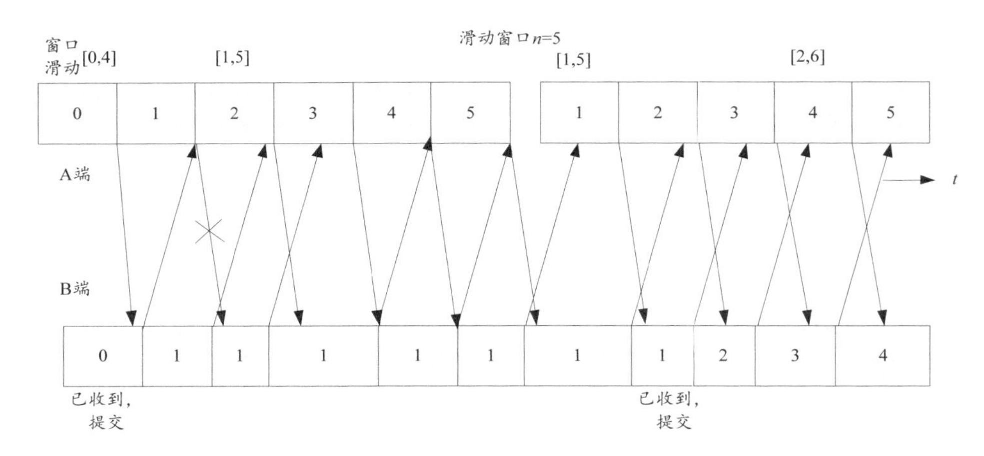

图 5.2.7 发送端传输错误对窗口滑动影响示意图

由此可见，在发送端传输出现错误及反向数据传输时延的共同作用下，发送端窗口会出现停滞的现象，并等待重传，当停滞的时间超过预设的时间阈值后，发送端重传该窗口内的帧，直到收到 RN=2 的应答信息后，窗口继续滑动为[2,6]。该过程中尽管 2、3、4、5 号帧已经被正确接收，但由于不是 B 端希望接收的下一帧而被放弃，因此仍然需要在随后的时间内重传并重新接收。

情况三：反向帧长对发送窗口的影响。

如图 5.2.8 所示，假设窗口尺寸仍然是 5，SN=1 和 SN=2 两帧的应答信息在 RN=3 的反向帧中，该帧被 A 端接收时，SN=1 帧的等待时间已经超时，于是 A 端重传 SN=1 的帧，该帧在重传过程中已经收到 SN=2 的帧的应答信息，因此 A 端在重传 SN=1 的帧后，直接发送 SN=3 的帧，从而导致 A 端发送窗口由[1,5]直接变为[3,7]，即窗口滑动出现跳跃性变化。

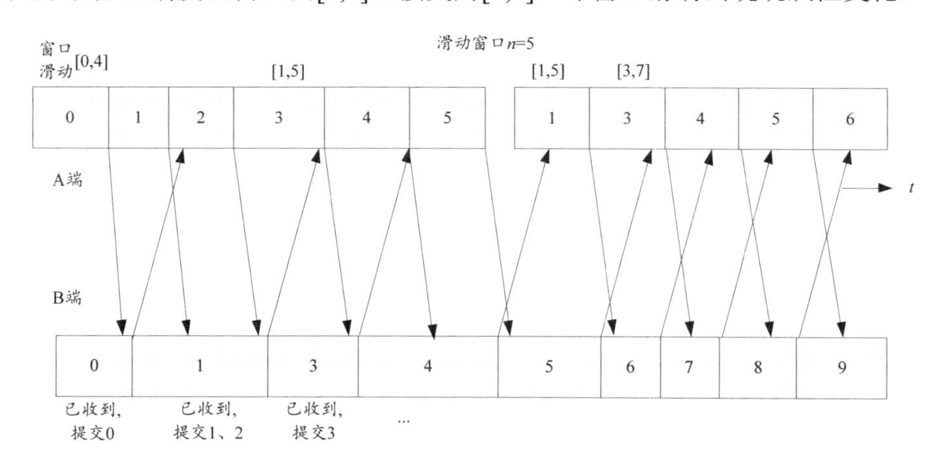

图 5.2.8 反向帧长对窗口滑动影响示意图

情况四：反向帧出错对发送窗口的影响。

图 5.2.9 所示为反向帧出错对窗口滑动影响示意图，假设窗口尺寸还是 5。RN=1 的反向帧传输过程出错，由于 RN=1 的帧和 RN=2 的帧被 A 端接收时落在同一帧内，所以出错的信息被 RN=2 的帧补救，故这种情况下没有对 A 端窗口滑动产生不良影响，A 端在收到 RN=2

的反向帧后，滑动窗口由[0,4]直接变为[2,6]。但是，如果 RN=3 的反向帧出错，出错的信息没有被其他反向帧补救，则 A 端在接收 RN=3 的时延超时后，将会重传 SN=2 的帧，导致窗口滑动停滞现象，这种情况下反向帧出错对 A 端窗口滑动有影响。

从以上讨论的几种情况可以发现，不管在什么情况下，只要影响了发送端应答信息的正常接收（时延超时），就会导致帧重传，从而引发窗口滑动停滞现象。当然重传不一定发送窗口内所有的帧，这取决于收发两端的具体情况。

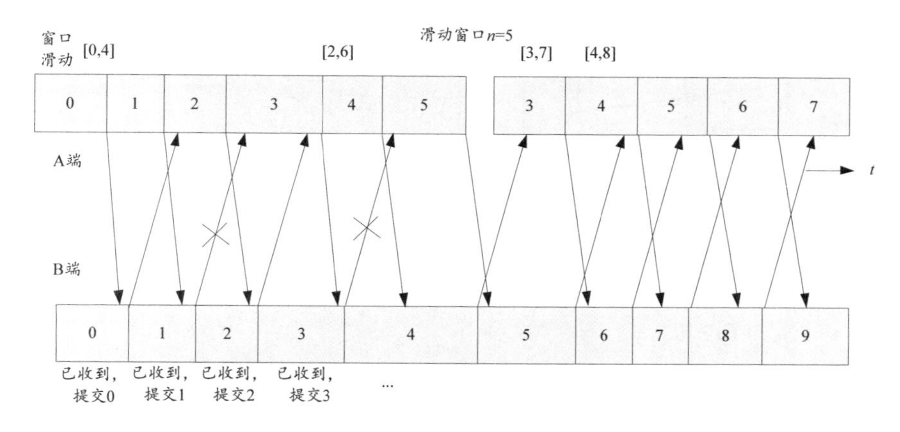

图 5.2.9　反向帧出错对窗口滑动影响示意图

返回式 n-ARQ 收发两端的算法过程和停等式 ARQ 算法类似，另外，表示返回式 n-ARQ 协议中 SN 和 RN 的模值只要大于窗口尺寸 n 就可以了。

我们已经知道，返回式 n-ARQ 协议中窗口尺寸 n 是一个重要参数，因为它对协议的效率影响很大，下面简要进行讨论。

由前面讨论的几种情况，可以进一步发现，影响返回式 n-ARQ 协议效率的根本原因是重传和等待应答，具体来说有以下几个因素：一是反向帧过长，应答信息时延过长，极有可能会超时而致使发送端重传，因此可以考虑增大 n，提高发送端 n 个帧长大于反向帧长的概率，从而减小反向帧长带来的不利影响；二是应答帧出错，发送端需要重传，也可以考虑增大 n，提高出错的应答帧被补救的概率；三是发送端传输出错，需要重传。如果由于因素一和因素二增大窗口尺寸 n，发送端再出错，那么发送端重传的帧数将增大，收到应答信息时延会增大，效率反而降低。所以一味地增大 n 不是解决问题的根本方法，解决问题的根本方法应该是加快出错的反馈速度，其中一个有效的方法就是一旦检测出错误，立即发送一个专用应答帧，而不采用反向业务帧携带应答信息的方式，以使发送端尽快返回重传状态。

为了便于分析问题，简单讨论 n 与效率的关系，假定数据帧长固定，且忽略应答传输时延，忽略协议处理时延，返回式 n-ARQ 协议的链路利用率与帧长（T_D）、传播时延（T_P）、窗口尺寸 n 等参数的关系如图 5.2.10 所示，其中 $d = T_D + 2T_P$，假设 $n=3$。

从图 5.2.10 中可以发现，当 $nT_D > d$ 时，发送帧的应答信息能及时返回，如果链路传输过程无差错，则发送端可以最大发送速率连续发送数据帧，此时链路利用率为 1；当 $nT_D < d$ 时，发送端一次最多可以发送 n 个数据帧，此时链路利用率为 nT_D/d。

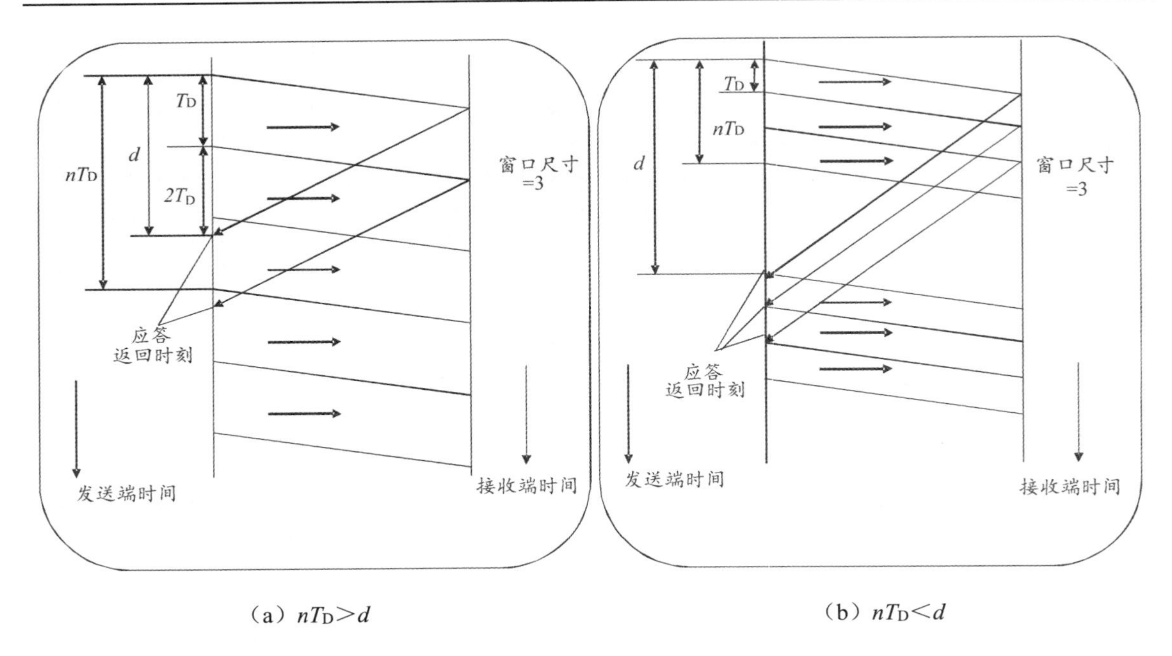

（a）$nT_D>d$ （b）$nT_D<d$

图 5.2.10 n-ARQ 中链路利用率与 n 等参数的关系

假设传输过程中数据帧错误率为 p，每出现一个错帧，发送端就会重传 n 帧，若一帧经过 i 次传输成功（$i=1$ 表示第一次传输，$i>1$ 表示重传），则表明经过 $i-1$ 次返回后，该帧才传输成功，而每次返回需要传输 n 帧，因此总的所需传输的帧数为 $1+(i-1)n$，其出现的概率为 $p^{i-1}(1-p)$。由此可得，成功传输一帧平均所需要传输的帧数 N_{SUCC} 为

$$N_{\text{SUCC}}=\sum_{i=1}^{\infty}[1+(i-1)n]p^{i-1}(1-p)$$

$$=1+\frac{np}{1-p} \tag{5.2.18}$$

返回或 n-ARQ 协议中链路最大平均利用率为

$$U=\begin{cases}\dfrac{1}{N_{\text{SUCC}}}, & nT_{\text{D}}\geqslant d\\[2ex] \dfrac{nT_{\text{D}}}{N_{\text{SUCC}}d}, & nT_{\text{D}}<d\end{cases} \tag{5.2.19}$$

令 $\alpha=T_d/T_{\text{D}}$，则有

$$U=\begin{cases}\dfrac{1}{N_{\text{SUCC}}}, & n\geqslant(1+2\alpha)\\[2ex] \dfrac{nT_{\text{D}}}{N_{\text{SUCC}}d}, & n<(1+2\alpha)\end{cases} \tag{5.2.20}$$

将式（5.2.18）代入式（5.2.20）得

$$U=\begin{cases}\dfrac{1-p}{1+(n-1)p}, & n\geqslant(1+2\alpha)\\ \dfrac{n(1-p)}{(1+2\alpha)[1+(n-1)p]}, & n<(1+2\alpha)\end{cases} \tag{5.2.21}$$

3）选择重传式 ARQ

选择重传式 ARQ 是对返回式 n-ARQ 的改进。前面我们讨论过，返回式 n-ARQ 发送端收到错误的返回应答信息后，重传 n 个数据帧，且不管后面的帧接收正确与错误，这是返回式 n-ARQ 协议传输效率低的原因之一。为了从这方面提高传输效率，可以只选择重传出错的数据帧，这就是选择重传式 ARQ 协议的内容。

4）并行停等式 ARQ

并行停等式 ARQ 采用了 m 个并行的停等式 ARQ，每一个停等式 ARQ 应用在一条物理链路的虚拟信道上，输入的数据分组可以任意分配到其中一条虚拟信道上，如果所有虚拟信道都忙，则新到达的数据分组将在数据链路层外等待。

处于忙状态的虚拟信道上的数据分组被复接到物理链路上传输。可以轮询各虚拟信道，当轮询到某一忙信道时，如果还没有收到应答，则将该虚拟信道的数据分组再次发送到物理链路上。因此，该方式不需要设置定时器来计算等待应答的时间。

3. HARQ

HARQ 将 FEC 与 ARQ 结合起来，称为混合自动请求重传，其基本原理如下。

（1）在接收端使用 FEC 技术纠正所有错误中能够纠正的那一部分。

（2）通过错误检测判断不能纠正错误的数据分组。

（3）丢弃不能纠错的数据分组，向发送端请求重新发送相同的数据分组。

HARQ 接收方在解调失败的情况下，需要保存接收到的数据，并要求发送方重传数据，接收方将重传的数据和先前接收到的数据进行合并后再解调。

根据重传内容和合并解调方式的不同，HARQ 可以分为以下三种类型。

1）HARQ-I

HARQ-I 即传统 HARQ 方案，它仅在 ARQ 的基础上引入了纠错编码，即对发送的数据分组增加 CRC 比特并进行 FEC 编码。接收端对接收的数据进行 FEC 解调和 CRC 校验，如果有误，则放弃错误分组的数据，并向发送端反馈 NAK 信息请求重传与上一帧相同的数据分组。一般来说，物理层设有最大重传次数的限制，防止信道长期处于恶劣的慢衰落状态而导致某个用户的数据分组不断地重传，从而浪费信道资源。如果达到最大重传次数时，接收端仍不能正确解调[在 3G LTE（Long Term Evolution）系统中设置的最大重传次数为 3]，则确定该数据分组传输错误并丢弃该分组，同时通知发送端发送新的数据分组。

这种 HARQ 方案对错误数据分组采取了简单的丢弃操作，而没有充分利用错误数据分组中存在的有用信息。所以，HARQ-I 的性能主要依赖于 FEC 的纠错能力，效率较低，但其发送端和接收端都不需要大的缓存，因此实现简单，适合在硬件资源受限且信道条件好的情况下使用。

2）HARQ-II

HARQ-II 也称作完全增量冗余方案。在这种方案下，信息比特经过编码后，将编码后的校验比特按照一定的周期嵌入，根据码率兼容原则依次发送给接收端。接收端对已传的错误分组并不丢弃，而与接收到的重传分组组合进行译码。其中重传数据并不是已传数据的简单复制，而是附加了冗余信息。接收端每次都进行组合译码，将之前接收的所有比特组合形成更低码率的码字，这样可以获得更大的编码增益，达到递增冗余的目的。每一次重传的冗余量是不同的，而且重传数据不能单独译码，通常只能与先前传的数据合并才能被译码。

HARQ-II 充分利用了错误数据分组中包含的信息，比 HARQ-I 效率更高，但 HARQ-II 要求发送端和接收端有较大的缓存，实现技术比较复杂。

3）HARQ-III

HARQ-III 是 HARQ-II 的改进。HARQ-II 对每次发送的数据分组采用互补删除方式，各个数据分组既可以单独译码，也可以合成一个具有更大冗余信息的编码分组进行合并译码。根据重传的冗余版本不同，HARQ-III 可进一步分为两种：一种是只具有一个冗余版本的 HARQ-III，各次重传冗余版本均与第一次传输相同，即重传分组的格式和内容与第一次传输的相同，接收端的解码器根据接收到的信噪比（SNR）加权组合这些发送分组的拷贝，这样可以获得时间分集增益；另一种是具有多个冗余版本的 HARQ-III，各次重传的冗余版本不相同，编码后的冗余比特的删除方式是经过精心设计的，删除的码字是互补等效的。因此，合并后的码字能够覆盖 FEC 编码中的比特位，使译码信息变得更全面，更利于正确译码。

另外，根据重传发生的时刻来区分，HARQ 可以分为同步 HARQ 和异步 HARQ 两种。同步 HARQ 是指一个 HARQ 进程的传输（重传）是发生在固定的时刻的，由于接收端预先知道传输的发生时刻，因此不需要额外的信令开销来标识 HARQ 进程的序号；异步 HARQ 是指一个 HARQ 进程的传输可以发生在任何时刻，接收端预先不知道传输的发生时刻，因此 HARQ 进程的处理序号需要连同数据一起发送。

根据重传时的数据特征是否发生变化，可将 HARQ 分为自适应 HARQ 和非自适应 HARQ 两种。自适应 HARQ 是指在每一次传输过程中，发送端可以根据实际的信道状况改变部分传输参数（资源块的分配、调制方式、传输块的长度、传输的持续时间等）。因此，在每一次传输的过程中，包含传输参数的控制信息要一并发送；在非自适应 HARQ 系统中，传输参数相对于接收端而言都是预先知道的，因此，包含传输参数的控制信息在非自适应系统中是不需要被传输的。

5.3 网络交换

网络信息通过网络链路和协议制约可以灵活地汇集到网络节点，同样，网络节点可将汇集的网络信息分发到需要的用户链路上，从而实现网络交换的目的。

5.3.1 交换原理与实现

通信网络中的交换是指基于给定的目标信息在信息网络中有选择地连接终端设备或线路的过程。网络交换是通信网络的重要功能，实现这一功能的设备是交换机，常见的交换机主要有电话交换机、分组交换机、ATM 交换机、帧中继交换机、路由器、转发器、IP 交换机等。

传统的电话交换机在执行交换时，预先建立了内部连接，无须读取每个分组中的地址信息来指导交换，所以该交换是基于物理层在输入/输出端口间同步进行的，该类设备属于第一层（物理层）交换设备；局域网中普通分组交换机、ATM 交换机、帧中继交换机等，都是基于第二层 MAC 地址控制转发分组流的，兼有报文过滤、流量控制、网络管理等特殊服务功能，所以该类设备属于第二层（数据链路层）交换设备；路由器、IP 交换机等设备，是基于第三层地址实现分组转发的，既可以提供第二层交换的快速性，又可以提供第三层路由的灵活性（采用逐分组技术），具备多层交换技术功能，还有路由确定、路由表的创建和维护、安全性、网管、优先级管理、地址管理、报文格式转换等功能，该类交换机属于第三层（网络层）交换设备；第四层（传输层）交换机不仅依据 MAC 地址和 IP 地址选择路由，而且要依据第四层特定应用的端口号来进行，提供关于业务应用类型和属性的信息，提供不同的服务质量及决定一些复杂的网络智能控制策略，以增加网络的灵活性，改善服务性能。网络管理者借助第四层交换可以在局域网和广域网中建立依据特殊应用类型的流量控制策略，这些功能对未来的网络至关重要。

1. 交换原理

无论何种交换机均需要完成以下功能。

接入功能：完成用户业务的集中和接入，通常由各类用户接口和中继接口完成。

交换功能：指信息从通信设备的一个端口进入，从另一个端口输出。这一功能通常由交换模块或交换网络完成。

信令功能：负责呼叫控制及连接的建立、监视、释放等。

其他控制功能：包括路由信息的更新维护、计费、话务统计、维护管理等。

交换机组成如图 5.3.1 所示，主要包括交换模块、控制模块、信令模块、用户接口和中继接口。

交换模块也叫交换网络，是交换系统中基本的模块，基本功能是实现任意入线到出线的数据交换，如果不考虑交换网络的内部结构，那么交换网络对外的特性是一组入线和一组出线。N 条入线和 N 条出线组成的交换网络用 $N \times N$ 表示。对于数字交换网络，每一条入线和出线均是时分复用线。交换网络的作用是将任意入线的信息交换到指定出线去；控制模块实现路由信息的更新维护、话务统计、维护管理和计费；信令模块实现呼叫控制和连接的建立、监视及释放；用户接口是用户线与交换网络间的接口电路，基本功能是监视终端设备的呼入呼出信号，并将信号送入控制模块以反映终端设备的工作状态；中继接口是中继线与交换网络间的接口电路，基本功能是监视交换设备的信号收发，并向控制模块反映工作状态。

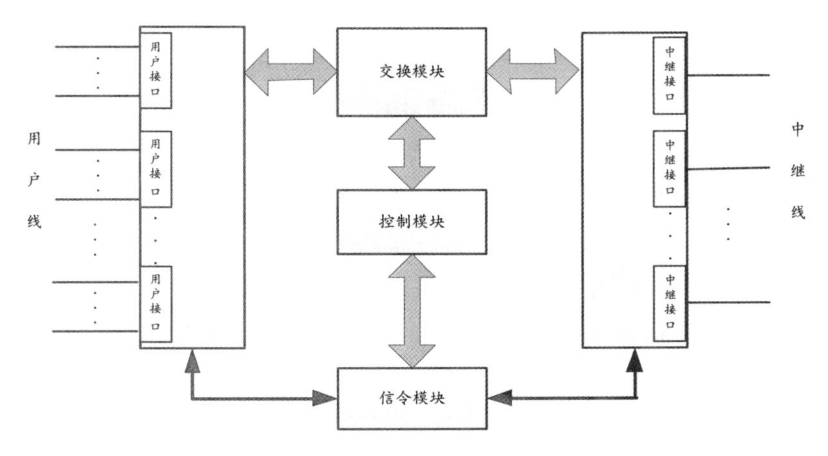

图 5.3.1　交换机组成

2．交换的实现

交换机的基本功能是实现任意入线 X 到出线 Y 的数据交换，如图 5.3.2 所示。

图 5.3.2　X 和 Y 通过网络交换机进行通信

要实现这一基本功能，具体的解决方案是：①建立 X 和 Y 之间的关系；②如果有必要，则建立连接，发送建立连接请求信息，当然网络中必须有资源预留；③进行数据传输；④如果有必要，则退出连接，发送退出连接请求信息。这样就有两种服务方式：一种是具备以上四个步骤的服务方式，称为面向连接服务（参见 2.2 节），如电话交换连接、TCP、虚电路等；另一种是只有①和③两个步骤的服务方式，称为无连接服务（参见 2.2 节），如 IP、UDP 等。

以上解决方案的前提条件是：对于①，X 和 Y 的地址必须是已知的；对于②和④，用户和网络交换机必须交换信令信息；对于③，数据格式和网络协议必须事先协商好。

面向连接服务方式和无连接服务方式的主要区别如下。

（1）面向连接服务方式用户的通信总要经过建立连接、信息传输、释放连接三个阶段；而无连接服务方式不为用户的通信过程建立和释放连接。

（2）面向连接服务方式中的每一个节点为每一个呼叫选路，节点需要维持连接的状态表；而无连接服务方式中的每一个节点为每一个传输的信息选路，节点不需要维持连接的状态表。

（3）当用户信息较长时，采用面向连接服务方式的效率高；反之，采用无连接服务方式要好一些。在实际应用中，两种方式常结合使用。

3．物理连接与虚拟连接

通信网络中有许多链路，交换设备在选择一条链路进行连接时有两种方式：物理连接（Physical Connection）和虚拟连接（Virtual Connection）。

物理连接是指信息从发送端到接收端所经历的路径，这些路径暂时或持续地被实际接通，在连接期间带宽或速率是固定的。显然，物理连接采用面向连接服务方式，如图 5.3.3 所示。

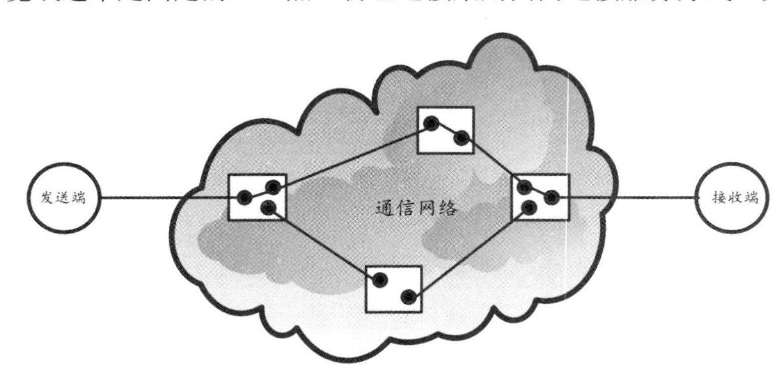

图 5.3.3　物理连接

虚拟连接是指一条路径被事先约定好，在这条路径上复用传输数据分组或信息帧。在各个路径段（即逻辑信道）上速率是可变的，这些逻辑信道链形成了虚拟连接。可见，虚拟连接采用的是无连接服务方式，如图 5.3.4 所示。

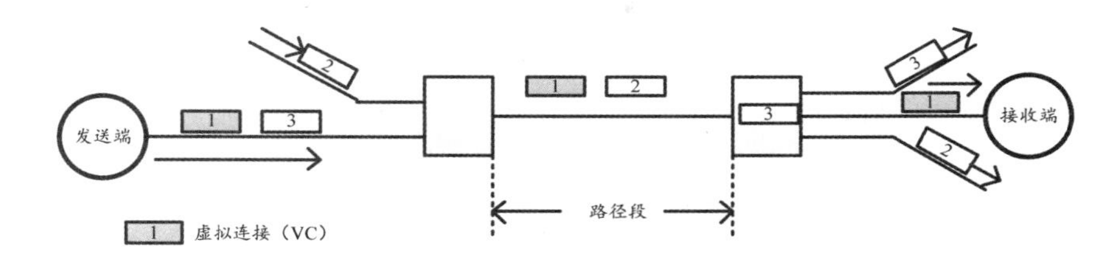

图 5.3.4　虚拟连接

根据交换设备采用的交换方式不同，交换技术可以分为电路交换、分组交换、快速分组交换、IP 交换和标记交换、软交换、光交换等，下面一一简要分析。

5.3.2　电路交换

电路交换是一种面向连接的服务技术，也就是必须利用信令在信息传输前建立连接，即建立信息传输的专用信道，所建立的信道带宽或速率是固定的。电路交换所建立的连接为物理连接。电路交换的处理过程包括三个阶段：呼叫建立、数据传输和呼叫释放。

电路交换基本原理示意图如图 5.3.5 所示，合法的网络用户拥有本网络唯一的地址信息，通过用户线连接到电路交换网中的不同交换节点，在信令及交换控制系统的作用下，任意两个用户之间以物理连接的方式建立连接，形成一条临时的带宽固定的专用信道。例如，用户 A 和用户 D 之间的链路连接是靠交换节点 1 和交换节点 2 来完成的，两个用户的数据分组或信息帧可以在此双向信道中传输，传输完毕后，用户发出释放连接信令，交换节点 1 和交换节点 2 收到释放连接信令后就把刚才建立起来的链路释放掉，将资源归还给网络，以备其他用户使用。

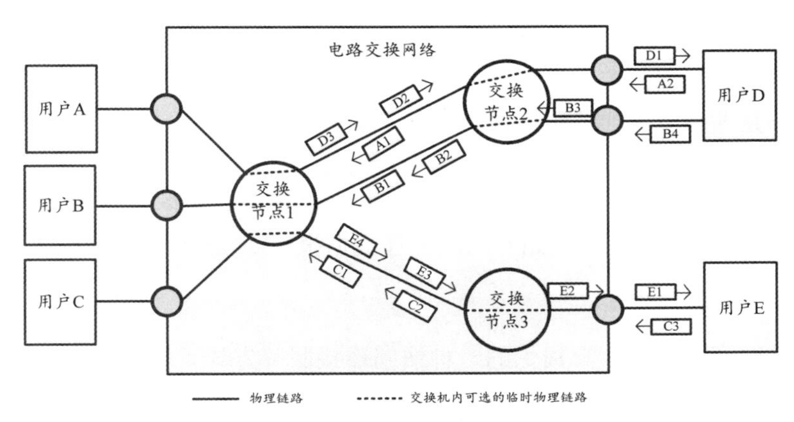

图 5.3.5　电路交换基本原理示意图

电路交换是一种应用广泛的交换方式，传统电话交换一直采用电路交换方式，数据交换也可以采用电路交换方式。

电路交换具有以下特点。

（1）电路交换是一种实时交换，适用于对实时性要求高的通信业务。

（2）电路交换是面向连接的交换技术。在通信前要通过呼叫为主叫、被叫用户建立一条物理连接。如果呼叫数超过交换机的连接能力，则交换机向用户发送忙音，拒绝接受呼叫请求。交换机的功能是在入口侧根据内部资源情况，决定接受或放弃新到达的呼叫，并对已处在通信中的每一个呼叫保证通信完整性。

（3）电路交换采用静态复用、预分配带宽并独享通信资源的方式。交换机根据用户的呼叫请求，为用户分配固定位置、恒定带宽（有线电话通信中通常是64kbit/s）的电路。当话路接通后，即使无信息传输，也需要占用话路。因此电路交换的链路利用率低，尤其是对突发业务来说。

（4）在数据传输期间，没有任何差错控制措施，控制简单，但不利于可靠性要求高的数据业务传输。

（5）在数据传输期间，没有或有很少的开销，传输效率高，实现技术简单，时延小。

5.3.3 分组交换

分组交换又叫作包交换，是在报文交换的基础上发展过来的，是数据通信网络中一种比较理想的交换方式，采用存储—转发的处理方式（报文交换的方式）。分组交换将用户信息分成若干个小的数据单元进行传输，数据单元称为分组或包。为了保证分组能够正确地传输到目的地，每个分组必须携带一个用于路由选择、流量控制、拥塞控制等地址和控制信息的分组头。分组交换可以多重使用传输路径，数据信息从一个节点传到另一个节点，节点须带有缓冲存储，链路连接方式可以是面向连接服务方式，也可以是无连接服务方式。分组交换是电路交换和报文交换结合的一种交换方式，综合了电路交换和报文交换的优点，并且缺点少。

分组交换的优点如下。

（1）选择的链路速率可变。

（2）和电路交换相比，链路利用率较高。

（3）可实现不同数据终端设备之间的分组多路通信。

（4）分组中可以增加额外的开销比特，实现路由选择、拥塞控制、差错控制等功能。

分组交换的缺点如下。

（1）用户传输的信息需要分组，增加了技术的复杂性。

（2）由于采用缓冲存储，数据信息的传输时延与链路负荷有较大的关系。

（3）每一个分组需要有控制等信息，带来了额外的开销，影响了链路的传输效率。

分组交换可提供虚电路（Virtual Circuit）和数据报（Datagram）两种服务方式。

1. 虚电路

虚电路是分组交换网向用户提供的一种面向连接服务方式。所不同的是，电路交换建立的是物理连接，而虚电路是逻辑连接，即在数据传输之前首先通过呼叫建立连接，工作过程类似于电路交换方式，也就是两个用户之间完成一次通信过程必须包括呼叫建立、数据传输和呼叫释放三个阶段。

虚电路工作原理：每个交换节点要预留虚拟路径以便选择，要有存储功能以便存储数据分组，当有连接请求时，查找连接表，找到准确的出口逻辑链路，读出并发送数据分组，对发出的数据分组进行顺序编号。若某数据分组出错则应能实现自动重传功能，若网络节点出现拥塞，则启动拥塞控制功能，协调发送端和接收端的传输速率。数据分组传输完毕，发送呼叫释放信令，相关的网络节点释放逻辑链路以供其他用户选择使用。虚电路的基本工作原理示意图如图 5.3.6 所示。

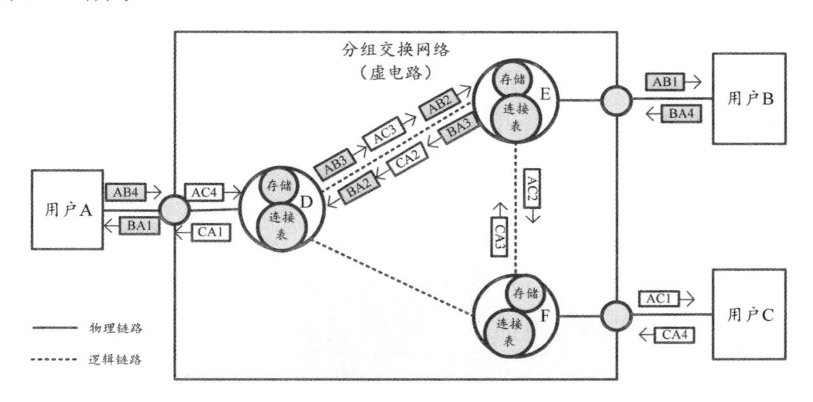

图 5.3.6　虚电路的基本工作原理示意图

图 5.3.7 所示为 A 和 B 两个终端用户进行数据传输时的时序关系，网络时延包括传输时延、排队时延、处理时延和传播时延，其中处理时延主要包括查询连接表时延。

虚电路方式的优点如下。

（1）数据接收端无须对分组重新排序，时延小。

（2）一次通信具有呼叫建立、数据传输和呼叫释放三个阶段。分组中不含终端地址，对数据量大的通信传输效率高。

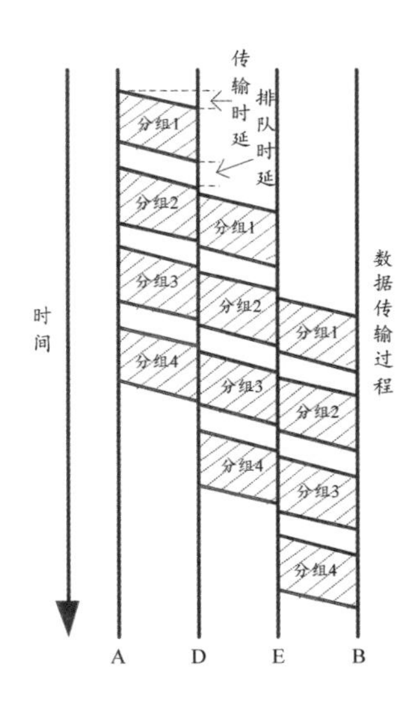

图 5.3.7　虚电路 A-B 间分组传输时序关系示意图

（3）分组交换意味着按分组纠错，若接收端发现错误，则只需要让发送端重传出错的分组，而不用将所有数据重传，这样就提高了通信效率。

（4）可为用户提供永久虚电路服务，在用户间建立永久性的虚连接，用户可以像使用专线一样方便。

虚电路方式的不足之处在于虚电路如果发生意外中断，则需要重新请求建立新的连接。

2. 数据报

数据报的处理过程与报文处理类似，采用无连接服务方式，每一个分组都当作独立的报文来处理。分组交换机根据网络当前的工作状态，为每一个分组选择传输路径，当一份报文被分成若干分组后，经过网络传输时可能会通过不同的路径，且以不同的次序到达目的地，接收端必须对收到的属于同一份报文的分组重新排序并重装。

数据报工作原理：发送端为用户要发送的数据分组添加必要的源地址和目的地址信息及序号，交换节点间的路径为公共资源，节点要有存储功能以便存储数据分组，当有用户数据分组到达节点时，解析分组头目的地址信息，查找路由表，找到准确的出口链路，读出并发送数据分组。接收端收到所有数据分组后按序号重排并实现重装，若某数据分组出错则应能实现自动重传功能，若网络节点出现拥塞，则启动拥塞控制功能，协调发送端和接收端的传输速率。

数据报的基本工作原理示意图如图 5.3.8 所示。数据报 A-B 间分组传输时序关系示意图如图 5.3.9 所示。

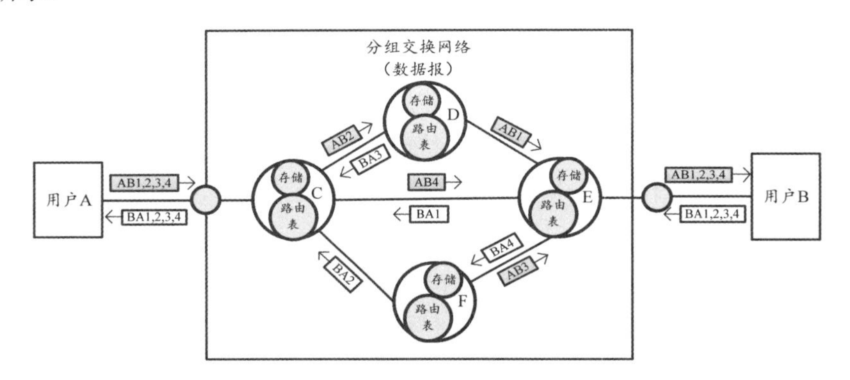

图 5.3.8 数据报的基本工作原理示意图

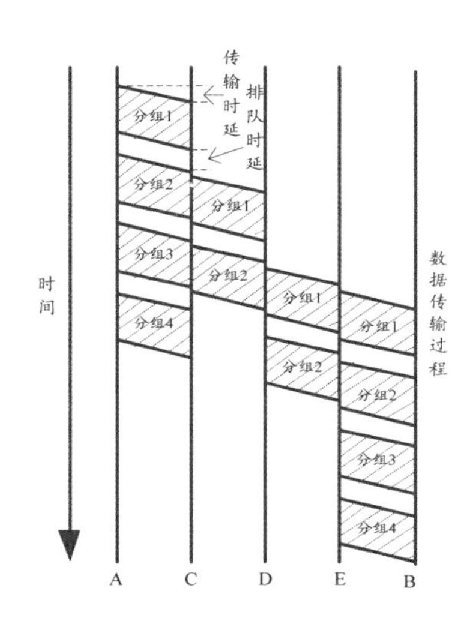

图 5.3.9 数据报 A-B 间分组传输时序关系示意图

数据报的好处在于对网络故障的适应能力强，对短报文的传输效率高；主要不足是离散度较大，时延相对较长。另外，由于数据报缺乏端到端的数据完整性和安全性，因此支持它的工业产品较少。

继分组交换之后，又出现了快速分组交换，主要包括 ATM 交换、帧中继、分布式队列双总线（DQDB）、交换式多兆位数据服务（SMDS）、宽带综合业务数字网（B-ISDN）等。

分组交换中存在为数据信息选择路由的方法，这部分内容将在第 7 章路由选择中专门分析。

5.3.4　快速分组交换

快速分组交换是指简化通信协议、提供并行处理能力，在接收一个帧的同时就将此帧转发的交换。快速分组交换大大提高了分组的处理能力，适用于高速网络。下面主要分析 ATM 交换和帧中继两种快速分组交换原理，二者的重要区别是：网络中传输的帧如果是固定的，则采用 ATM 交换，ATM 交换使用在网络中间的核心节点上；网络中传输的帧如果是可变的，则采用帧中继，帧中继主要考虑如何接入网络，因此使用在网络边界节点上。

1. ATM 交换

不同于 STM 的 ATM 是一种面向连接的快速分组交换技术，目标是提供一个大容量、低时延、高速率的复用和交换网络，从而支持语音、数据和视频应用等各种类型的用户业务。

ATM 交换是以分组交换传输模式为基础，融合电路交换传输模式高速化的优点发展而成的。ATM 交换克服了电路交换不能适应任意速率业务，难以导入未来新业务的缺点；简化了分组交换中的协议，并用硬件对简化的协议进行处理和实现；交换节点不用对信息进行差错控制，从而极大地提高了网络对通信信息的处理能力。

传输信道、虚路径（VP）和虚信道（VC）是 ATM 交换中的三个重要概念，三者之间的关系如图 5.3.10 所示。

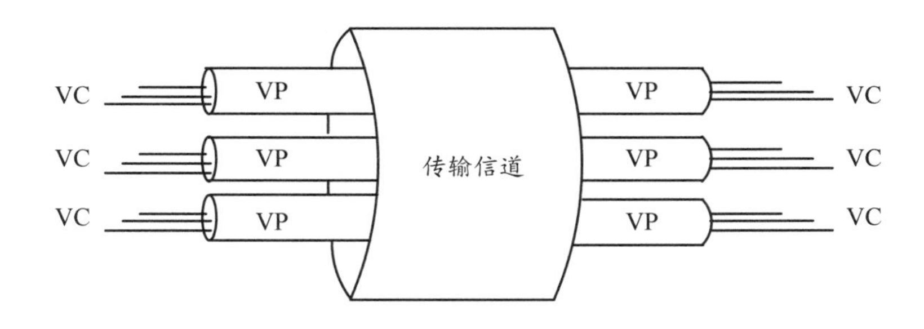

图 5.3.10　传输信道、VP 和 VC 关系示意图

在同一传输信道中，不同的 VP 拥有统一的编号，称为 VPI。在同一 VP 中，不同的 VC 拥有统一的编号，称为 VCI。数据分组就是利用这两个信息进行选路的。

在 ATM 网络中传输用户信息时将用户的业务流拆分或组装成 53 个字节的固定大小的信息单元，即信元（Cell），其中，5 个字节是信元头，48 个字节是净负荷。ATM 交换就是以信元为基础进行复用和交换等处理的。

每一个信元头中均有 VPI 字段和 VCI 字段，它们是信元选路的依据。这样，ATM 交换就包括 VP 交换和 VC 交换，如图 5.3.11 和图 5.3.12 所示。

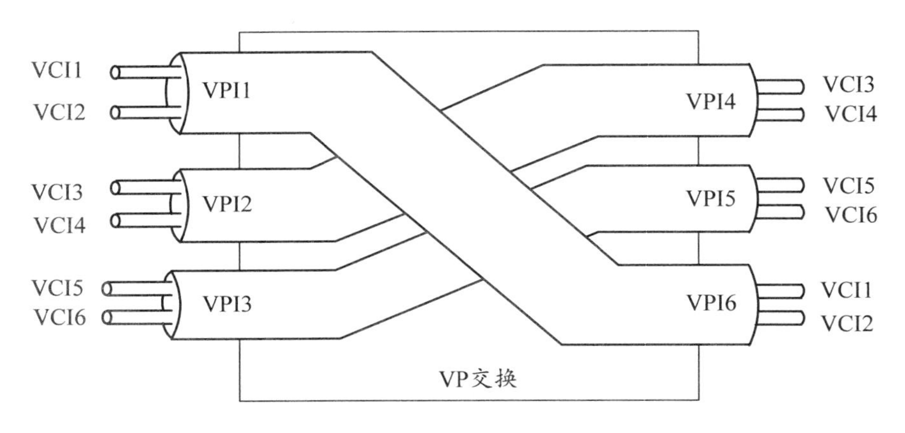

图 5.3.11 VP 交换示意图

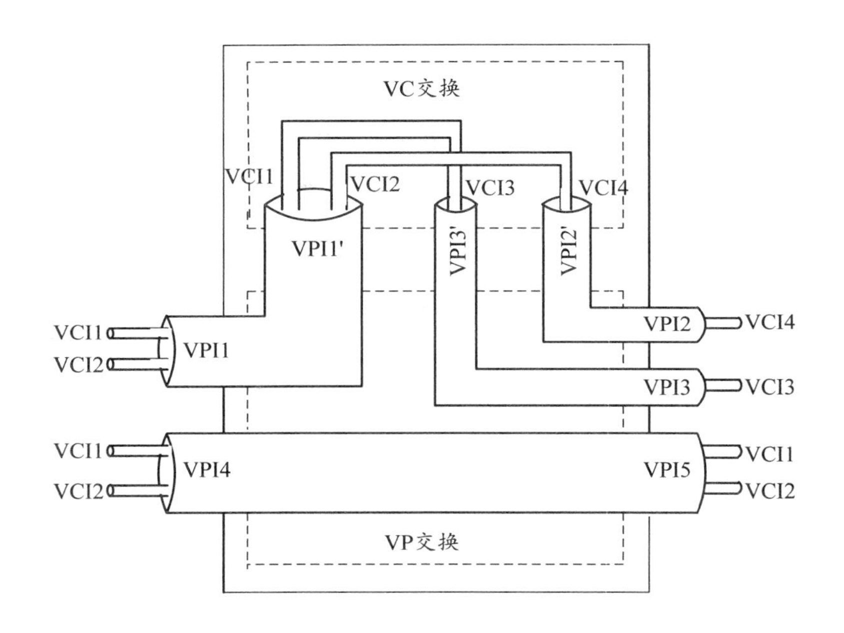

图 5.3.12 VC 交换示意图

图 5.3.13 所示为 ATM 交换原理示意图。入线逻辑信道通过信元头与链路翻译表，可以被交换到合适的出线逻辑信道。例如，入线 I_1 的逻辑信道 y 被交换到出线 O_2 的逻辑信道 i 上，入线 I_n 的逻辑信道 x 被交换到出线 O_1 的逻辑信道 n 上等。

ATM 交换过程包括如下几步。

（1）根据对每个呼叫建立的控制，把入线上的 VC 标记转换成相应出线上的 VC 标记。这项工作包括两个交换过程，一是路由选择，相当于空间“线路”交换；二是逻辑信道的交换，即将信元从一个 VPI/VCI 改换到另一个 VPI/VCI 上，实际操作是将信元从一个时隙改换到另一个时隙。

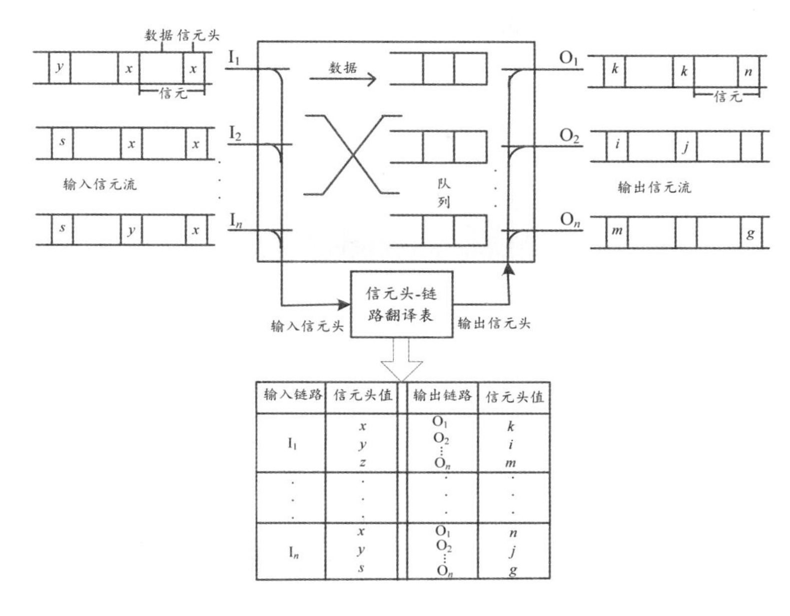

图 5.3.13　ATM 交换原理示意图

（2）把具有新信元头的信元存储到相应的出线的队列中。ATM 交换机必须有缓存，因为在工作时有可能出现这种情况：同一时刻多条入线的信元都要求到同一出线上，即产生了信道竞争利用，ATM 交换机当前时刻只能满足其中一个信元的要求，其余的信元要被丢弃。为防止这种情况出现而导致信元丢失，在 ATM 交换机内部要设置缓冲区供信元排队使用。

（3）从队列中取出该信元并把它送到出线的时隙中。ATM 的时隙是一种 53 个字节信元所占的时间单位，长度固定，可用高速的硬件电路来完成对信元头的识别和处理。

由此可知，路由选择、信元头翻译和信元排队是 ATM 交换的三个基本功能。这里我们只讲 ATM 交换原理，具体的技术实现可参考相关书籍。

ATM 交换作为宽带网络的信息传输与交换方式，是一种涉及信息的复用、交换和传输的技术，它克服了各种传输方式的缺点，能够适合任何类型的业务，不论速率高低、突发性大小、实时性要求和质量要求如何，它都能提供满意的服务。ATM 交换作为一种面向未来的高速网络技术，能在一个单一的网络主体上携带多种信息媒体，进行多种通信业务，是一种在电路交换和分组交换的基础上发展起来的通信技术，具有利用单一的网络提供语音、数据和视频等综合业务的能力。

为了实现高速交换，除采用 53 个字节固定长度的短信元实现硬件交换外，ATM 网络对信元内的用户净负荷不进行差错检测，也没有重传机制，而且信元头功能尽可能简单。ATM 网络以面向连接的方式提供端到端的信息通信服务，终端用户在通信之前必须通过呼叫过程建立连接，并按照所建立的路径顺序传输用户信息信元。

2．帧中继

1）帧中继概念

帧中继（FR）是在 OSI 参考模型第二层上用简化的方法传输和交换数据单元、基于 HDLC 的一种网络技术，由于在数据链路层的数据单元一般称作帧，故称为帧中继。

帧中继是在分组技术充分发展、早期的 X.25 分组交换的基础上，数字与光纤传输线路逐渐替代已有的模拟线路、用户终端日益智能化的条件下诞生并发展起来的。帧中继仅完成 OSI 参考模型中物理层和数据链路层的功能，将流量控制、差错纠错等留给智能终端去完成，大大简化了网络节点之间的协议；同时，帧中继采用虚电路技术，能充分利用网络资源，因此具有吞吐率高、时延小、适合突发性业务、较高的可靠性和灵活性等特点。作为一种承载业务，帧中继主要应用在广域网（WAN）中，支持多种数据型业务，如局域网（LAN）互连、文件传输、图像查询业务、图像监视等，但其传输速率不太高，一般为 0.064Mbit/s~2Mbit/s。

帧中继是一种快速分组技术，它采用动态分配传输带宽和可变帧长的技术，适用于处理突发性信息和可变长度帧的信息，曾经是局域网互连的良好选择，是解决用户需求较为经济有效的办法。

2）帧中继交换原理

帧中继原理示意图如图 5.3.14 所示，图中给出了本地帧中继一个终端送入网络一帧信息的过程。假定该帧中继终端连接到帧中继交换机端口 *m*，在呼叫建立时，就一个特定的 10 比特 DLCI（数据链路连接标识符，也是用户终端的地址信息）问题与网络达成了协定，并建立了一条虚连接。帧中继交换前的 DLCI 值用 *p* 表示，帧中继交换后的 DLCI 值用 *q* 表示，且 DLCI 值仅具有本地意义。

当帧中继交换机接收到该帧时，首先，使用帧尾的 2 字节 FCS（帧校验字段）检查是否有传输错误，若有误，则丢弃；然后，查看帧长是否合适，DLCI＝*m* 分配了没有；最后，查看路由选择检查表，以确定输出链路号。根据路由选择检查表，由端口 *m* 输入的 DLCI=*p* 的帧，应在端口 *n* 上送出，其帧的新标识 DLCI=*q*。由此可见，DLCI 改变了，故在发送该帧之前，需要重新计算 FCS。从呼叫建立时起，沿途所有帧中继交换机的路由表皆形成了如图 5.3.14 所示的登录项。因此，帧通过网络向前交换并传输，直到最后到达目的终端，所经历的每条链路上皆取一个各不相同的 DLCI 值。

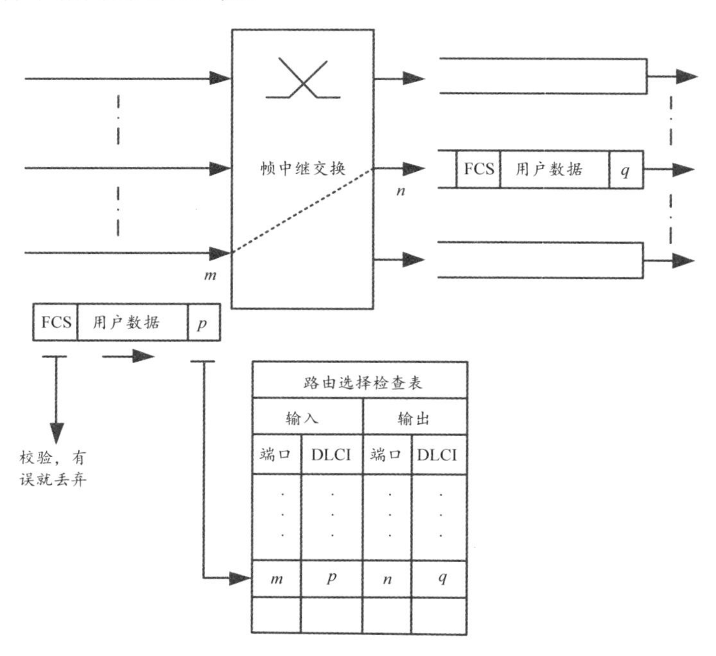

图 5.3.14 帧中继原理示意图

图 5.3.14 给出一个方向上的传输，在另一个方向上的传输可用同样方式取得。事实上，帧中继的优点之一，就是两个方向的传输是独立进行的，且可被配置成不同的通过率。若想建立另外的虚连接，则它们应被赋予不同的 DLCI 值，交换机将独立地对它们进行处理和选择路由。

总之，帧中继交换与传输使用 HDLC 标识帧的开始和结束；使用 0 比特插入和删除的方法防止帧内出现标识字符；使用帧校验字符 FCS 检测传输错误；需要检测帧的长度，在必要时需要检查帧中其他参数是否有效；使用 DLCI 对不同的虚连接进行复用和解复用。

5.3.5　IP 交换、标记交换及多协议标记交换

前面讨论的 ATM、帧中继属于第二层（数据链路层）交换，IP 交换（IP Switching）、标记交换（Tag Switching）及多协议标记交换（MPLS）则属于第三层（网络层）交换，第三层交换并非只用第三层，而将第三层的路由选择与基于硬件的 ATM 第二层交换技术结合起来，或者说在路由器网络中引入交换结构，兼有第二层交换的快速性和第三层交换的灵活性，可以实现用更加经济的方式扩充网络规模的目的，同时可以更好地提高 IP 网络的服务质量（QoS）。

1. IP 交换

1996 年美国 Ipsilon 公司提出了一种专门用于在 ATM 网上传输 IP 分组的技术，称为 IP 交换。它只对数据流的第一个数据分组进行路由地址处理，按路由转发，随后按已计算的路由在 ATM 网上建立虚电路（VC）。以后的数据分组沿着 VC 以直通（Cut-Through）方式进行传输（也称流交换技术，而局域网中的第三层交换设备路由器在工作时，采用逐分组拆分并重装的交换技术来实施），不再经过路由器，从而将数据分组的转发速度提高到第二层交换机的速度。IP 交换基于 IP 交换机，可被看作由 IP 路由器和 ATM 交换机组合而成，其中的 ATM 交换机去除了所有的 ATM 信令和路由协议，并受 IP 交换控制器的控制。IP 直接控制 ATM 硬件，克服了 ATM 传输 IP 的某些缺陷，提高了 ATM 传输 IP 分组的效率。IP 交换机结构示意图如图 5.3.15 所示。

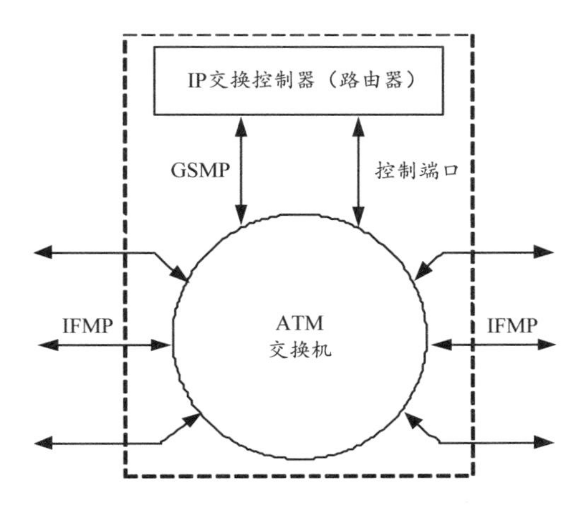

图 5.3.15　IP 交换机结构示意图

IP 交换控制器执行标准的 IP 选路协议和标准的 IP 转发机制，并与邻接交换机交换 Ipsilon

流管理协议（IFMP）信息，包括与通用交换机管理协议（GSMP）主控制点、ATM 交换机中的 GSMP 辅控制点进行通信；ATM 交换机受控于 IP 交换控制器，提供 ATM 直通连接。

IP 交换机的工作原理可分为如下四个阶段。

1）对默认信道上传来的数据分组进行存储转发

在系统开始运行时，IP 数据分组被封装在信元中，通过默认信道传到 IP 交换机。封装了 IP 分组数据的信元到达 IP 交换控制器后，被重新组合成 IP 数据分组，在第三层按照传统的 IP 选路方式，进行存储转发，再被拆成信元在默认信道上进行传输。

2）向上游节点发送改向消息

在对从默认信道传来的分组进行存储转发时，IP 交换控制器中的流判识软件要对数据流进行判识，以确定是否建立 ATM 直通连接。对于连续的、业务量大的数据流采用 ATM 交换式传输，对于持续时间短的、业务量小的数据流采用传统 IP 存储转发方式。当需要建立 ATM 直通连接时，则从该数据流输入的端口上分配一个空闲的 VCI，并向上游节点发送 IFMP 的改向消息，通知上游节点将属于该数据流的 IP 数据分组在指定端口的 VC 上传输到 IP 交换机。上游 IP 交换机收到 IFMP 的改向消息后，开始把指定流的信元在相应 VC 上进行传输。

3）收到下游节点的改向消息

在同一个 IP 交换网内，各个交换节点对流的判识方法是一致的，因此 IP 交换机会收到下游节点要求建立 ATM 直通连接的 IFMP 改向消息，改向消息含有数据流标识和下游节点分配的 VCI。随后，IP 交换机将属于该数据流的信元在此 VC 上传输到下游节点。

4）在 ATM 直通连接上传输分组

当 IP 交换机检测到数据流在输入端口指定的 VCI 上传输过来，并受到下游节点分配的 VCI 后，IP 交换控制器通过 GSMP 消息指示 ATM 控制器，建立相应输入和输出端口的入出 VCI 的连接，这样就建立起 ATM 直通连接，属于该数据流的信元就会在 ATM 直通连接上以 ATM 交换机的速度在 IP 交换机中转发。

这种基于数据流驱动的 IP 交换特点如下。

由于 IP 交换机把输入的业务流分成两大类，节约了建立虚电路的开销，因此提高了效率。

IP 交换只支持 IP 协议，其效率依赖于用户业务环境。对于大多数持续时间长、业务量大的用户业务数据流，能获得较高的效率；但对于持续时间短、业务量小、呈突发分布的用户业务数据流，效率较低，此时只相当于中等速度的路由器。

2．标记交换

标记交换（Tag Switching）是由 Cisco 公司提出的基于传统路由器的 ATM 承载 IP 技术，它将第二层交换技术和第三层选路技术结合，没有脱离路由器技术，在一定程度上将数据传输从路由变为交换，提高了传输效率。用标记替换 IP 地址，长度缩短，标记的创建和分发与特定业务流的到达无关，而是依据反映网络拓扑变化的选路控制协议的更新信息的。标记交换可以在不同的低层协议上使用，即不受限于使用 ATM 技术；支持多种上层协议，即不仅仅转发 IP 业务。

实际上，数据通信网从传统的 X.25 到帧中继再到 ATM，所采用的交换技术都可以称为“标记交换”技术。在 X.25 网络中，标记被称为逻辑信道号，在帧中继网络中被称为 DLCI，在 ATM 网络中被称为 VPI/VCI。但是这些“标记交换”都是应用于面向连接的业务，在完成端到端的逻辑链路建立之后，其“标记”与目的地址之间的捆绑关系也就确定了，之后的数据分组依“标记交换”的方式沿着逻辑链路逐次传输。

而标记交换是面向无连接的业务的，这是与传统网络用“标记”进行交换的根本区别。

标记交换原理可分为以下三步。

（1）将边缘路由器传输过来的输入帧的第三层地址映射为简单的标记，之后把有标记的帧转化为 ATM 信元。

（2）ATM 信元会被映射到虚电路上，到达网络核心 ATM 交换机后进行 ATM 交换，与该 ATM 交换机相连的 IP 交换控制器（路由器）负责保存标记信息，并形成标记信息库（路由表），用来查找第三层路由信息。

（3）标记信元到达目的路由器后，目的路由器去掉信元标记，将信元变成数据帧，并把数据帧送往目的终端，从而完成标记交换。

标记交换用简单的二层标记表查询，替换了标准的三层路由表查询。标记是短且长度固定的数字，只具有本地意义，用标记替换 IP 地址，可采用硬件查询，简化了转发功能，提高了转发效率。图 5.3.16 所示为基于标记进行交换的过程示意图。

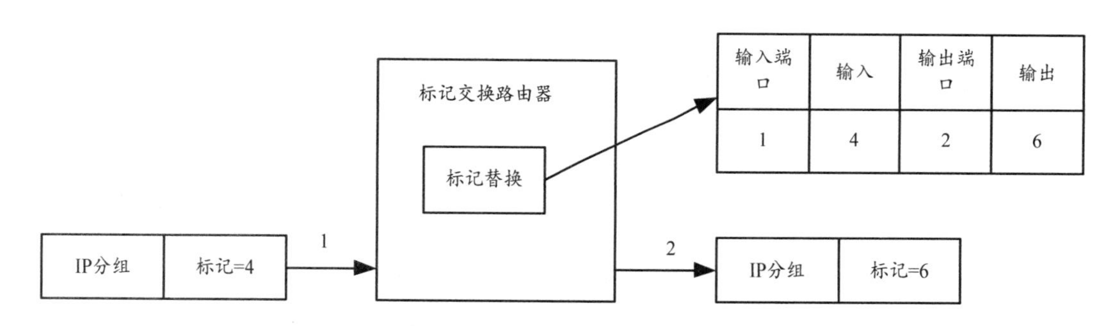

图 5.3.16　基于标记进行交换的过程示意图

传统路由器网络针对不同的业务特性提供了不同的转发方式。例如，单播业务要求进行最长目的地址匹配，组播业务要求对源和目的地址都匹配，特定业务类型的单播还要求对业务类型字段进行精确的匹配。而标记交换提供单一方式满足不同业务特性的要求，只要求对标记进行匹配，因此在引入新的网络层控制功能或网络层变化时，不必对现有的转发通路进行修改，可保护现有投资。边缘设备仍需要在第三层转发分组，且支持网络层的改进。

3．MPLS

MPLS 起源于 IPv4（Internet Protocol version 4），其核心技术可扩展到多种网络协议，包括 IPX、Appletalk、DECnet、CLNP 等。MPLS 中的“Multiprotocol”指的就是支持多种网络协议，目前支持 IPv4 和 IPv6（Internet Protocol version 6）。

MPLS 是 IP 高速骨干网络交换标准，由因特网工程任务组（IETF）提出。MPLS 最初是为了提高转发速度而提出的。与传统 IP 路由方式相比，MPLS 在转发数据时，只用在网络边缘分析 IP 报文头，而不用在每一跳都分析 IP 报文头，从而节约了处理时间。

MPLS 作为一种分类转发技术，将具有相同转发处理方式的分组归为一类，称为转发等价类 FEC（Forwarding Equivalence Class）。相同转发等价类的分组在 MPLS 网络中将获得完全相同的处理。

MPLS 传输与交换的基本思想与标记交换类似，但又有不同。MPLS 是利用标记进行数据转发的。当分组进入网络时，要为其分配固定长度的短的标记，并将标记与分组封装在一起，在整个转发过程中，交换节点仅根据标记进行转发。

MPLS独立于第二层和第三层协议，就像ATM 和IP。MPLS提供了一种方式，将IP地址映射为简单的具有固定长度的标记，用于不同的分组转发和分组交换技术。MPLS是现有路由和交换协议的接口，如IP、ATM、帧中继、资源预留协议（RSVP）、开放最短路径优先（OSPF）等。

MPLS 采用层次化结构路由的概念，主要用来解决网路问题，如网路速度、可扩展性、服务质量（QoS）管理及流量工程，同时为下一代IP 中枢网络解决宽带管理及服务请求等问题。

1）MPLS的数据封装及标记结构

图5.3.17所示为MPLS数据封装及标记结构示意图。MPLS标记位于第二层和第三层之间，因此可以应用在任何数据链路层协议之上。在采用层次化路由时，MPLS 标记条目会有多条，形成标记栈。

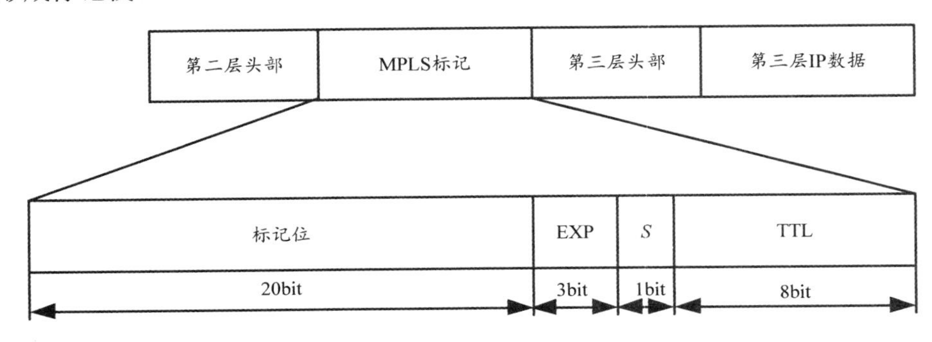

图5.3.17 MPLS数据封装及标记结构示意图

标记位：传输标记实际值。当接收到一个标记数据分组时，可以查出栈顶部的标记值，并且系统知道：①数据分组将被转发的下一跳；②在转发之前标记栈上可能执行的操作，如返回到标记进栈顶入口同时将一个标记压出栈，或者返回到标记进栈顶入口同时将一个或多个标记推进栈。

EXP：优先级，用来表示0～7的报文优先级字段。

S：栈底，用来标记栈中最后进入的标记位置。*S*值为1表明此为最底层标记。这个字段表明了MPLS的标记在理论上可以无限嵌套，从而提供无限的业务支持能力。这是MPLS技术的最大魅力。

TTL：生存期字段，用来对生存期值进行编码。与IP报文中的TTL值功能类似，此处的TTL值同样提供一种防循环机制。

2）MPLS网络结构

在MPLS网络结构中，控制平面（Control Plane）之间基于无连接服务，利用现有IP网络实现。利用控制平面，MPLS拥有IP网络强大灵活的路由功能，可以满足各种新应用对网络的要求。转发平面（Forwarding Plane）也称为数据平面（Data Plane），是面向连接的，可以使用ATM、帧中继等第二层网络，MPLS使用短而定长的标记封装分组，在转发平面实现快速转发。

在MPLS网络结构中，数据传输发生在标记交换路径（LSP）上。LSP是每一个沿着从源端到终端的路径上的节点的标记序列。

图 5.3.18 所示为 MPLS 网络结构示意图。MPLS 网络是指由运行 MPLS 协议的交换节点构成的区域。这些交换节点就是 MPLS 标记交换路由器，按照在 MPLS 网络中所处位置的不同，可划分为 MPLS 标记边缘路由器（LER）和 MPLS 标记核心路由器（LSR）。LER 位于 MPLS 网络边缘与其他网络或用户相连；LSR 位于 MPLS 网络内部。两类路由器的功能因其在网络中位置的不同而略有差异。

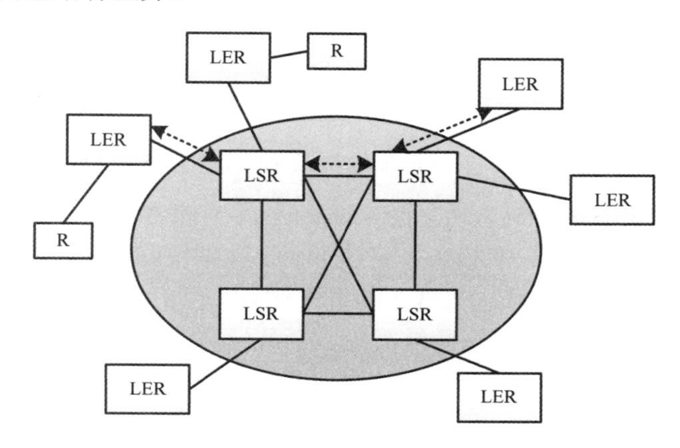

图 5.3.18　MPLS 网络结构示意图

LSR 在转发平面只需要进行标记分组的转发；LER 在转发平面不仅需要进行标记分组的转发，还需要进行 IP 分组的转发。前者使用标记转发表 LFIB，后者使用传统转发表 FIB。

R 为网络普通路由器，在 ATM 网络中，LSR 与 LER 之间、LSR 与 LSR 之间依然需要运行路由协议，获取网络拓扑信息，建立交换路径。

3）MPLS 交换原理

MPLS 交换采用面向连接的工作方式，因此要经过以下三个阶段：建立连接、数据传输和拆除连接。对于 MPLS 来说，建立连接就是形成标记交换路径（LSP）的过程；数据传输就是数据分组沿 LSP 进行转发的过程；拆除连接则是通信结束或发生故障异常时释放 LSP 的过程。

建立连接：

（1）驱动连接建立的方式。

MPLS 技术支持三种驱动虚连接建立的方式：拓扑驱动、请求驱动和数据驱动。

（2）标记分配。

（3）连接建立过程。

（4）MPLS 路由方式。

数据传输：

MPLS 网络的数据传输采用基于标记的转发机制。

（1）入口 LER 的处理过程。

当数据流到达入口 LER 时，入口 LER 需要完成三项工作：将数据分组映射到 LSP 上；将数据分组封装成标记分组；将标记分组从相应端口转发出去。

（2）LSR 的处理过程。

LSR 从标记栈中获得标记值，用标记值索引 LFIB 表，找到对应表项的输出端口和输出标记，用输出标记替换输入标记，从输出端口转发出去。

（3）出口 LER 的处理过程。

出口 LER 为数据分组在 MPLS 网络中历经的最后一个节点，所以出口 LER 要进行相应的弹出标记等操作。

拆除连接：

因为 MPLS 网络中的虚连接，也就是 LSP 路径是由标记所标识的逻辑信道串联而成的，所以连接的拆除也就是标记的取消。

5.3.6 软交换

软交换的概念起源于美国。当时，在企业网络环境下，用户采用基于以太网的电话，通过一套基于 PC 服务器的呼叫控制软件（Call Manager、Call Server）实现 PBX（用户级交换机）功能（IP PBX）。对于这样一套设备，系统不需单独铺设网络，而只通过与局域网共享就可实现管理与维护的统一，综合成本远低于传统的 PBX。由于企业网络环境对设备的可靠性、计费和管理要求不高，主要用于满足通信需求，设备门槛低，许多设备商都可提供此类解决方案，因此 IP PBX 应用获得了巨大成功。受到 IP PBX 成功的启发，为了提高网络综合运营效益，网络的发展更加趋于合理、开放，以更好地服务用户。业界提出了这样一种思想：将传统的交换设备部件化，分为呼叫控制与媒体处理，二者之间采用标准协议，如媒体网关控制协议（MGCP）且主要使用纯软件进行处理，于是，软交换（Soft Switch）技术应运而生。

据国际软交换论坛 ISC 的定义，软交换是基于分组网利用程控软件提供呼叫控制功能和媒体处理功能分离的设备和系统。因此，软交换的基本含义是将呼叫控制功能从媒体网关（传输层）中分离出来，通过软件实现基本的呼叫控制，从而实现呼叫传输与呼叫控制的分离，为控制、交换和软件可编程功能建立分离的平面。软交换主要提供连接控制、翻译选路、网关管理、呼叫控制、带宽管理、信令、安全性和呼叫详细记录等功能。与此同时，软交换将网络资源、网络能力封装起来，通过标准开放的业务接口和业务应用层相连，可方便地在网络上快速提供新的业务。

软交换技术是下一代网络（NGN）的核心技术，为下一代网络具有实时性要求的业务提供呼叫控制和连接控制功能。软交换技术独立于传输网络，主要完成呼叫控制、资源分配、协议处理、路由、认证、计费等主要功能，同时可以向用户提供现有电路交换机所能提供的所有业务，并向第三方提供可编程能力。

软交换技术是一个分布式的软件系统，可以在基于各种不同技术、协议和设备的网络之间提供无缝的互操作性，其基本设计原理是设法创建一个具有很好的伸缩性、接口标准性、业务开放性等特点的分布式软件系统，该系统独立于特定的底层硬件/操作系统，并能够很好地处理各种业务所需要的同步通信协议，并且应该有能力支持下列基本要求。

（1）独立于协议和设备的呼叫设备的呼叫处理和同步会晤管理应用的开发。

（2）在软交换网络中能够安全地执行多个第三方应用而不存在由恶意或错误行为的应用引起的任何有害影响。

（3）第三方硬件销售商能增加支持新设备和协议的能力。

（4）业务和应用提供者能增加支持全系统范围的策略能力而不会危害其性能和安全。

（5）有能力进行同步通信控制，以支持包括账单、网络管理和其他运行支持系统的各种各样的后营业室系统。

（6）支持运行时间捆绑或有助于结构改善的同步通信控制网络的动态拓扑。

（7）具有从小到大的网络可伸缩性和支持彻底的故障恢复能力。

软交换的目标是在媒体设备和媒体网关的配合下，通过计算机软件编程的方式来实现对各种媒体流的协议转换，并基于分组网络（IP/ATM）的架构实现 IP 网、ATM 网、PSTN 网等的互连，以提供和电路交换机具有相同功能并便于业务增值和灵活伸缩的设备。

广义的软交换是指以软交换设备为控制核心的分布式网络结构，如图 5.3.19 所示，主要包括媒体接入层、传输服务层、控制层、业务应用层。狭义的软交换是指图 5.3.19 中控制层中的软交换设备，即媒体网关控制器（Media Gateway Control，MGC）、呼叫服务器。软交换设备将呼叫控制功能从网关中分离出来，利用 IP/ATM 核心分组网代替交换矩阵，使用户通过各种接入设备连接到 IP/ATM 核心分组网完成交换。

媒体接入层主要完成各类用户的接入，通过各类网关完成各种不同种类终端用户协议、信令的转换，以便基于 IP/ATM 核心分组网进行分组的转发。

传输服务层承载软交换网络所有业务和媒体，核心技术主要有 TDM、IP、ATM 或 MPLS 等。

控制层是软交换网络呼叫控制引擎，该层主要是软交换设备或 MGC，并由它们控制网络底层元素实现端到端的连接和业务流的处理。

业务应用层主要由业务控制点、功能服务器、应用服务器和策略服务器组成。业务控制点负责在呼叫建立的基础上提供各种增值业务，控制相应的网络管理和服务；功能服务器提供业务的验证、鉴权和计费服务功能；应用服务器主要利用软交换设备提供的标准应用编程接口实现业务创建和维护；策略服务器主要完成资源接入和使用规则的管理功能。

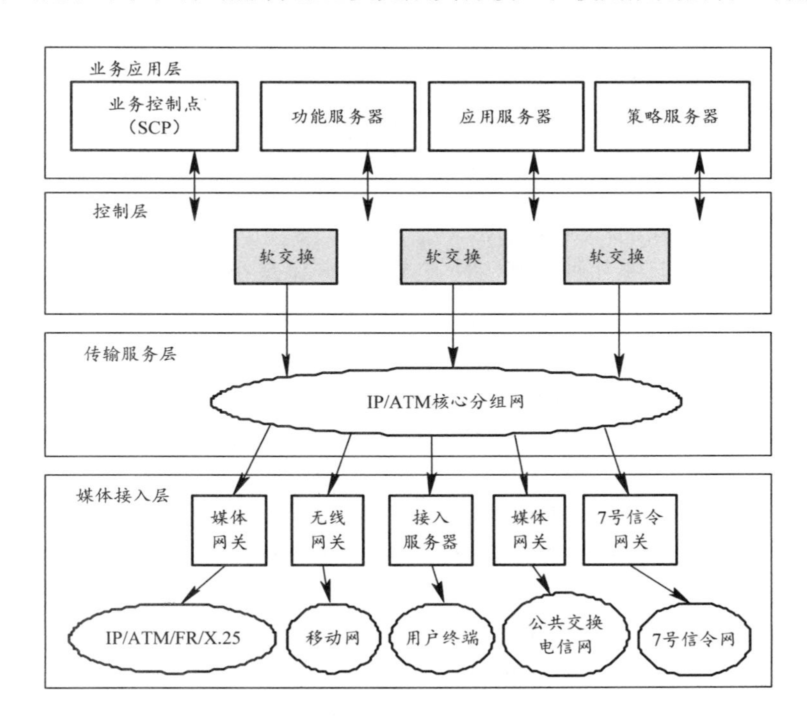

图 5.3.19　软交换网络分层体系结构示意图

5.3.7 光交换

通信网络业务流量不断增长，这就要求网络能提供越来越宽的带宽。为了满足业务对带宽的需求，采用波分复用（WDM）技术对已铺设的光纤线路进行扩容是一个较好的选择，然而在网络节点仍需要光/电转换、电/光转换和电信号处理。受到光/电转换器件响应时间及数字交叉连接（DXC）、上/下路复用（ADM）设备本身带宽的限制，形成了网络节点的电子速率“瓶颈”，克服电子“瓶颈”的办法是直接进行光信号处理，即建设全光通信网。

在全光通信网中，用户与用户之间的传输和交换全部采用光波技术，即从源节点到目的节点的传输过程都在光域中进行，网络节点采用高可靠性、大容量和高度灵活的光交换设备。采用光交换方式，除可以减少光/电转换的损伤外，还可以免去电子器件的速度对电交换速率的限制，从而提高信号的交换速度。

光交换可以分为自由空间交换、空分交换、时分交换、波分交换及它们的复合方式交换等。受到光存储与读取、光控制等技术限制，光交换技术正处于发展时期。

本章小结

本章重点讨论了通信网络的两个重要原理：传输原理与交换原理。传输原理部分主要讨论了传输媒质、组帧方法、同步传输与异步传输及传输复用技术，在此基础上，进一步探讨了传输链路差错控制技术，包括差错检测和差错纠错技术；交换原理部分分析了交换原理与实现，进一步讨论了电路交换、分组交换、快速分组交换、IP 交换及标记交换技术，简单介绍了软交换技术和光交换技术。

思考题

1．分析导向传输媒质的种类及用途。

2．常用的组帧技术有哪几种？哪一种方式传输开销最小？

3．接收机收到了以下一个采用十六进制格式表示的字符串：C0 C0 10 36 87 DB DC DB DC DC DD DB DD C0 7C 8D DC DB DC C0，试根据 SLIP 帧格式恢复出接收的帧。

4．某一数据通信系统采用 CRC 校验，生成多项式 $G(X)$的二进制比特串为 11001，目的节点接收到的二进制比特串为 110111001（含 CRC 校验码），请判断传输过程中是否出现差错，为什么？

5．有一比特串 0110111111111100 用 HDLC 协议，经过 0 比特填充后会变成怎样的比特串？若接收端收到的 HDLC 帧的数据部分为 0001110111110111110110，则删除发送端加入的 0 比特后会变成怎样的比特串？

6．计算机 B 收到计算机 A 发送的如下的二进制比特串。

1100， 1111， 1100， 1100， 0110， 0110， 1101， 1001， 0101，
0110， 0010， 0000， 0000， 1111， 1101， 1111， 1011， 1111，
0001， 1001， 1010， 0011， 0110， 0101， 0101， 1000， 1000，
0000， 0011， 1111， 0101 问：

（1）计算机 A 一共发送了几帧？

（2）其中哪几帧是发送给 B 的？

（3）在传输中有没有发生错误的帧？如有，是哪几帧？

（4）计算机 B 刚收到的是计算机 A 发的第几帧？

（5）计算机 A 已经正确收到计算机 B 的哪些帧？

注：HDLC 采用的 $G(x)$ 是 $G(x)=x^{16}+x^{15}+x^2+1$。计算机 B 的硬件地址是 01100011。

（参考答案：2 帧；第 1 帧；有，第 1、2 帧；第 4 帧；第 0、1、2、3、4、5 帧）

7．令 $g(D)=D^4+D^2+D+1$，$S(D)=D^3+D+1$，求 $\dfrac{D^4S(D)}{g(D)}$ 的余数。

8．请简单说明 ARQ 协议可以用于流量控制的原因。

9．一条双向对称无误码的传输链路，链路传输速率为 64kbit/s，单向传播时延为 15ms，假设数据帧长为 3200bit，确认帧长为 128bit，采用停等式 ARQ 协议，忽略处理时延，问：

（1）在仅有单向数据传输业务的情况下，在 820s 内最多可以传输多少个数据帧？

（2）如果双向都有业务传输，且应答帧的传输只能跟在反向数据帧的尾部，则在 820s 内最多可以传输多少个数据帧？

（3）若采用返回式 n-ARQ 协议（n=3），重新计算（1）和（2）的结果。

10．什么是同步传输？什么是异步传输？二者有什么区别？

11．分析传输复用的基本原理。

12．何为面向连接的服务方式？何为无连接的服务方式？二者有何区别？

13．分析电路交换的基本原理及特点。

14．分析分组交换的基本原理及特点。

15．在 ATM 系统中什么是虚路径？什么是虚信道？二者之间有什么联系？

16．简述 IP 交换的基本原理。

第 6 章　多址接入

多址接入讨论的是利用多址接入协议赋予每一个用户不同的信息特征以区分不同的用户，来解决多个用户高效共享一个物理链路、实现对物理资源控制的问题。从信号角度来看，只要两两用户信号遵循正交原理，即当$\int_0^T x_i(t)x_j(t)\mathrm{d}t = 0$，$i \neq j$成立时，不同用户的信号就可以从信道中解调出来，如实用中的频分多址、时分多址和码分多址。从协议角度来看，多址接入利用数据链路层协议，高效率地控制和利用正交的物理信道。这样看来，实现以上目的的技术不仅包含静态多址接入协议，还包含动态多址接入协议和预约式多址接入协议。

在动态多址接入协议中，多个用户竞争利用信道可能会出现频繁的碰撞，导致信道传输效率低下，而改进动态多址接入协议、优化算法、提高传输效率，一直是人们努力的方向。

本章首先介绍多址接入协议的基本概况，然后简单分析静态多址接入协议概念及性能，重点讨论随机多址接入协议及性能，最后讨论冲突分解方法和原理。

6.1　概述

多址接入是网络通信的关键技术之一，在现代通信中有着至关重要的作用，其最终目的是实现各用户平滑接入网络并实现用户相互之间的通信，为此必须采取某种手段将处于不同地点的多个用户有效接入一个公共传输媒质。由此看来，多址接入是将有限的通信资源进行恰当切割并合理分配给多个用户的一种重要方法。需要注意的是，在保证多个用户之间通信质量的同时，多址接入应尽可能地降低系统的复杂度并保证系统有较高的用户容量、较大的吞吐率和较低的时延。

6.1.1　MAC 层

从分层协议体系结构的角度来看，多址接入技术实际上是在数据链路层中实现的。实现多址接入的控制层次称为媒质接入控制子层（Medium Access Control，MAC），MAC 层在通信协议体系中的位置如图 6.1.1 所示。MAC 层处于逻辑链路控制子层（LLC）下方，物理层上方。MAC 层将有限的资源分配给多个用户，从而在众多用户之间实现公平、有效地共享有限的带宽资源；实现各用户之间良好的连通性，获得尽可能高的系统吞吐率及尽可能低的系统时延。LLC 层为节点提供了到其邻居节点的“链路”，而如何协调本节点和其他节点有效地共享带宽资源，是 MAC 层的主要功能。

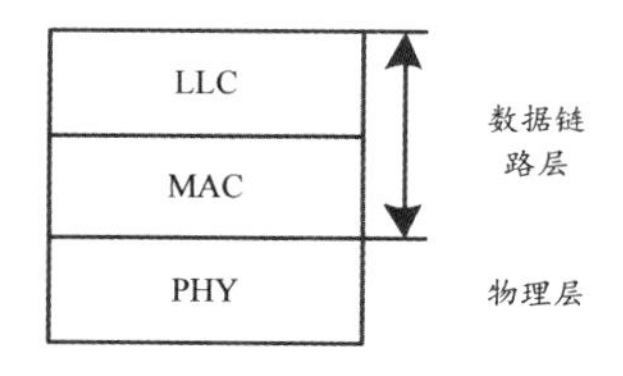

图 6.1.1　MAC 层在通信协议体系中的位置

6.1.2　多址接入协议的分类

多址接入协议主要分为静态多址接入协议、动态多址接入协议和预约式多址接入协议，其中动态多址接入协议又可以分为随机多址接入协议和受控访问多址接入协议。静态多址接入是指在用户接入信道时，专门为其分配一定的信道资源（如频率、时隙、码字或空间），用户独享该资源，直到通信结束。动态多址接入是指用户可以按照实时业务需求接入信道。随机多址接入可能不会顾及其他用户是否在传输。当信道中同时有多个用户接入时，他们在信道资源的使用上就会发生冲突（碰撞）。因此，对于有竞争的多址接入协议如何解决冲突，从而使所有碰撞用户都可以成功进行传输是一个非常重要的问题。受控访问多址接入是指各个用户不能随意接入信道，而必须服从一定的控制，或者设法形成分布式队列来协调分散在各地的用户发送数据。预约式多址接入协议主要应用在信道资源比较紧张的环境中，如卫星通信系统。多址接入协议的分类如图 6.1.2 所示。

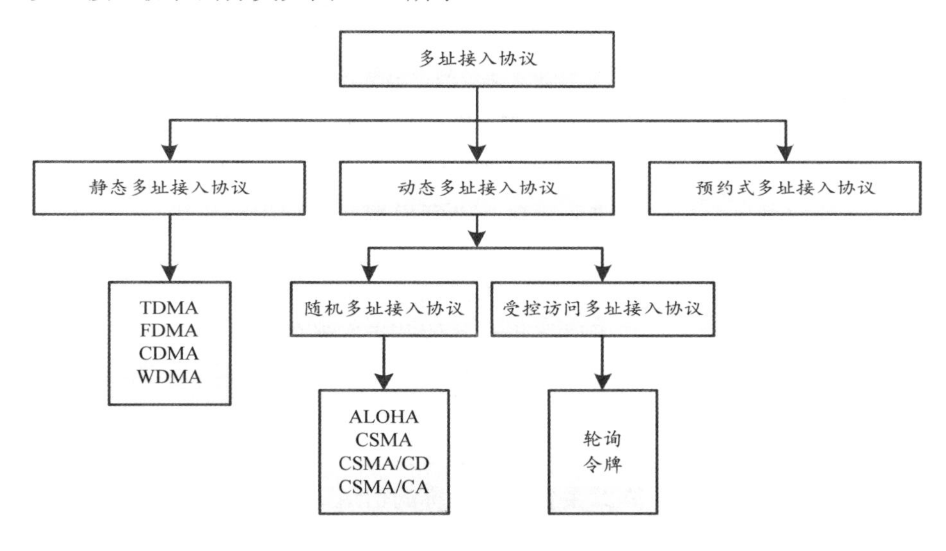

图 6.1.2　多址接入协议的分类

6.1.3　系统模型

多址通信系统是多个用户共同利用信道的系统，该系统有多个输入而仅有一个输出，所以从排队论的观点出发，多址信道可以看成一个多进单出的排队系统。每一个节点都可以独立地产生分组，信道则相当于服务员，它要为各个队列服务。由于各个排队队列是相互独立的，各个节点无法知道其他队列的情况，服务员也不知道各个队列的情况，所以增加了系统的复杂性。如果可以通过某种措施，使各个节点产生的分组在进入信道之前排列成一个总的队列，然后由信道来服务，则可以有效地避免分组在信道上的碰撞，大大提高信道的利用率。图 6.1.3（a）所示为多址接入协议的一般等效模型，图 6.1.3（b）所示为多址接入协议的理想等效模型，即 M/M/1 排队模型。

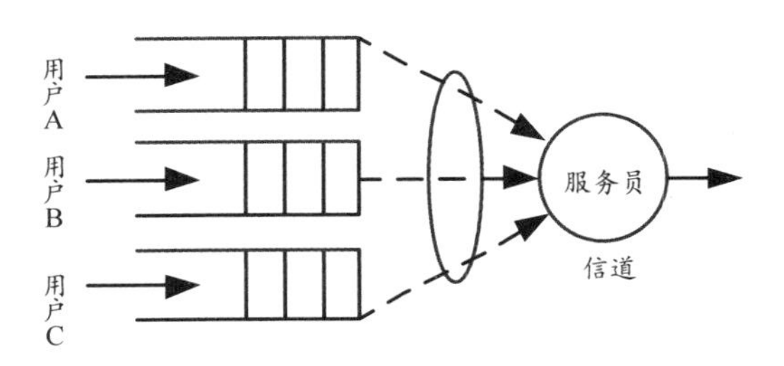

（a）多址接入协议的一般等效模型

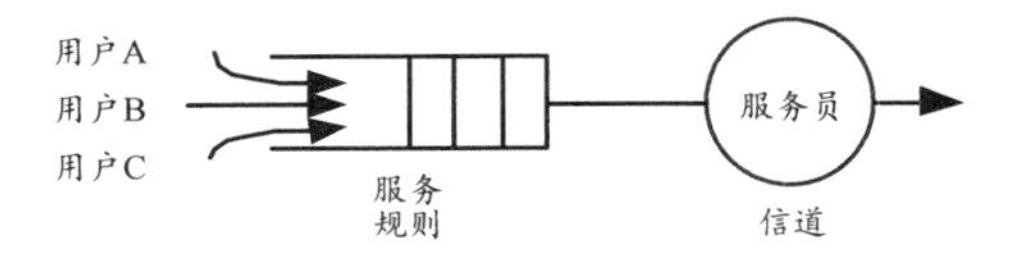

（b）多址接入协议的理想等效模型

图 6.1.3　多址接入模型

为了能够有效地讨论分析多址接入协议，必须根据实际应用环境进行一些假设，一般应该考虑以下几个方面。

（1）网络的连通特性。通常将网络按其连通模式分为单跳网络、两跳网络及多跳网络。单跳网络是指网络中所有的节点都可以接收到其他节点发送的数据；两跳网络是指网络中的部分节点之间不能直接通信，需要经过一次中继才能通信；多跳网络是指网络中源节点和目的节点之间的通信可能要经过多次中继。多跳网络既可以是有线网络，也可以是无线网络。在无线通信网络中，通信节点之间的有效通信距离是由发送端的发送功率、节点之间的距离及接收机灵敏度等条件决定的。本章主要讨论对称的信道，即任意两个在通信距离内的节点都可以有效地和对方进行通信。

（2）同步特性。通常用户是可以在任意时刻接入信道，但也可以以时隙为基础接入信道。在基于时隙的系统中，用户只有在时隙的起点才能接入信道。在这种系统中，要求全网有一个统一的时钟，同时将时间轴划分成若干个相等的时间段，称为时隙。系统中所有数据的传输开始点都必须在一个时隙的起点。

（3）反馈和应答机制。反馈信道是用户获得信道状态的途径。在本章的讨论中，假设用户（节点）可以获得信道的反馈信息，即信道是空闲、碰撞还是进行了一次成功传输。

（4）数据产生模型。所有的用户都按照泊松过程独立地产生数据。

6.2　静态多址接入协议

静态多址接入协议又称为无竞争的多址接入协议或固定分配的多址接入协议。静态多址接入协议为每个用户固定分配一定的系统资源，这样当用户有数据发送时，就能不受干扰地独享已分配的信道资源。静态多址接入协议的优点在于可以保证每个用户之间的“公平性”（每个用户都分配了固定的资源）及数据的平均时延。典型的静态多址接入协议有频分多址接入（FDMA）协议、时分多址接入（TDMA）协议、码分多址接入（CDMA）协议及空分多址接入（SDMA）协议等。本节重点讨论频分多址和时分多址接入协议。

6.2.1　频分多址接入协议

频分多址接入（FDMA）协议把通信系统的总频段划分成若干个等间隔的频道（或称信道），并将这些频道分配给不同的用户使用，这些频道之间互不交叠，如图 6.2.1 所示。

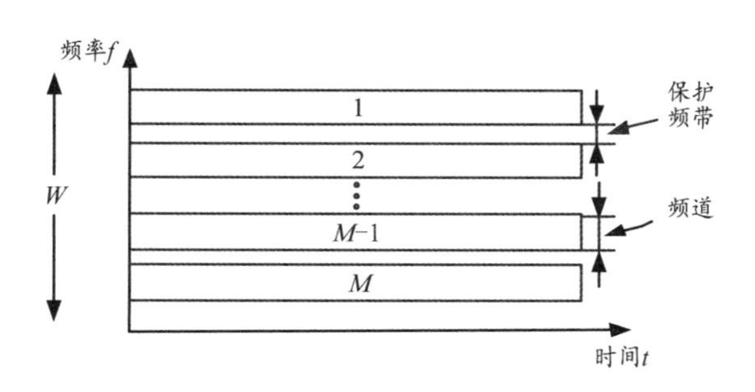

图 6.2.1　频分多址的基本原理

FDMA 协议的最大优点是相互之间不会产生干扰。当用户数较少且数量大致固定、每个用户的业务量都较大时（如在电话交换网中），FDMA 协议是一种有效的分配方法。但是，当网络中用户数较多且数量经常变化，或者通信量具有突发性的特点时，采用 FDMA 协议就会产生一些问题。最显著的两个问题：①当网络中的实际用户数少于已经划分的频道数时，许多宝贵的频道资源就白白浪费了；②当网络中的频道已经分配完后，即使这时已分配到频道的用户没有进行通信，其他一些用户也会因为没有分配到频道而不能通信。

下面通过一个例题简单分析 FDMA 协议的性能。设在一个容量为 C bit/s 的信道上发送一帧所需要的平均时延为 T，随机到达帧的平均到达率为 λ 帧/秒，帧的长度可变，其均值为每帧 $1/\mu$ bit（μ 为比特传输时间）。可得信道服务率为 μC 帧/秒，则 $T=\dfrac{1}{\mu C-\lambda}$。这是一个 M/M/1 排队模型。它要求帧到达的时间差和帧的长度符合指数分布的随机过程，或者等价于泊松过程的结果。

如果 C 为 100Mbit/s，平均帧长 $1/\mu$ 等于 10000bit，帧的到达率为 5000 帧/秒，则 T=200μs。现将单个信道分成 N 个独立的子信道，每个子信道的容量为 C/N bit/s，每个子信道的平均到达率为 λ/N，则 $T_N=1/[\mu(\dfrac{C}{N})-\dfrac{\lambda}{N}]=\dfrac{N}{\mu C-\lambda}=NT$。若所有的帧都像图 6.1.3（b）所示进行排队，那么将与图 6.1.3（a）所示的排队情况相差 N 倍。同样的结论适用于银行的 ATM 排队情况，在具有多个 ATM 机的情况下，设立单个到达所有 ATM 机的队列比为每个 ATM 机设立一个单独队列效果要好。

如图 6.2.1 所示，保护频带需要占用一定的可用频带，因此 FDMA 协议的频带利用率比较低，但其技术实现复杂度较低，故在早期的模拟系统中应用较多，如第一代蜂窝电话系统（AMPS）、无线电广播系统、卫星通信系统等。

6.2.2 时分多址接入协议

时分多址接入（TDMA）协议是一种典型的固定分配的多址接入协议。TDMA 协议将时间分割成周期性的帧，每一帧再分割成若干个时隙（无论帧或时隙都是互不重叠的），然后根据一定的时隙分配原则，使每个用户只能在指定的时隙内发送。TDMA 时隙分配如图 6.2.2 所示。

在 TDMA 系统中，用户在每一帧中可以占用一个时隙，时隙顺序编号，构成周期重复的帧结构，每一帧中相同编号的时隙组成一路逻辑信道供一个用户专用。因为不同的用户无法实现绝对的时钟同步，而且不同发送机到同一个接收机的传播时延不同，所以相邻的 TDMA 时隙之间需要预留一定的保护时间，以防止相邻两个时隙信号的相互干扰。

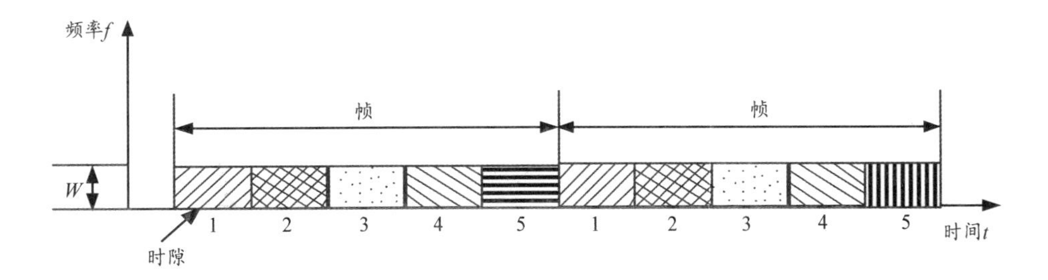

图 6.2.2　TDMA 时隙分配

TDMA 系统的每个用户占用整个频带轮流接入信道，收发转换过程通过时间上的切换完成，接收不同信号只需要选择接收时间而不需要改变滤波器频率，因此 TDMA 系统的信道分配方式灵活；但是，如果用户在已分配的时隙上没有数据传输，则这段时间将被浪费。

在实际应用中，通常将FDMA和TDMA两种方式结合起来使用，如GSM。

6.3　随机多址接入协议

静态多址接入协议适用于用户数和系统提供的信道数接近的情况，优点是信道传输效率较高。但是当用户数较多时，会出现一些用户分配不到信道的情况，即使分配到信道的用户不传输信息也不能马上将信道分配给需要信道的用户，因此公平性不好。另外，当用户数较小时，信道传输效率较低。动态多址接入协议能解决这些问题，它允许各用户节点自由发送数据，当发生碰撞（Collision）时，碰撞节点发送失败，并通过网络协议来解决碰撞。本节讨论的随机多址接入协议属于动态多址接入协议。

当一个现实中的多址系统进行通信时，其信号的出现一般是随机的，为实现高质量的通信，解决这种随机过程中遇到的问题变成了现代通信发展的必然要求。在 20 世纪 60 年代末，Norman Abramson 提出了一种随机争用的多址通信方式，这就是著名的 ALOHA 系统。实践证明，这种多址通信方式有效地解决了夏威夷群岛的实际通信问题。这一事实激起了众多科学家的研究兴趣，从此，关于 ALOHA 系统这一热门课题的有关研究越来越多。当然，随着卫星通信技术、无线分组网络和计算机网络的飞速发展，相关理论得到不断完善，这在一定程度上促使了随机多址系统传输理论的迅速发展。

随机多址接入协议又叫作有竞争的多址接入协议。网络中的节点在网络中的地位是等同的，各节点通过竞争获得信道的使用权。随机多址接入协议可细分为完全随机多址接入协议（ALOHA 协议）和载波监听型多址接入协议。不论是哪种随机多址接入协议，都主要关心两个方面的问题：一个是稳态情况下系统的通过率和时延性能；另一个是系统的稳定性。

6.3.1　ALOHA 协议

在夏威夷地区，ALOHA 是人们正常交流中表示问候的语言。1968 年，为解决夏威夷群岛之间的通信问题，美国夏威夷大学以此为名制定了一项无线通信网的研究计划。随着该项研究在实践中大放异彩，ALOHA 开始为世人所瞩目。在整个通信领域尤其是无线通信领域，ALOHA 占据了重要的地位，它是世界上第一个使用无线电广播取代点间线路连接的计算机系统，也是人类最早的无线数据通信协议系统。

ALOHA 协议是美国夏威夷大学建立的在多个数据终端到计算中心之间的通信网络中使用的协议。其基本思想是，若一个空闲的节点有一个分组到达，则立即发送该分组，并期望不会和其他节点发生碰撞。

为了分析 ALOHA 协议的性能，假设系统是由 m 个发送节点组成的单跳系统，信道是无差错及无捕获效应（Capture Effect）（捕获效应是指接收机接收到两个频率相近或相同的信号时，只有较强的信号被解调的现象）的信道，分组的到达和传输过程满足如下假定。

（1）各个节点的到达过程为独立的参数为 λ/m 的泊松到达过程，系统总的到达率为 λ。

（2）在一个时隙或一个分组传输结束后，信道能够立即给出当前传输状态的反馈信息。反馈信息为“0”表明当前时隙或信道无分组传输，反馈信息为“1”表明当前时隙或信道仅有一个分组在传输（传输成功），反馈信息为“e”表明当前时隙或信道有多个分组在传输，即发生了碰撞，导致接收端无法正确接收。

（3）碰撞的节点将在后面的某一个时刻重传被碰撞的分组，直至传输成功。如果一个节点的分组必须重传，则称该节点为等待重传的节点。

（4）对于节点的缓存和到达过程进行如下假设。

假设 A：无缓存情况。在该情况下，每个节点最多容纳一个分组。如果该节点有一个分组在等待传输或正在传输，则新到达的分组被丢弃且不会被传输。在该情况下，所求得的时延是有缓存情况下的时延下界（Low Bound）。

假设 B：系统有无限个节点（$m=\infty$）。每个新产生的分组到达一个新的节点。这样网络中所有的分组都参与竞争，导致网络的时延增加。因此，在该假设情况下求得的时延是有限节点情况下的时延上界（Up Bound）。

如果一个系统采用假设 A 或假设 B 分析的结果类似，则采用这种分析方法就是对具有任意大小缓存系统性能的一个很好的近似。

1. 纯 ALOHA 协议

纯 ALOHA 协议是一种完全随机多址接入协议，又叫作 P-ALOHA 协议，是基本的 ALOHA 协议。它规定只要有新的分组到达，就立即发送该分组并期望不与别的分组发生碰撞。一旦分组发生碰撞，则随机退避一段时间后进行重传。图 6.3.1 给出了纯 ALOHA 协议工作原理图。

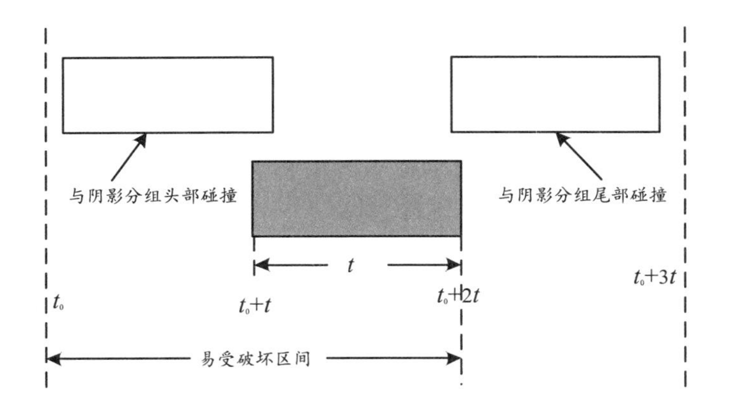

图 6.3.1 纯 ALOHA 协议工作原理图

在数据分组开始发送的时间起点到其传输结束的这段时间内，如果没有其他数据分组发送，则该分组就不会和其他分组发生碰撞。如图 6.3.1 所示，在什么情况下图中阴影部分表示的数据分组（在 t_0+t 时刻产生的分组）可以不受任何干扰地发送呢？为了便于分析，假设系统中所有分组的长度相等，传输数据分组所需的时间定义为系统的单位时间（为了简化描述，令该值等于 t，并在下面的分析中令其等于 1）。从图 6.3.1 中可以看到，如果在 t_0～t_0+t 时间内，其他用户产生了数据分组，则该分组的尾部就会和阴影分组的头部碰撞；同样，在 t_0+t～t_0+2t 之间产生的任何分组都将和阴影分组的尾部发生碰撞。时间区间$[t_0,t_0+2t]$称为阴影分组（在 t_0+t 时刻产生的分组）的易受破坏区间。

很显然，在纯 ALOHA 协议中，如果在数据分组的易受破坏区间内没有其他分组开始传输，则该分组可以成功传输。为了分析方便，设系统有无穷多个节点（假设 B），假定重传的时延足够随机，重传分组和新到达分组合成的分组流是到达率为 G 的泊松到达过程。则在纯 ALOHA 系统中，一个分组成功传输的概率就是在其产生时刻前一个时间单位内没有分组发送，并且在该分组产生时刻的后一个时间单位内也没有分组发送的概率，即在该分组产生时刻前后两个时间单位内没有其他分组发送的概率。

根据泊松公式，在单位时间内，产生k个分组的概率是

$$P(k)=\frac{G^k}{k!}\mathrm{e}^{-G} \tag{6.3.1}$$

则根据上面的分析可以得到在纯 ALOHA 系统中分组成功传输的概率为

$$\begin{aligned}P_{\mathrm{SUCC}}&=P\{\text{在两个时间单位内没有其他分组发送的概率}\}=P(0)\\&=\frac{(2G)^0}{0!}\mathrm{e}^{-2G}=\mathrm{e}^{-2G}\end{aligned} \tag{6.3.2}$$

因此，系统的通过率为

$$S=G\cdot P_{\mathrm{SUCC}}=G\mathrm{e}^{-2G} \tag{6.3.3}$$

对式（6.3.3）求最大值，可得系统的最大通过率：$S_{\max}=1/2\mathrm{e}\approx 0.184$，对应的 G=0.5。

相对来讲，纯 ALOHA 协议作为最完全随机的多址接入协议，当终端数量不多时，纯 ALOHA 协议可以很好地运转。相对于直接进行按需分配的方式，纯 ALOHA 协议实现简单，信息分组长度可变，且初次接入的时延较小，同时具备了一定的稳定性和抗干扰能力，适用于具有大量间歇性工作的发送机网络。但当终端的数量增多时，随着负荷的逐步增大，系统

的信息传输业务变得繁忙起来。这时，由于发送的信息分组数增多，信息分组发生碰撞的概率将大大增加，吞吐率会急剧下降，从而降低信道的传输效率。更加可怕的是，信息分组反复碰撞然后被反复重传，这将直接导致系统进入恶性循环，使之进入不稳定工作区，甚至最终使系统崩溃。

2. 时隙 ALOHA 协议

从前面的描述中可以看到，在纯 ALOHA 协议中，节点只要有分组就发送，易受破坏区间为两个单位时间。如果缩小易受破坏区间，就可以减少分组碰撞的概率，提高系统的利用率。基于这一出发点，1972 年，Roberts 提出了一种改进方法即时隙 ALOHA 协议。

时隙 ALOHA 协议具有严格的起始时间和结束时间界限，如果两个数据分组在时隙内发送，除非时隙完全相同，否则二者不会发生碰撞。由此可见，时隙 ALOHA 协议能够大大降低数据分组发生碰撞的概率，信道效率也得到了提高。在系统中，根据该协议的规定，信道被重新划分为若干相等长度的时隙，其中的每个时隙的长度刚好与传输一个数据分组所需要的时间长度相等。在时间轴上，数据分组有可能会出现一定程度上的重叠。为避免因此造成的数据分组碰撞，协议要求，数据分组到达终端后，必须在下一个时隙才开始传输，如图 6.3.2 所示，所有终端节点都只允许在时隙的开始阶段发送数据分组。这样的操作将导致数据分组间的碰撞总是数据分组的完全重叠，而不会是部分重叠。数据分组发生碰撞后，根据以上原则，仍需要等待一个随机时延，才可以分别重新发送。很显然，此时的易受破坏区间长度减少为一个单位时间（时隙）。

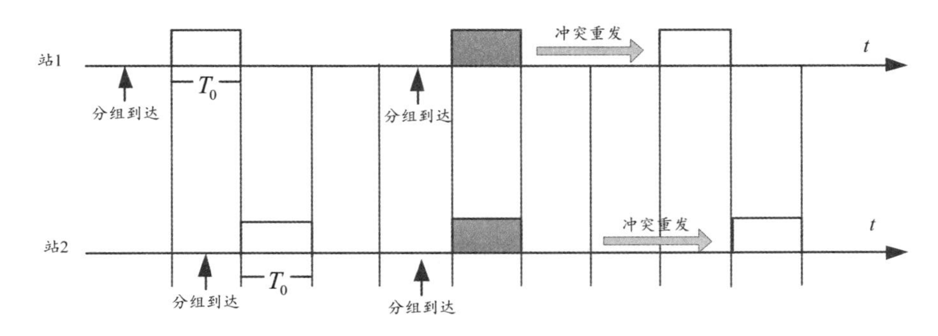

图 6.3.2　时隙 ALOHA 系统

利用前面的假设条件，假定系统有无穷多个节点（假设 B）。从图 6.3.2 中可以看出，在一个时隙内到达的分组包括两个部分：一个部分是新到达的分组；另一个部分是重传的分组。设新到达的分组符合到达率为 λ（分组数/时隙）的泊松过程。假定重传的时延足够随机，这样就可以近似地认为重传分组的到达过程和新分组的到达过程之和是到达率为 G（$>\lambda$）的泊松过程。则在一个时隙内有一个分组成功传输的概率为 e^{-G}，它被定义为系统的通过率（S），或者离开系统的速率，即

$$S=G\mathrm{e}^{-G} \tag{6.3.4}$$

时隙 ALOHA 协议和纯 ALOHA 协议的通过率曲线如图 6.3.3 所示。如果分组的长度为一个时隙长度，则系统的通过率就是指在一个时隙内成功传输所占的比例（或有一个分组成功传输的概率）。最大通过率为 $1/\mathrm{e}\approx0.368$，对应的 G=1。很明显，时隙 ALOHA 系统的最大通过率是纯 ALOHA 系统最大通过率的 2 倍。

式（6.3.4）中的 S 对 G 求导并令其等于 0，得

$$\frac{\mathrm{d}S}{\mathrm{d}G}=\frac{\mathrm{d}(G\mathrm{e}^{-G})}{\mathrm{d}G}=\mathrm{e}^{-G}-G\mathrm{e}^{-G}=0 \tag{6.3.5}$$

则 G=1，$S_{\max}$ =1/e≈0.368。

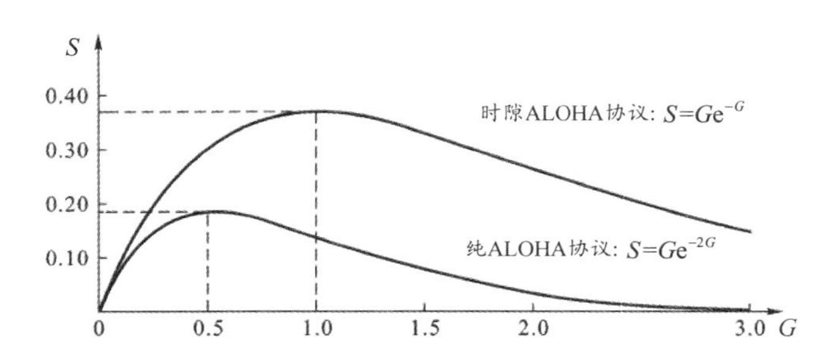

图 6.3.3 时隙 ALOHA 协议和纯 ALOHA 协议的通过率曲线

例 6.3.1 若干个终端用纯 ALOHA 协议与远端主机通信。信道速率为 2.4kbit/s。每个终端平均每 3min 发送一个帧，帧长为 200bit，问系统中最多可容纳多少个终端?若采用时隙 ALOHA 协议，其结果又如何?

解：设可容纳的终端数为 N，每个终端发送数据的速率是 200/(3×60)bit/s≈1.1bit/s，由于纯 ALOHA 系统的最大系统通过率为 1/2e，则 N=(2400×1/2e)/1.1≈401 个。

若采用时隙 ALOHA 协议，因为时隙 ALOHA 系统的最大系统通过率为 1/e，则 N=(2400×1/e)/1.1≈803 个。

3. 预约 ALOHA 协议

预约 ALOHA 协议首先把信道时间均分成若干帧，又把每个帧均分为 A+1 个时隙。其中，帧的前 A 个时隙用于数据信息的发送，而区别于前边的 A 个时隙，帧的第 A+1 个时隙将被进一步细分为 B 个子时隙，这些子时隙为网络中的终端节点提供了预约信号发送所需要的时间长度。这种层层细分的架构十分清晰，更有利于网络通信。

如果预约成功，则各终端节点将利用前 A 个时隙中的某个空闲时隙发送信息分组。当某个终端节点需要发送信息分组时，该节点向信息中心提出一个包含有信息分组的数据量等要求的申请。接收到申请信号以后，信息中心的按需分配处理器将通过入站载波把定量的时隙分配给发出申请的终端。如果同一时间内存在多个终端申请发送数据的情况，则这些终端要进行排队等候。前 A 个时隙被分割出来，期间不会发生碰撞，不排除第 A+1 个时隙的使用情况，无线信道的利用率有可能达到最大值 83.3%。

4. 选择拒绝 ALOHA 协议

通过对纯 ALOHA 系统中发生碰撞的数据分组的观察研究，不难发现，信道中的碰撞分布并不均匀，大多发生在局部。所以，为了减小工作量，可以将数据分组中未被碰撞的部分分割出来，并恢复发送，而对局部真正发生碰撞的数据分组进行重新发送。这就促进了选择拒绝 ALOHA 协议的产生。

在选择拒绝 ALOHA 协议中，数据分组的发送方式与纯 ALOHA 协议相同，但它将每个

数据分组都细分为了若干数据子分组。这些数据子分组都拥有各自独立完整的分组头和前置码。因此，在接收端，数据分组的每个数据子分组可以独立地进行检测。各个终端以异步随机方式发送信息分组，如果数据分组发生碰撞，数据分组中没有发生碰撞的数据子分组仍然能被对方的终端正确接收，此时，发送方只需要重新发送遇到碰撞的数据子分组就能实现正常通信。

概括地说，选择拒绝 ALOHA 协议实际上就是有选择地重传数据子分组的协议。该协议具有不需要定时同步的重要特点，并能适合数据分组长度可变的终端传输要求。信道中存在大量的数据分组碰撞，信道利用率无法提高，选择拒绝 ALOHA 协议能有效地克服这一缺点。可以说，在非同步系统中，选择拒绝 ALOHA 协议的容量是最高的，它是一种比较优秀的非时隙随机多址接入协议。

5. 时隙 ALHOA 协议稳定性分析*

从图 6.3.3 中可以看出，对于时隙 ALHOA 系统，当 $G<1$ 时，系统空闲的时隙数较多；当 $G>1$ 时，碰撞较多，从而导致系统性能下降。因此，为了达到最佳的性能，应当将 G 维持在 1 附近。

当系统达到稳态时，新分组的到达率应等于系统的离开率，即 $S=\lambda$。将 $S=\lambda$ 的曲线与对应的通过率曲线相交，可以看到在对应的 Ge^{-G} 曲线上有两个平衡点，如图 6.3.4 所示。

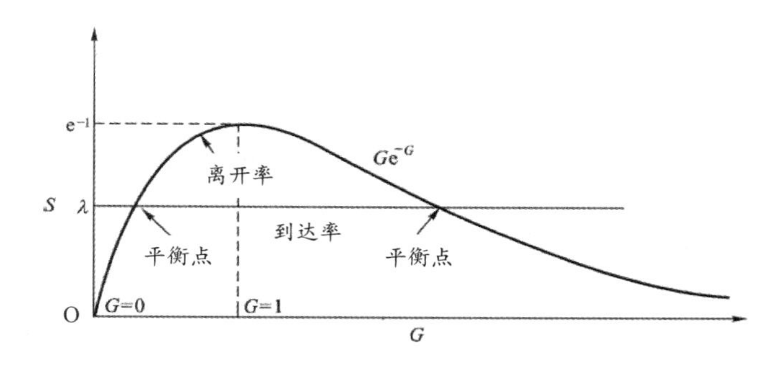

图 6.3.4　时隙 ALHOA 协议稳态时的平衡点

由前面的讨论无法判定这两个平衡点中哪个是稳定的、哪个是不稳定的。因此，将通过对时隙 ALHOA 系统动态行为的分析，来了解系统的稳定性及其控制方法。

为了分析系统的动态行为，先采用假设 A（无缓存的情况）来进行讨论。时隙 ALHOA 系统的行为可以用离散时间马尔可夫链来描述，系统的状态为每个时隙开始时刻等待重传的节点数。令

q_r：在碰撞后等待重传的节点在每一个时隙内重传的概率。

n：在每个时隙开始时刻等待重传的节点数。

m：系统中的总用户数。

q_a：每个节点有新分组到达的概率。

λ：m 个节点的总到达率即每个节点的到达率为 λ/m，其单位为分组数/时隙。

$Q_r(i,n)$：在 n 个等待重传的节点中，有 i 个节点在当前时隙传输的概率。

$Q_a(i,n)$：在 $m-n$ 个空闲节点中，有 i 个新到达的分组在当前时隙中传输的概率。

显然，每个节点有新分组到达的概率 $q_{\mathrm{a}}=1-\mathrm{e}^{\frac{-\lambda}{m}}$。在给定 n 的条件下，有

$$Q_{\mathrm{r}}(i,n)=\binom{n}{i}(1-q_{\mathrm{r}})^{n-i}q_{\mathrm{r}}^{i} \tag{6.3.6}$$

$$Q_{\mathrm{a}}(i,n)=\binom{m-n}{i}(1-q_{\mathrm{a}})^{m-n-i}q_{\mathrm{a}}^{i} \tag{6.3.7}$$

令 $P_{n,n+1}$ 表示时隙开始时刻有 n 个等待重传的节点，到下一时隙开始时刻有 $n+i$ 个等待重传节点的转移概率。其状态转移概率为

$$P_{n,n+1}=\begin{cases}Q_{\mathrm{a}}(i,n) & 2\leqslant i\leqslant m-n\ \ \text{(a)}\\ Q_{\mathrm{a}}(1,n)[1-Q_{\mathrm{r}}(0,n)] & i=1\ \ \text{(b)}\\ Q_{\mathrm{a}}(1,n)Q_{\mathrm{r}}(0,n)+Q_{\mathrm{a}}(0,n)[1-Q_{\mathrm{r}}(1,n)] & i=0\ \ \text{(c)}\\ Q_{\mathrm{a}}(0,n)Q_{\mathrm{r}}(1,n) & i=-1\ \ \text{(d)}\end{cases} \tag{6.3.8}$$

式（6.3.8a）表示有 i（$2\leqslant i\leqslant m-n$）个新到达的分组在当前时隙中进行传输，此时必然会导致碰撞。从而不论原来的所有处于等待重传状态的节点是否进行传输，都将使系统的状态从 n 到 $n+i$。式（6.3.8b）表示在 n 个等待重传节点有分组传输的情况下，空闲节点中有一个新到达的分组进行传输，此时也必然产生碰撞，并且使系统的状态从 n 到 $n+i$。式（6.3.8c）包含了两种情况：第一种情况是仅有一个新到达分组进行传输，所有等待重传的节点没有分组进行传输的情况，此时新到达的分组将成功传输，即式（6.3.8c）中第一项表示新到达分组成功传输的概率；第二种情况是没有新分组到达，等待重传节点没有分组传输或有两个及两个以上分组传输的情况，即式（6.3.8c）中第二项表示等待重传节点没有分组传输或有两个及两个以上分组传输的概率。不论在哪种情况下，网络中处于等待重传状态的节点数都不会变化，此时系统的状态为 $n\to n$。式（6.3.8d）表示等待重传的节点有一个分组成功传输的概率。马尔可夫链的状态转移图如图 6.3.5 所示。

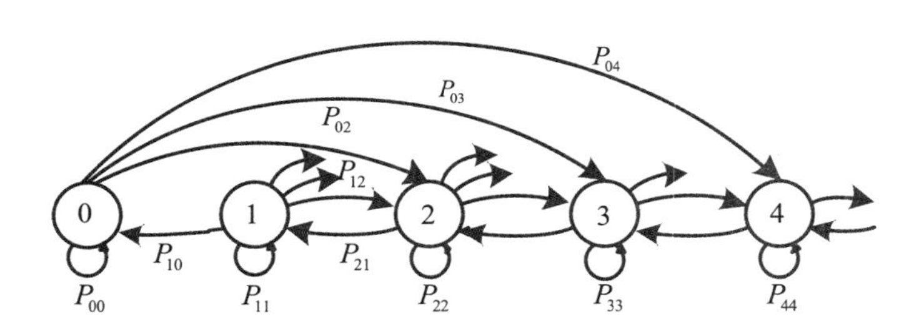

图 6.3.5 马尔可夫链的状态转移图

从图 6.3.5 中可以看出，系统不会出现 0→1 的状态转移，这是因为此时系统中仅有一个分组，必然会传输成功。而且，每次状态减少的转移只能减少，这是因为一次成功传输只能有一个分组。在稳态情况下，对于任一状态 n 而言，从其他状态转入的频率应当等于从该状态转出的频率，即有

$$\sum_{i=0}^{n-1}p_iP_{i,n}+p_nP_{n,n}+p_{n+1}P_{n+1,n}=\sum_{j=n-1}^{m}p_nP_{n,j}=p_n\sum_{j=n-1}^{m}P_{n,j} \tag{6.3.9}$$

式中，p_i（$0\leqslant i\leqslant m$）为稳态概率。

由于从 n 转移到各种可能状态的概率之和为 1（$\sum_{j=n-1}^{m}P_{n,j}=1$），从而有

$$p_n = \sum_{i=0}^{n+1} p_i P_{i,n} \tag{6.3.10}$$

再利用 $\sum_{i=0}^{m} p_i = 1$ 和式（6.3.8）就可以求出 p_0 和 p_n。

从前面的讨论可以看到，如果重传的概率 $q_r \approx 1$，将会导致大量的碰撞，从而使系统中的节点长时间处于等待重传状态。为了进一步了解系统的动态行为，定义系统状态转移量 D_n＝当系统状态为 n 时，在一个时隙内等待重传队列的平均变化量＝（在该时隙内平均到达的新分组数）-（在该时隙内平均成功传输的分组数）

$$=(m-n)q_a - P_{\text{SUCC}} \tag{6.3.11}$$

其中

$$P_{\text{SUCC}} = Q_a(1,n) \cdot Q_r(0,n) + Q_a(0,n) \cdot Q_r(1,n) \tag{6.3.12}$$

式中，第一项是一个新到的分组传输成功的概率；第二项是重传队列中有一个分组传输成功的概率。系统状态转移量反映了系统状态变化的趋势。如果 $D_n<0$，则表明系统状态转移的整体趋势是向左的，通过系统的吞吐量将增大，系统将趋于稳定，此时系统处于稳定区域。如果 $D_n>0$，则表明系统状态转移的整体趋势是向右的，通过系统的吞吐量将减小，系统将趋于不稳定，此时系统处于不稳定区域。

定义当系统状态为 n 时，一个时隙内平均传输的分组数为 $G(n)$，则有

$$G(n)=(m-n)q_a + nq_r \tag{6.3.13}$$

将式（6.3.6）和式（6.3.7）代入式（6.3.12），化简可得

$$\begin{aligned} P_{\text{SUCC}} &= \left[\frac{(m-n)q_a}{1-q_r} + \frac{nq_r}{1-q_r}\right](1-q_a)^{m-n}(1-q_r)^n \\ &\approx G(n)\mathrm{e}^{-q_a(m-n)}\mathrm{e}^{-q_r n} \\ &\approx G(n)\mathrm{e}^{-G(n)} \end{aligned} \tag{6.3.14}$$

时隙 ALOHA 协议的动态性能曲线如图 6.3.6 所示。横轴有两个坐标：一个是系统状态 n；另一个是一个时隙内平均传输的分组数 $G(n)=(m-n)q_a+nq_r$。

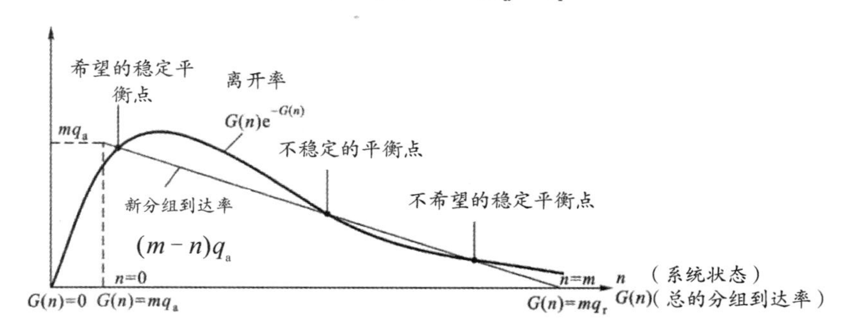

图 6.3.6　时隙 ALOHA 协议的动态性能曲线

从图 6.3.6 中可以看出，D_n 就是分组到达率曲线与分组离开率曲线之差。两条曲线有三个交叉点即三个平衡点。在第一个交叉点与第二个交叉点之间，由于分组的离开率大于分组的到达率，所以 $D(n)$为负值，因此系统的状态减少。或者说，$D(n)$的方向为负，因此对第二个交叉点的任何负的扰动都会导致系统趋于第一个交叉点。而在第二个交叉点与第三个交叉点之间的 $D(n)$为正值，即系统的分组到达率大于分组离开率，因此在该区域内的状态变化会

导致系统的状态趋于第三个交叉点。因此，可以得出以下结论，即第一个和第三个交叉点是稳定的平衡点，而第二个交叉点是不稳定的平衡点。从图 6.3.6 中还可以看到，第一个交叉点有较高的通过率；而第三个交叉点的通过率很低。因此，第一个交叉点是希望的稳定平衡点，而第三个交叉点是不希望的稳定平衡点。

如果将重传概率 q_r 增加，则重传的时延将会减小。对应于图 6.3.6 中的横坐标，若 n 保持不变，则 $G(n)=(m-n)q_a+nq_r$ 的取值将增加，$G(n)$对应的曲线 $G(n)e^{-G(n)}$的值将会下降，即曲线向左压缩，第二个交叉点向左移。这样，退出不稳定区域的可能性增加，但到达不稳定平衡点的可能性增大。因为此时很小的 n 值，都可能使系统进入不稳定区域。

如果 q_r 减小，则重传时延将会增加。若保持图 6.3.6 的横坐标 n 不变，则 $G(n)$取值下降，曲线$G(n)e^{-G(n)}$的值将会增加，即曲线向右扩展。在向右扩展一定程度后，系统将仅有一个稳定点。

下面讨论在假设 B 的情况下，系统的稳定性。

在假设 B 的情况下，由图 6.3.6 可知，当到达率为常量时，不希望的稳定平衡点消失，只有一个希望的稳定平衡点和一个不稳定的平衡点。当系统状态超过不稳定的平衡点时，系统的通过率趋于 0，时延将会趋于∞。

通过以上分析，可以发现重传概率 q_r 对系统的稳定性有很大的影响，如稳定的时隙 ALHOA 协议——伪贝叶斯算法就是通过调整重传概率使系统处于希望的稳定状态的算法。

稳定的多址接入协议是指对于给定的到达率，多址接入协议可以保证每个分组的平均时延是有限的，或者说对于给定的到达率，系统是稳定的。使系统稳定的到达率的最小上界称为系统的最大稳定通过率。很显然，由上述定义，普通的时隙 ALHOA 协议对于任何大于 0 的到达率都是不稳定的，也就是说，最大稳定通过率为 0。

伪贝叶斯算法是一种稳定的时隙 ALHOA 算法。它的核心思想是尽可能地使 $G(n)=1$，从而使系统的通过率达到最大值。其基本思路是假定系统有无穷多个节点（假设 B），新到达的分组立即被认为是等待重传的分组（这是与普通时隙 ALHOA 协议的差别），即所有的分组都以相同的方式处理。根据时隙开始点状态（等待重传的节点数）的估计值 $\hat{n}_k$ 确定重传概率 $q_r(\hat{n}_k)$，并根据当前时隙的传输状态（空闲、成功或碰撞）来估计下一时隙开始点的状态。在理想情况下，假定在时隙开始处有 n 个等待重传的分组，则当前时隙总的传输速率为 $G(n)=nq_r$，其成功传输一个分组的概率是$\binom{n}{1}q_r(1-q_r)^{n-1}=nq_r(1-q_r)^{n-1}$。根据 $G(n)=nq_r=1$ 的要求，应有 $q_r=1/n$。

6.3.2 载波监听型多址接入协议

在前面讨论的 ALOHA 协议中，网络中的节点不考虑当前信道是忙还是闲，一旦有分组到达就独自决定将分组发送到信道。显然这种控制策略存在盲目性。即使是稍有改进的时隙 ALOHA 协议，其最大吞吐率也只能达到约 0.368。若要进一步提高系统吞吐率，应进一步设法减少节点间发送冲突的概率。为此，除缩小易受破坏区间外（这也是有限度的），还可以从减少发送的盲目性着手，在发送之前先观察信道是否有用户在传输（或进行载波监听）来确定信道忙闲状态，再决定是否发送分组。这就是被广泛采用的载波监听型多址接入协议（CSMA）。CSMA 协议是从 ALOHA 协议演变出的一种改进型协议，采用了附加的硬件装置，每个节点都能够检测（监听）到信道上有无分组在传输。如果一个节点有分组要传输，在发送之前，节点先对系统信道状态进行监听，如果信道空闲就立即发送分组，如果信道忙碌，则退避一段时间后再重新监听信道。这就是CSMA协议“先听后说”的机制。采取这种机制可以减少要发送的分组与正在传输的分组之间的碰撞，提高系统的利用率。这是一种清晰的分布式控制方法。

在CSMA协议系统中，各个节点必须通过一种竞争机制获取信道的使用权。只有获得使用权的节点才可以向信道发送信息分组，并且该信息分组能够被连接信道的所有节点检测到。这一过程可以总结为以下三个要点：①载波监听。节点在发送信息分组之前，必须监听信道是否处于空闲状态；②多路访问。一方面，连接信道的多个节点可以同时访问信道。另一方面，某个节点发送的信息分组可以被其他多个节点接收；③冲突检测。节点在发送信息分组的同时，必须继续监听信道，判断信道中是否发生冲突。

CSMA协议的直接目的是减少信道中信息分组碰撞过多从而节约系统资源，基于这一控制思想，CSMA协议增加了信道检测机制，使节点在发送信息分组之前就能够监听到信道的工作状态，这避免了节点对分组信号的盲目发送，进一步减少了信道中分组发生碰撞的可能性，从而提高了系统吞吐率。

根据检测方式的不同，CSMA协议可以分为以下四类。

（1）非坚持型（Non-persistent）CSMA：当分组到达时，若信道空闲，则立即发送分组；若信道处于忙碌状态，则分组的发送将被延迟，且节点不再跟踪信道的状态（节点暂时不检测信道），取而代之，根据退避协议算法，等待一段随机时间之后再进行监听，并重复上述过程，如此循环，直到信道空闲，信息分组被发送成功为止。

（2）1-坚持型CSMA：在发送分组之前，用户节点先对信道进行监听，若监听到系统信道处于空闲状态，则该节点以概率1发送信息分组；若信道处于忙碌状态，则继续监听信道，直到监听的信道空闲再立即抢占信道并发送分组。

（3）p-坚持型CSMA：用户节点对信道进行持续监听，如果信道出现空闲，终端将选择以概率p在第一个可用时隙内发送信息分组，以概率$(1-p)$暂停发送。

（4）p-检测型CSMA：如果有信息分组到达，则终端节点以概率p持续监听信道状态，以概率$(1-p)$放弃监听信道。若终端监听到信道处于空闲状态，则立即发送分组。

下面将重点讨论非坚持型CSMA的性能。

众所周知，由于电信号在媒质中的传播时延，在不同的观察点上检测到同一信道的出现或消失的时刻是不同的。因此，在CSMA协议中，影响系统性能的主要参数是（信道）载波的检测时延（τ）。检测时延包括两部分：发送节点到检测节点的传播时延和物理层检测时延（检测节点开始检测到检测节点给出信道是忙或闲所需的时间）。设信道速率为C（bit/s），分组长度为L（bit），则归一化的载波检测时延为$\beta=\tau\cdot C/L$。

1．非坚持型非时隙CSMA协议

非坚持型非时隙CSMA协议的工作过程如下：当分组到达时，如果信道空闲，则立即发送该分组；如果信道忙碌，则分组被延迟一段时间，并重新检测信道。

如果信道忙碌或发送时与其他分组碰撞，则该分组变成等待重传的分组。每个等待重传的分组将重复地尝试重传，重传间隔相互独立且服从指数分布。具体的控制算法描述如下。

（1）若有分组等待发送，则转到第（2）步，否则处于空闲状态，等待分组到达。

（2）检测信道：若信道空闲，启动发送分组，发完返回第（1）步；若信道忙碌，放弃检测信道，选择一个随机时延的时间长度 t 开始延迟（此时节点处于退避状态）。

（3）延迟结束，转至第（1）步。

图 6.3.7 所示为非坚持型非时隙 CSMA 协议的控制过程示意图。

非坚持型非时隙CSMA 协议的主要特点是在发送数据前检测信道，一旦检测到信道忙碌，则主动地退避一段时间（暂时放弃检测信道），其系统吞吐率为

$$S=\frac{Ge^{-\beta G}}{G(1+2\beta)+e^{-\beta G}} \tag{6.3.15}$$

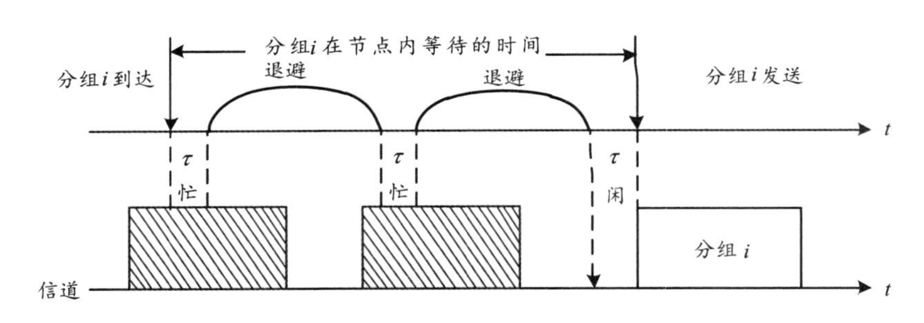

图 6.3.7　非坚持型非时隙 CSMA 协议的控制过程示意图

2. 非坚持型时隙 CSMA 协议

非坚持型时隙 CSMA 协议把时间轴分成长度为 β 的时隙（注意：在时隙 ALOHA 协议，时隙的长度为一个分组的长度，这里的时隙长度为载波检测时间）。如果分组到达一个空闲的时隙，它将在下一个空闲时隙开始传输，如图 6.3.8（a）所示。如果某节点的分组到达时，信道上有分组正在传输，则该节点变为等待重传的节点，它将在当前分组传输结束后的后续空闲时隙中以概率 q_r 进行传输，如图 6.3.8（b）所示。

可以用马尔可夫链来分析非坚持型时隙 CSMA 协议的性能。设分组长度为 1 个单位长度，其总的到达过程是速率为 λ 的泊松到达过程，网络中有无穷多个节点（假设 B）。信道状态 0、1、e 的反馈时延最大为 β。又设系统的状态为每一个空闲时隙结束时刻等待重传的分组数 n，则相继两个状态转移的时间间隔为 β 或 β+1，如图 6.3.8（c）所示。

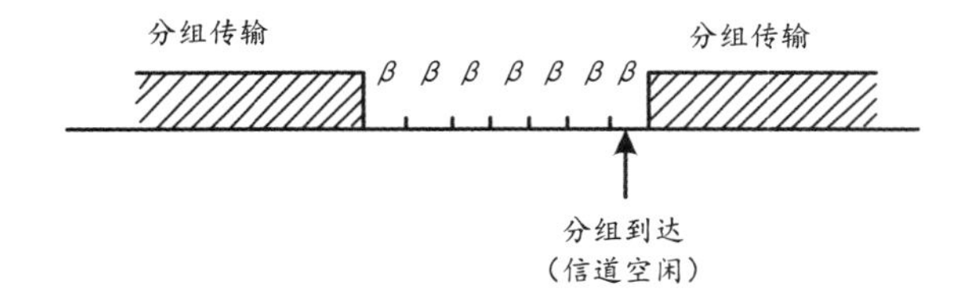

（a）分组到达空闲时隙

图 6.3.8　非坚持型时隙 CSMA 协议

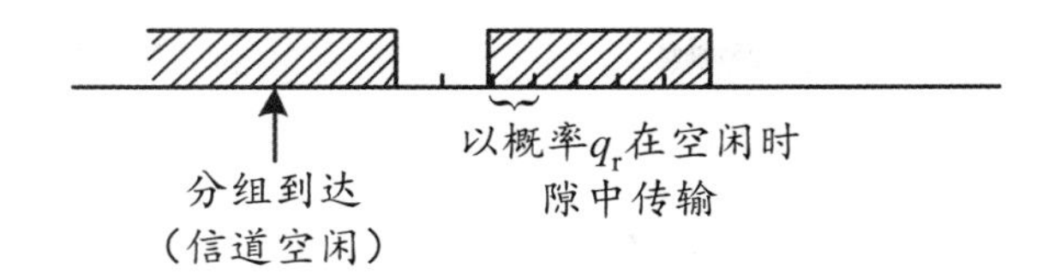

（b）分组到达时信道忙

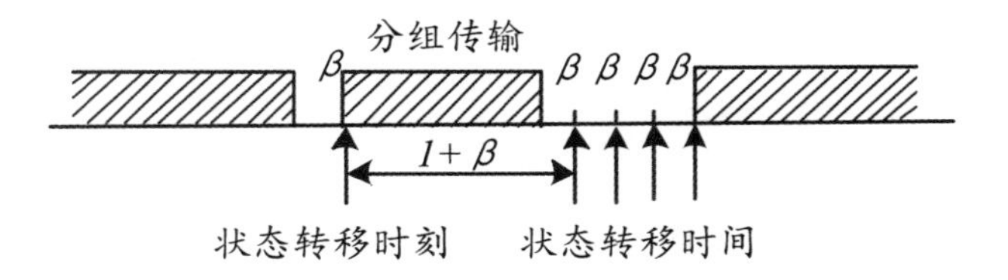

（c）状态转移时刻

图 6.3.8　非坚持型时隙 CSMA 协议（续）

类似式（6.3.11），定义在一个状态转移间隔内 n 的平均变化数为

$$D_n = E\{\text{状态转移间隔内到达的分组数}\} - E\{\text{状态转移间隔内平均成功传输的分组数}\}$$
$$= \lambda \cdot E\{\text{状态转移间隔}\} - P_{\mathrm{SUCC}} \tag{6.3.16}$$

其中

$$E\{\text{状态转移间隔}\} = \beta \cdot P(\text{时隙空闲}) + (1+\beta)[1 - P(\text{时隙空闲})]$$
$$= \beta + 1 - P(\text{时隙空闲}) = \beta + 1 - \mathrm{e}^{-\lambda\beta}(1-q_r)^n \tag{6.3.17}$$

时隙空闲的概率等于前一个时隙内无分组到达，以及 n 个等待重传的节点没有分组的概率。分组成功传输的条件：在前一个时隙内有一个分组到达且 n 个等待重传的节点没有分组在当前时隙发送，或者在前一个时隙内没有新分组到达但 n 个等待重传的节点在当前时隙有一个分组传输。因此有

$$P_{\mathrm{SUCC}} = \lambda\beta \mathrm{e}^{-\lambda\beta}(1-q_r)^n + \mathrm{e}^{-\lambda\beta} n q_r (1-q_r)^{n-1}$$
$$= (\lambda\beta + \frac{q_r}{1-q_r} n)\mathrm{e}^{-\lambda\beta}(1-q_r)^n \tag{6.3.18}$$

将式（6.3.17）和式（6.3.18）代入式（6.3.16）得

$$D_n = \left\{\lambda[\beta + 1 - \mathrm{e}^{-\lambda\beta}(1-q_r)^n]\right\} - (\lambda\beta + \frac{q_r}{1-q_r} n)\mathrm{e}^{-\lambda\beta}(1-q_r)^n \tag{6.3.19}$$

当 q_r 较小时，有 $(1-q_r)^{n-1} \approx (1-q_r)^n \approx \mathrm{e}^{-q_r n}$，进而有

$$D_n \approx \lambda(\beta + 1 - \mathrm{e}^{-g(n)}) - g(n)\mathrm{e}^{-g(n)} \tag{6.3.20}$$

式中，$g(n) = \lambda\beta + q_r n$，反映的是在一个状态转移间隔内到达分组数和重传分组数之和，即在一个状态转移间隔内试图进行传输的总分组数。

使 D_n 为负的条件为

$$\lambda < \frac{g(n)\mathrm{e}^{-g(n)}}{\beta + 1 - \mathrm{e}^{-g(n)}} \tag{6.3.21}$$

由于在一个状态转移间隔内到达的总分组数（新到达的和重传的分组数之和）服从参

数为 $g(n)$的泊松分布，所以式（6.3.21）右边的分子为每个状态转移间隔内平均成功传输的分组数，分母为平均状态转移间隔的长度，两者相除表示单位时间内的平均离开率（通过率）。非坚持型时隙 CSMA 协议的平均离开率（通过率）如图 6.3.9 所示。从图 6.3.9 中可以看出，最大通过率为 $\frac{1}{1+\sqrt{2\beta}}$ ，它对应于 $g(n)=\sqrt{2\beta}$ 。CSMA 协议与 ALOHA 协议一样，存在着稳定性的问题。

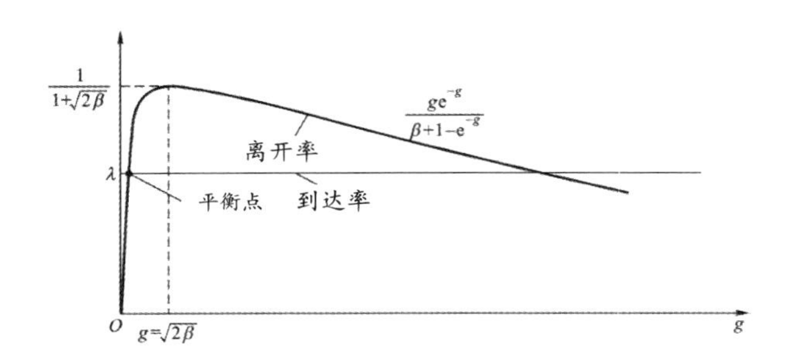

图 6.3.9　非坚持型时隙 CSMA 协议的平均离开率（通过率）

图 6.3.10 给出了几种典型的随机多址接入协议性能曲线。从图 6.3.10 中可以看出，非坚持型 CSMA 协议可以大大减少碰撞的机会，使系统的最大吞吐率达到信道容量的 80%以上，非坚持型时隙 CSMA 协议的性能则更好。1-坚持型 CSMA 协议由于毫无退避措施，在业务量很小时，数据的发送机会较多，响应也较快。但当节点数增大或总的业务量增加时，碰撞的机会急剧增加，系统的吞吐率特性急剧变坏，其最大吞吐率只能达到信道容量的 53%左右。总体来说，CSMA 协议的性能优于 ALOHA 协议的性能。

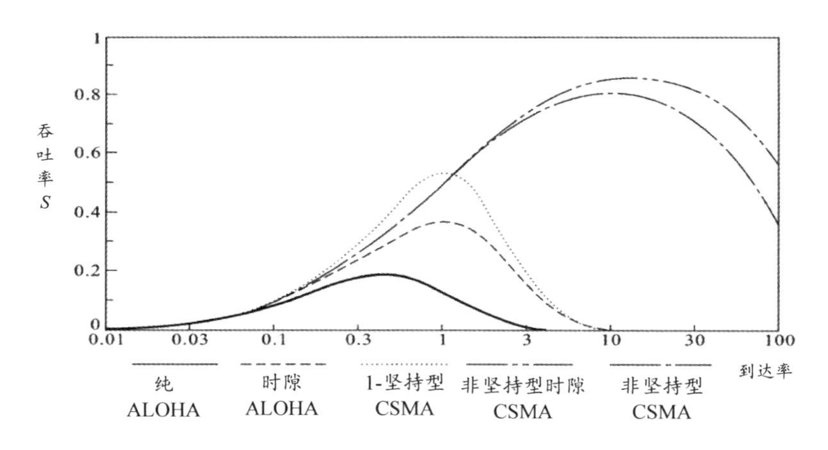

图 6.3.10　典型的随机多址接入协议性能曲线

3．稳定的时隙 CSMA 协议

假定所有新进入系统的分组立即变成等待重传的分组。设每个状态转移时刻的等待重传分组数为 n。n 的估计值为$\hat{n}$，在每个空闲时隙结束时，每个等待重传的分组独立地以概率 q_r 发送，q_r 是$\hat{n}$的函数。稳定的时隙 CSMA 协议的基本出发点是如何根据 n 确定 q_r，使得 $g(n)=\sqrt{2\beta}$ ，从而使通过率达到最大。

在给定 n 的条件下，在当前时隙开始发送的平均分组数为 $g(n)=nq_r$，根据 $g(n)=\sqrt{2\beta}$，得 $q_r=\frac{\sqrt{2\beta}}{n}$。

在给定 n 的一个估计值的情况下，q_r 应这样选择

$$q_r(\hat{n}) = \min[\frac{\sqrt{2\beta}}{n}, \sqrt{2\beta}] \quad (6.3.22)$$

取极小值是为了防止当 $\hat{n}$ 较小时，$q_r(\hat{n})$ 太大。更新的规则为

$$\hat{n}_{k+1} = \begin{cases} \hat{n}_k[1-q_r(\hat{n}_k)]+\lambda\beta & ，\text{时隙空闲} \\ \hat{n}_k[1-q_r(\hat{n}_k)]+\lambda(1+\beta) & ，\text{成功传输} \\ (\hat{n}_k+2)+\lambda(1+\beta) & ，\text{碰撞} \end{cases} \quad (6.3.23)$$

式中，等号后的第一项反映了对等待重传队列中分组数变化情况的估计；第二项反映了新到达的分组数。可以证明，只有当 $\lambda < \frac{1}{1+\sqrt{2\beta}}$ 时，该算法才是稳定的。

4．有碰撞检测功能的载波监听型多址接入协议（CSMA/CD）

CSMA 协议由于在发送之前进行载波监听，所以减少了碰撞的机会。但由于传播时延的存在，碰撞还是不可避免的。只要发生碰撞，信道就被浪费一段时间。CSMA/CD 协议比 CSMA 协议增加了一个功能，这就是边发送边监听。只要监听到信道上发生了碰撞，则碰撞的节点必须停止发送。这样，信道就能很快空闲下来，因此提高了信道的利用率。这种边发送边监听的功能称为碰撞检测。

CSMA/CD 协议的工作过程如下：当一个节点有分组到达时，该节点首先监听信道，看信道是否空闲。如果信道空闲，则立即发送分组；如果信道忙碌，则连续监听信道，直至信道空闲后立即发送分组。该节点在发送分组的同时，检测信道 δ 秒，以便确定本节点的分组是否与其他节点发生碰撞。如果没有发生碰撞，则该节点会无冲突地占用该信道，直至传输结束。如果发生碰撞，则该节点停止发送，随机时延一段时间后重复上述过程。（在实际应用时，发送节点在检测到碰撞以后，会产生一个阻塞信号来阻塞信道，以防止其他节点没有检测到碰撞而继续传输。）CSMA/CD 协议主要应用在有线网络中，如数据终端访问点协议（IEEE 802.3 标准）。

总体来说，CSMA/CD 协议比 CSMA 协议的控制规则增加了如下三点。

（1）边说边听——任一发送节点在发送数据帧期间要保持监听信道的碰撞情况的状态。一旦检测到碰撞发生，应立即中止发送，不管目前正在发送的帧是否发完。

（2）强化干扰——发送节点在检测到碰撞并停止发送后，立即改为发送一小段强化干扰信号，以增强碰撞检测效果。

（3）碰撞检测窗口——任一发送节点若能完整地发完一个数据帧，则停止一段时间（两倍的最大传播时延）并监听信道情况。若在此期间未发生碰撞，则可认为该数据帧已经发送成功。此时间区间即碰撞检测窗口。

上述第（1）点可以保证尽快确知碰撞发生和尽早关闭碰撞发生后的无用发送，这有利于提高信道利用率；第（2）点可以提高网络中所有节点对于碰撞检测的可信度，保证了分布式控制的一致性；第（3）点有利于提高一个数据帧发送成功的可信度。如果接收节点在此窗口

内发送应答帧（ACK 或 NAK）的话，则可保证应答传输成功。

下面分析 CSMA/CD 协议的性能。为了简化分析，首先假定一个局域网（LAN）工作在时隙状态下，以每个分组传输的结束时刻作为参考点，将空闲信道分为若干个微时隙，用分组长度进行归一化的微时隙的长度为 β。所有节点都同步在微时隙的开始点进行传输。如果在一个微时隙开始点有分组发送，则经过一个微时隙后，所有节点都检测到在该微时隙上是否发生碰撞。如果发生了碰撞，则立即停止发送。

这里仍然用马尔可夫链的方法分析。分析的方法与时隙 CSMA 协议相同。设网络中有无穷多个节点，每一个空闲时隙结束时的等待重传的分组数为 n，每个等待重传的节点在每一个空闲时隙后发送的概率为 q_r。在一个空闲时隙发送分组的节点数为 $g(n)=\lambda\beta+q_r n$。在一个空闲时隙后可能有三种情况：一是仍为空闲时隙；二是一个成功传输（归一化的分组长度为 1）；三是一个碰撞传输。它们所对应的到达下一个空闲时隙结束时刻的区间长度分别为 β、$1+\beta$ 和 2β。因此，两个状态转移时刻的平均间隔为

$$E\{\text{状态转移时刻的间隔}\}=\beta+1\cdot g(n)\mathrm{e}^{-g(n)}+\beta\cdot\{1-[1+g(n)]\mathrm{e}^{-g(n)}\} \quad (6.3.24)$$

式中，第一项表示在任何情况下基本的间隔为 β；第二项是成功传输对平均间隔的额外贡献；第三项是碰撞对平均间隔的额外贡献。

定义在一个状态转移间隔内，n 的变化量为

$$D_n=\lambda\cdot E\{\text{状态转移间隔}\}-1\times P_{\text{SUCC}} \quad (6.3.25)$$

其中

$$P_{\text{SUCC}}=g(n)\mathrm{e}^{-g(n)} \quad (6.3.26)$$

要使 $D_n<0$，则有

$$\lambda<\frac{g(n)\mathrm{e}^{-g(n)}}{\beta+g(n)\mathrm{e}^{-g(n)}+\beta\{1-[1+g(n)]\mathrm{e}^{-g(n)}\}} \quad (6.3.27)$$

从式（6.3.27）可以看出，不等式的右边为分组离开系统的概率，其最大值为 $\dfrac{1}{1+3.31\beta}$。它对应的 $g(n)=0.77$。因此，如果 CSMA/CD 协议是稳定的（如采用伪贝叶斯算法），则系统稳定的最大分组到达率应小于 $\dfrac{1}{1+3.31\beta}$。

5. 有碰撞避免功能的载波监听型多址接入协议（CSMA/CA）

CSMA/CA 协议是有碰撞避免（CA-Collision Avoidance）功能的载波监听型多址接入协议。它是对 CSMA 协议的另一种改进方法。通常在无线系统中，一台无线设备不能在相同的频率（信道）上同时进行接收和发送，因此不能采用碰撞检测（CD）技术。因此，只能通过碰撞避免的方法来减少碰撞的可能性。在 IEEE 802.11 无线局域网（WLAN）的标准中，就采用了 CSMA/CA 协议。CSMA/CA 协议不仅支持全连通的网络拓扑，还支持部分连通的网络拓扑。

在 IEEE 802.11 标准中，CSMA/CA 协议的基本工作过程如下：一个节点在发送数据帧之前先对信道进行预约。假定 A 要向 B 发送数据帧，发送节点 A 先发送一个请求发送帧（RTS）来预约信道，所有收到 RTS 的节点将暂缓发送。而真正的接收节点 B 在收到 RTS 后，发送一个允许发送的应答帧（CTS）。在 RTS 和 CTS 中均包括要发送分组的长度（在给定信道传输速率及 RTS 和 CTS 长度的情况下，各节点就可以计算出相应的退避时间，该时间通常称为 NAV（Network Allocation Vector）。CTS 有两个作用：一是表明接收节点 B 可以接收发送节点

A 的帧；二是禁止 B 的邻居节点发送，从而避免 B 的邻居节点的发送对 A 到 B 的数据传输的影响。RTS 和 CTS 很短，如它们分别可为 20 和 14 个字节。而数据帧最长可以达到 2346 个字节。相比之下，RTS 和 CTS 引入的开销不大。RTS/CTS 的传输过程如图 6.3.11 所示。

为了尽量避免碰撞，IEEE 802.11 标准给出了三种不同的帧间间隔（IFS），它们的长短各不相同。参照图 6.3.11，给出只使用一种 IFS（假定对图中的 SIFS、DIFS 不加以区分）时的 CSMA/CA 算法。

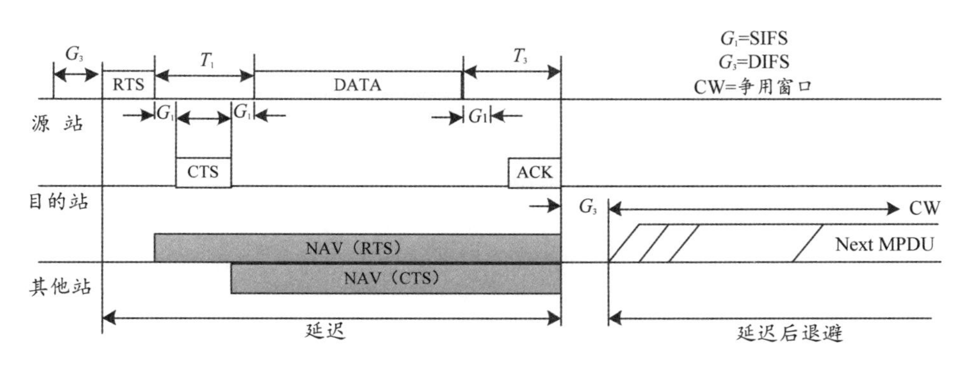

图 6.3.11　RTS/CTS 的传输过程

（1）发送帧的节点先监听信道。若发现信道空闲，则继续监听一段时间 IFS，看信道是否仍为空闲。如是，则立即发送数据帧。

（2）若发现信道忙碌（无论是一开始就发现，还是在后来的 IFS 时间内发现），则继续监听信道，直到信道变为空闲。

（3）一旦信道变为空闲，此节点延迟另一个时间 IFS。若信道在时间 IFS 内仍为空闲，则按二进制指数退避算法延迟一段时间。只有在退避期间信道一直保持空闲，该节点才能发送数据帧。这样做可使在网络负荷很重的情况下，发生碰撞的机会大为减小。

二进制指数退避算法的原理是让发生碰撞的站点在停止发送后，不立即再发送数据，而退避一个随机的时间，从而降低重传时发生碰撞的概率，具体的算法如下。

（1）当站点发送的数据帧发生碰撞时，站点的退避时间取值范围（竞争窗口，CW）按 2 的指数增大，即 $k=2^i$，i 是冲突站点的重传次数（$i=1,2,3,\cdots$）。

（2）冲突站点取$(1,2^i)$中的一个随机整数作为退避时间。若再次发生碰撞，则使 $i=i+1$，并重复上述延迟过程，直到冲突分解成功。

（3）为保证信道利用率，算法规定 i 的最大值为 10，即最大时隙窗口为 1024。

（4）算法规定最大重复次数为 16 次，当碰撞站点的分解次数超过 16 次仍然存在碰撞站点时，就认为冲突分解失败，后几次冲突分解的窗口大小保持 1024 不变。

（5）当重传次数达 16 次，仍未能成功发送时，就丢弃该帧，并向高层报告。

IEEE 802.11 标准定义了三种不同的帧间间隔。

- SIFS，即短帧帧间间隔（Short IFS），典型的数值只有 10μs。
- PIFS，即点协调功能中的帧间间隔，比 SIFS 长，在点协调（PCF）方式轮询时使用。
- DIFS，即分布协调功能中的帧间间隔，是最长的帧间间隔，典型数值为 50μs。在分布式协调（DCF）方式中使用。

6.4 受控访问多址接入协议

受控访问多址接入是指各个用户不能随意接入信道，而必须服从一定的控制，或者设法形成分布式队列来协调分散在各地的用户发送数据。控制方法有以下两种。

1. 轮询

轮询技术采用集中式控制，主机按照一定的顺序逐个询问各个用户有无信息发送。如果有，则被询问用户立即将信息发给主机，否则询问下一站。轮询技术可分为两种不同的类型。

1）轮叫轮询（Roll-call Polling）

轮叫轮询由主机按预先确定的顺序轮流向各站发送查询信息，并接收各站发来的信息，当然主机也可以主动将数据发送给各站。由于主机向各站发送的数据均带有相应站的地址，所以每个站只能接收给自己的数据，这样不会出现混乱。轮叫轮询可采用多点线路，也可采用具有控制站的环形网和树形网。轮叫轮询一个较大缺点是，轮询帧在多点线路上不停地循环往返造成了相当大的开销，增加了帧的等待时间。

2）传递轮询（Hub Polling）

传递轮询将控制权按顺序从一个站转到另一个站。这实际上是令牌传递环所采用的方法。不同的是，这里采用的是主机集中控制。传递轮询可以采用多点线路，也可以采用总线网和环形网。传递轮询虽然比轮叫轮询帧等待的时间短，但由于实现复杂，造价高，因此在实际中应用较多的还是轮叫轮询。

2. 令牌访问

令牌访问技术采用分布式控制。令牌访问技术在环形网中产生一个特殊的帧，叫作令牌或权标，令牌沿着物理环单向依次传递。任何要发送的站只有持有令牌才有权发送信息。

需要注意的是，受控访问技术在网络通信量较小的时候，系统工作效率较低，用户不能自由地发送数据。

6.5 冲突分解算法

有竞争的多址接入协议如何解决冲突使所有碰撞用户都可以成功传输是一个非常重要的问题。从前面的讨论可以看出，通过调整对等待重传队列长度的估值，改变重传概率，可以进一步减缓冲突。而另一种更有效的解决冲突的方式就是冲突分解（Collision Resolution）。

冲突分解的基本思想：如果系统发生碰撞，则让新到达的分组在系统外等待，在介入碰撞的分组均成功传输结束后，再让新分组传输。

下面给出两种具体的冲突分解算法：树形分解算法（Tree Splitting Algorithm）和 FCFS 分解算法（FCFS Splitting Algorithm）。

6.5.1 树形分解算法

假设在第 k 个时隙发生碰撞，碰撞节点的集合为 S。所有未介入碰撞的节点进入等待状态。集合 S 被随机地分成两个子集，用左集（L）和右集（R）表示。左集（L）先在第 k+1 个时隙中传输。如果在第 k+1 个时隙中传输成功或空闲，则 R 在第 k+2 个时隙中传输。如果在第 k+1 个时隙中发生碰撞，则将 L 分为左集（LL）和右集（LR），LL 在第 k+2 个时隙中传输。如果在第 k+2 个时隙中传输成功或空闲，则 LR 在第 k+3 个时隙中传输。以此类推，直至集合 S 中所有的分组传输成功。从碰撞的时隙（第 k 个时隙）开始，直至集合 S 中所有分组成功传输结束的时隙称为一个冲突分解期（CRP）。

例 6.5.1 一个有三个节点在第 k 个时隙发生碰撞后的树形分解算法如图 6.5.1 所示，其中集合的分割采用随机的方式，即在每次集合分割时，集合中的节点通过扔硬币的方法决定自己属于左集还是右集。该算法用了 8 个时隙完成了冲突分解。

在该算法中，在给定每个时隙结束时立即有(0,1,e)反馈信息的情况下，各个节点能构造一个相同的树，并确定自己所处的子集和确定何时发送自己的分组。具体的方法如下：树形分解算法中的发送顺序可对应一个数据压入堆栈的顺序。当一个碰撞发生后，碰撞节点的集合被分为子集，形成的每一个子集作为一个元素压入堆栈。在发送时，堆栈最顶端的子集从堆栈中移出并进行发送。每个节点采用一个计数器来跟踪它的分组所在的当前子集处于堆栈中的位置。如果该子集处于堆栈的顶端，则立即发送。当该节点的分组传输发生碰撞（冲突分解开始）时，计数器的初值置 0 或 1（取决于该分组被放在哪个子集中，显然如果该分组被放入左子集，则初值被置为 0；而如果该分组被放入右子集，则初值置为 1）。在冲突分解过程中，当计数器的值为 0 时，则发送该分组。如果计数器为非 0，则在冲突分解过程中，每次时隙发生碰撞，计数器的值加 1；每次成功传输或时隙空闲，计数器的值减 1。

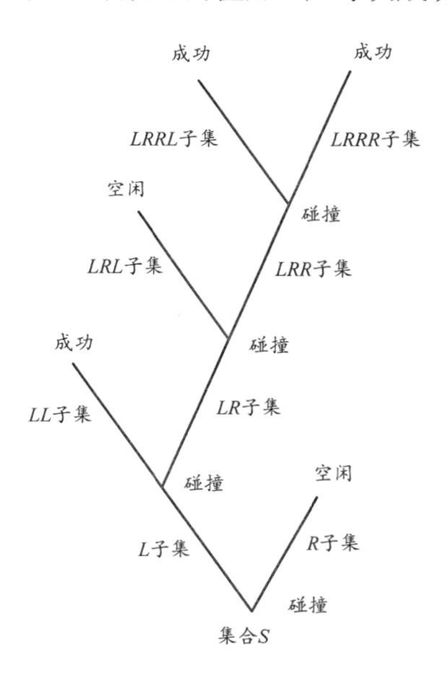

时隙	发送集合	等待集合	反馈
1	S	-	e
2	L	R	e
3	LL	LR,R	1
4	LR	R	e
5	LRL	LRR,R	0
6	LRR	R	e
7	$LRRL$	$LRRR,R$	1
8	$LRRR$	R	1
9	R	-	0

图 6.5.1　树形分解算法

在冲突分解期（CRP）中，处理的分组是介入碰撞的分组。而在 CRP 中，还会不停地有新分组到达。对于 CRP 中到达的新分组有两种处理方法：方法一是在当前 CRP 结束后立即开始一个新的 CRP，该新 CRP 所处理的分组就是当前 CRP 中到达的新分组。该方法的问题是，如果当前 CRP 到达了很多新分组，则在新的 CRP 中，可能要碰撞很长时间才能通过分解得到一个很小的子集；方法二是在当前 CRP 结束时刻，立即将到达的新分组分为 j 个子集

(j 的选择应使每个子集中的分组数稍大于 1)，然后对每一个子集进行冲突分解。该方法的最大通过率可以达到每个时隙 0.43 个分组。

通过仔细观察树形分解算法，可以发现，如果在一次碰撞（如第 k 个时隙）以后，下一个时隙（第 k+1 时隙）是空闲的，则第 k+2 个时隙必然会再次发生碰撞。这表明将碰撞节点集合中的所有节点都分配到了右集（R），自然会再次发生碰撞。改进的方法是，若碰撞后出现空闲时隙，则不传输第二个子集（R）中的分组，而立即将 R 再次分解，并传输分解后的第一个子集（RL），如果再次空闲，则再次进行分解，并传输 RLL 中的分组，以此类推。这样的改进可以使每个时隙的最大通过率达到 0.46 个分组。

6.5.2 FCFS 分解算法

FCFS（先到先服务）分解算法的基本思想是根据分组到达的时间进行冲突分解，并力图保证先到达的分组先传输成功。

设 $T(k)$以前到达的分组都已发送完毕，现在需要确定从 $T(k)$开始，长度为 $\alpha(k)$区间内到达的分组在第 k 个时隙中传输。该区间被称为指配区间（Allocation Interval）。从 $T(k)+\alpha(k)$至当前传输时刻称为等待区间。FCFS 分解算法的主要功能是根据冲突分解的情况，动态地调整指配区间的长度和起始时刻。

在$[T(k),T(k)+\alpha(k)]$内到达的分组在第 k 个时隙内传输。如果在第 k 个时隙内发生了碰撞，则将指配区间分为两个相等部分：左集（L）和右集（R）。其中，$L=[T(k+1),T(k+1)+\alpha(k+1)]$，$T(k+1)=T(k)$，$\alpha(k+1)=\alpha(k)/2$，且 L 先在第 k+1 个时隙内传输。如果第 k+1 个时隙空闲，则必然在第 k+2 个时隙内碰撞。这里采用树形分解算法的改进方案。R 区间必定包括 2 个以上的分组，则在第$(k+1)$个时隙结束时刻，立即进行分解，得 RL 和 RR 两个相等的区间，而 RL 内到达的数据先在第 k+2 个时隙内传输。如果在 k+1 个时隙内发生碰撞，则把 L 分为更小的两个相等部分 LL 和 LR，在第 k+2 个时隙内先传输 LL 范围内到达的数据分组，以此类推，直到数据全部成功传输。

本章小结

本章讨论的主题是多址接入协议，它主要解决多个用户如何共享信道的问题。首先讨论了固定多址接入协议（TDMA、FDMA 等）的特点并分析了它们的性能；然后讨论了基本的随机多址接入协议 ALOHA 协议，主要针对它的稳态性及稳定性进行了深入的研究，同时利用伪贝叶斯算法构造了一个稳定的 ALOHA 协议；接着针对 ALOHA 协议利用率不高的原因，研究了载波监听型的多址接入协议（CSMA 协议），它可以有效地减少想接入信道的分组对正在传输的分组的影响。在 CSMA 协议基础上，讨论了 CSMA/CD 协议和 CSMA/CA 协议。在随机多址接入协议的基础上，又讨论了冲突分解算法，给出了树形分解算法和 FCFS 分解算法。在研究了固定多址接入协议和随机多址接入协议之后，讨论了预约多址接入协议。当要传输的分组较长时，可以用一个很短的分组进行预约，如果预约成功，则该分组将无冲突地进行传输。预约可以是显式的，也可以是隐式的。例如，在 CSMA/CD 协议中，用分组头来进行预约。如果分组头未与其他分组碰撞，则该分组将无冲突地进行传输。以上几种多址接入协议都是针对全连通的网络来讨论的。

从前面讨论的基本协议出发，可以构造出多种类型的协议，其基本方法就是预约与冲突分组和固定分配相结合，所构造的多址接入协议不仅要支持单一类型的业务，还要支持多种不同类型的业务。这一方面仍然是多址接入协议需要研究的重点问题。

思考题

1．请讨论固定多址接入协议的优缺点是什么？

2．在 ALOHA 协议中，为什么会出现稳定平衡点和不稳定的平衡点？重传概率对系统的性能有何影响？

3．设信道数据速率为 9600bit/s，分组长度为 804bit。当 G=0.75 时，纯 ALOHA 系统负荷为多少？

4．n 个节点共享一个 9600bit/s 的信道，每个节点以每 100s 产生一个 1000bit 分组的平均速率发送数据分组。试求在纯 ALOHA 系统和时隙 ALOHA 系统中最大可容许的系统用户数 N 的值。

5. 什么叫稳定的多址接入协议？使用伪贝叶斯算法的时隙 ALOHA 协议是不是稳定的多址接入协议？如果是，其稳定的最大通过率是多少？

6．CSMA 协议的基本原理是什么？与 ALOHA 系统相比，为什么 CSMA 系统有可能获得更高的系统吞吐率？

7．CSMA 系统主要在什么问题的处理决策上来区分三种不同类型的 CSMA 协议？说明它们各自的关键技术特点。

8．CSMA 方法有什么应用环境限制？在卫星信道上能采用 CSMA 方法吗？为什么？

9．假设有以下两个 CSMA/CD 网：

网络 A 是 LAN（局域网），传输速率为 5Mbit/s，电缆长 1km，分组长度为 1000bit;

网络 B 是 MAN（城域网），电缆长 50km，分组长度为 1000bit。

那么，网络 B 需要多大的传输速率才能达到与网络 A 相同的吞吐率？

10. K 个节点共享 10Mbit/s 的总线电缆，用 CSMA/CD 协议作为访问方案（以太网 LAN）。总线长 500m，分组长 Lbit，假设网络上的 K 个节点总有业务准备传输（重负荷情况）。P 是竞争时隙中一个节点发送分组的概率。令 K=10，传播速度是 3×10^8m/s。求竞争周期的平均时隙数、竞争周期的平均持续时间及以下两种情况的信道利用率。

（1）L=100bit。

（2）L＝1000bit。

第7章　路由选择

在通信网络的网络层中，路由选择是分组转发的重要功能，同时路由的数量、质量、选择的机制将会直接影响分组转发的效率，进而影响网络业务的服务质量。在现代通信网络中，随着网络业务类型的增多、业务强度的提高，为合理地提高网络吞吐率及业务服务质量，路由选择原理一直是人们重视的领域。

本章首先综述路由选择的基本概况，然后给出最短路径问题并讨论几种基本的最短路由算法原理，在此基础上分析分级路由选择及广播、组播路由选择思想，最后介绍两种典型路由选择协议：OSPF 协议和 AODV 协议。

7.1　概述

7.1.1　基本概念

在通信网络中，信息从一个地点传输到另一个地点所需约定及经过的传输路径称为路由。两点之间的路由可能存在多条，需要进行路由选择。路由算法的主要功能是引导分组通过通信子网到达正确的目的节点，包括为源节点和目的节点选择一条路由和将用户的信息按选择的路由正确地传输到目的节点两个功能。

路由选择算法是网络层的主要功能，它负责确定从源节点到目的节点之间的可行路径（路由）。在分组交换网中，每个分组可以单独选路，或者若干分组构成的序列分组选择相同的路径。如果子网内部采用数据报的传输方式，则对每一个分组都要重新进行路由选择。因为对于相同源节点和目的节点的每个分组来说，上次选择的最佳路由可能由于网络拓扑、负荷和拥塞等情况的变化而被改变。但是，如果子网内部采用虚电路的传输方式，则仅需要在建立虚电路时进行一次路由选择，以后，数据就在这条建立起来的路由上传输即可。

路由选择算法既要使网络的信息通过量（吞吐率）最大，又要使网络的平均分组时延最短。一般要求在轻或中等业务负荷的情况下，路由选择算法可以减少每一个分组的平均时延；在高业务负荷情况下，路由选择算法在保证相同的时延条件下可以增加网络的信息通过量。这使得路由选择算法通常相当复杂。

一般来说，路由选择算法应该设法满足如下目标中的一个或多个。

（1）快速而准确地传送分组数据。路由选择算法必须能够正确地工作，如果网络中存在一条到目的节点的路径，则路由选择算法必须能够正确找到这条路径。这就要求网络的各子网节点相互协调，包括同一节点不同协议层间的接口协调、不同节点同一层的对等通信协调。

（2）具有快速收敛性。路由选择算法必须能够快速收敛，收敛是所有路由器在最佳路径上取得一致的过程。当一个网络由于某种事件造成路由器停机或开通时，路由器就会发送修正的路由消息，该消息在网络上传播，引发路由器重新计算最佳路由，并最终促使所有路由器承认新的最佳路由。路由选择算法收敛过慢，会导致路由循环或网络发生故障。

（3）能够适应节点或链路的故障及网络拓扑变化。在网络运行设备和传输链路容易出现故障的情况下，路由选择算法要对故障业务重新配置路径并对系统维持的数据库进行更新。

（4）能够适应不断变化的源节点和目的节点业务量负荷。网络的业务量负荷是动态变化的，自适应的路由选择算法能够基于当前的业务量负荷来调整路径，以达到较高的性能。

（5）具有暂时避开拥塞链路的能力。路由选择算法应该避开严重拥塞的链路，并且平衡每条链路的负荷。当网络部分区域拥塞时，路由选择算法必须能够修正路由。

（6）具有确定网络连接和避免路由环路的能力。路由选择算法为了查找优化的路径，需要了解网络的连通性或可达性信息。大型网络路由选择算法常采用分布式计算。由于分布式计算中不一致的信息可能导致网络产生路由环路，因此路由选择算法应该避免持续的环路路由。

（7）具有低开销和易实现的特点。路由选择算法一般通过和其他路由选择算法交换控制消息来获得连通性信息，这些信息是一种带宽使用上的开销，应该最小化这种开销。

7.1.2　算法分类

目前已经有许多种路由选择算法，路由选择算法大致可分为确定路由选择算法和自适应路由选择算法；也可分为集中式路由选择算法和分布式路由选择算法；还可分为静态路由选择算法和动态路由选择算法。其中，确定路由选择算法又分为固定路由表的静态路由选择算法和洪泛式路由选择算法；自适应路由选择算法又分为路由控制中心负责的集中式路由选择算法、各节点交互确定的分布式路由选择算法、各节点单独确定的隔离式路由选择算法和混合式路由选择算法等。

1．静态路由选择算法（也称查表法或固定路由法）

网络管理员在路由选择开始前，就会为固定网络建立路由映射表，如果网络管理员不改变它们，那么这些路由映射表将保持不变，即网络中每一对源节点和目的节点之间的路由都是固定的，无论是采用数据报方式还是虚电路方式，用户的所有分组数据都会从指定源节点到目的节点沿着相同的路径传输。一般来说，当节点或链路故障时，静态路由选择算法会为每个节点提供一个次佳路由，当最佳路由失败时启动次佳路由。静态路由选择算法的优点是处理简单，在可靠的中、低等负荷稳定的简单网络中可以很好地运行；缺点是缺乏灵活性，不能对网络的拓扑变化做出反应，无法适应网络拥塞和故障情况，不适应大型和易变的网络环境。一般在网络规模较小，或者业务量负荷变化不大，或者网络的拓扑相对固定的网络中可采用静态路由选择算法。

2．洪泛式（Flooding）路由选择算法（也称扩散式路由选择算法）

洪泛式路由选择算法的基本思想是让每个节点收到分组后，将其发往除分组所在节点外的其他邻居节点，邻居节点再转发向它们的邻居节点，直到分组到达网络所有节点，不需要任何网络信息。可以想象，按照这种算法，网络上的分组会像洪水一样泛滥起来，造成大量的分组冗余，最终网络出现拥塞现象。

为了限制分组的传输次数，一般有以下三种方法。

（1）在每个分组的头部设计一个计数器，用来统计分组到达节点的数量，当计数器超过一规定值（如端到端最大段数）时，将分组丢弃。

（2）在每个节点上建立一个分组登记表，不接收重复的分组，即每个节点仅将相同的广播分组转发给邻居节点最多一次；同一个分组的副本将经过所有的路径到达目的节点，目的节点接收最先到达的副本，后到达的副本被丢弃。例如，节点 B 从节点 A 接收一个广播分组，则 B 不会将该分组再转发给 A。具体实现方法是，源节点广播的每一个分组都有一个标识符（ID）和序号，每发送一个新的分组，序号加 1。每个节点在中转时，记录该分组的序号。每个节点仅中转大于记录中最大序号的分组，所有小于或等于记录序号的分组都被丢弃，而不会被中转。

（3）只选择距目标节点近的部分节点发送分组。

洪泛式路由选择算法的优点是具有较强的鲁棒性和很高的可靠性。由于分组要经过源节点到目的节点之间的所有路径，因此即使网络出现严重故障，只要在源节点和目的节点之间至少存在一条路径，那么分组都会被送达目的节点。同时，所有源节点直接或间接连接的节点都会被访问到，所以洪泛式路由选择算法被应用于广播。该算法的优点是网络高度稳健，特别适用于可能遭受严重损坏的军事网络，还可用于虚电路路由的初始建立及信息发布；缺点是产生的通信量负荷过高，额外开销过大，导致分组排队时延加大。洪泛式路由选择算法适用于规模较小、可靠性要求较高的网络。

3. 自适应路由选择算法

在自适应路由选择算法中，路由选择根据网络状况的变化而动态改变，动态改变路由的依据条件是网络出现的拥塞或故障。

当网络中的一部分资源发生了拥塞，分组传输就要尽量绕过拥塞区域；当网络中的一部分资源出现了故障，分组传输就要避开发生了故障的节点或中继线。自适应路由选择算法必须在节点间交换网络状态信息，交换的信息越频繁，路由选择依据的条件越及时、准确。但是，节点间交换的信息会增加网络的负荷，导致网络性能下降，因此需要寻找一个既使网络状态信息能及时交互，又不增加过多的额外负荷的平衡点。虽然使用自适应路由选择算法会给网络带来额外的通信量开销，并使得路由选择算法更复杂，但是这种方法能够提高网络的性能，路由选择灵活，所以是目前使用普遍的路由选择策略。

4. 集中式路由选择算法

在集中式路由选择算法中，网络的路由通过路由控制中心计算得到，该中心定期收集链路的状态信息，如当前运行的邻居节点名称、当前缓冲队列长度等，并据此为每个节点计算一张最佳路由表，更新前次路由，周期性地向网络中各节点公布此路由信息。该算法存在的问题是网络状态信息的实时性差，抗故障能力差，会导致网络出现不稳定的现象，适用于小型网络。

5. 分布式路由选择算法

分布式路由选择算法根据网络中各节点状态周期性地交换网络路由信息和状态信息，独立地计算到达各节点的路由，不断根据网络的新状态更新路由。

分布式路由选择算法既能适应网络拓扑变化，又能使网络业务量负荷分布比较均匀。当然，这要付出一些代价（占去节点和链路的一些容量）。分布式路由选择算法通常比集中式路由选择算法具有更好的可扩展性，但是它更容易产生不一致的结果，如不同节点计算得到的路由可能出现环路。也就是说，如果 M 认为到达 N 的最佳路径应经过 K，而 K 认为到达 N 的最佳路径应经过 M，那么发往 N 的分组若不幸到达 M 或 K，则会陷入 M 和 K 之间的环路中。

6. 最短路由选择算法

许多路由选择算法都基于最短路由选择算法，最短指的是源节点和目的节点之间的长度最短，其中长度可以是物理距离的长短、时延大小、节点队列长度、带宽等。最短路由选择算法通过寻找最佳的邻居节点，并通过该邻居节点实现到达目的节点的最短路由。

7. 最佳路由选择算法

最佳路由选择算法为了克服最短路由选择算法存在的两个问题，将最短路由选择算法和流量分配结合，实现网络的最大吞吐率和最小时延。最短路由选择算法的缺点：一是每对节点之间仅有一条路由，因此限制了网络的吞吐率；二是路由无法适应业务量的变化。

对于通信网络来说，选择哪种路由方式需要根据网络结构和业务负荷变化及性能要求情况来决定，从而适应不同业务特性，动态地、按需地为呼叫连接建立路由。路由选择算法通常与流量分配和控制算法一起相互作用，共同确定网络的信息通过量和时延参数。

7.1.3　路由表

路由选择算法一旦确定了路径集合，路径信息就将被存储到路由表中，路由表指明该节点（交换机或路由器）如何选择分组的传输路径，以便每个节点知道如何转发分组。被存储的特定信息依赖于分组交换的类型。当采用虚电路分组交换网络时，路由表将每个输入的 VCI 转换为一个输出的 VCI，并且基于分组的输入 VCI 来识别分组要被转发到的输出端口。采用数据报分组交换时，路由表基于分组的目的端地址来识别分组被转发到的下一跳（参见 5.3.3 节）。下面介绍网络中的多个路由表如何协作来执行端到端的分组转发。

1. 虚电路分组交换网络

假定虚电路是双向的，并且每个方向采用相同的值。如图 7.1.1 所示，在节点 A（主机）和节点 1（交换机）之间存在两条虚电路。节点 A 发送的头部带有 VCI 1 的分组最终会到达节点 B，同时来自节点 A 的带有 VCI 5 的分组最终会到达节点 D。

对于每对节点来说，VCI 只具有本地意义。在每条链路中，基于特定链路的可用 VCI 标识符可能被转换为一个不同的标识符。如图 7.1.2 所示，来自节点 A 的 VCI 1 首先被转换为 VCI 2，然后被转换为 VCI 7，最后在到达节点 B 之前被转换为 VCI 8。当节点 1 收到带有 VCI 1 的分组后，该节点会使用 VCI 2 来替换输入的 VCI，随后将分组转发到节点 3。其他分组会进行类似的处理。

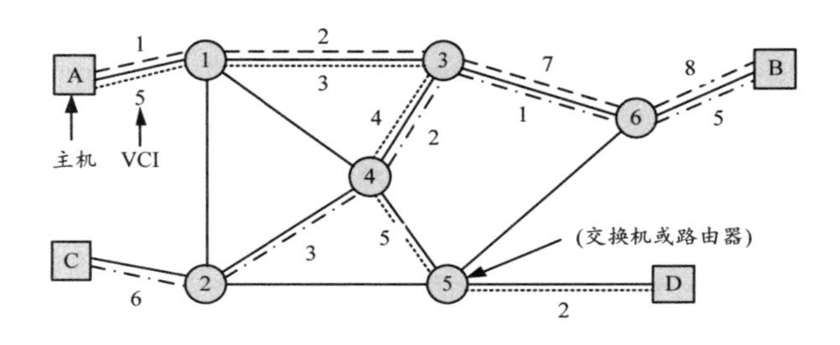

图 7.1.1　虚电路分组交换网络

如果一个带有 VCI 5 的分组从节点 A 到达节点 1，在 VCI 5 被替换为 VCI 3 之后，该分组被转发到节点 3。当分组到达节点 3 之后，该分组接收输出的 VCI 4，并转发到节点 4。节点 4 将 VCI 转换为 VCI 5 并将分组转发到节点 5。最后节点将 VCI 转换成 VCI 2 并将分组传输到目的端，即节点 D。

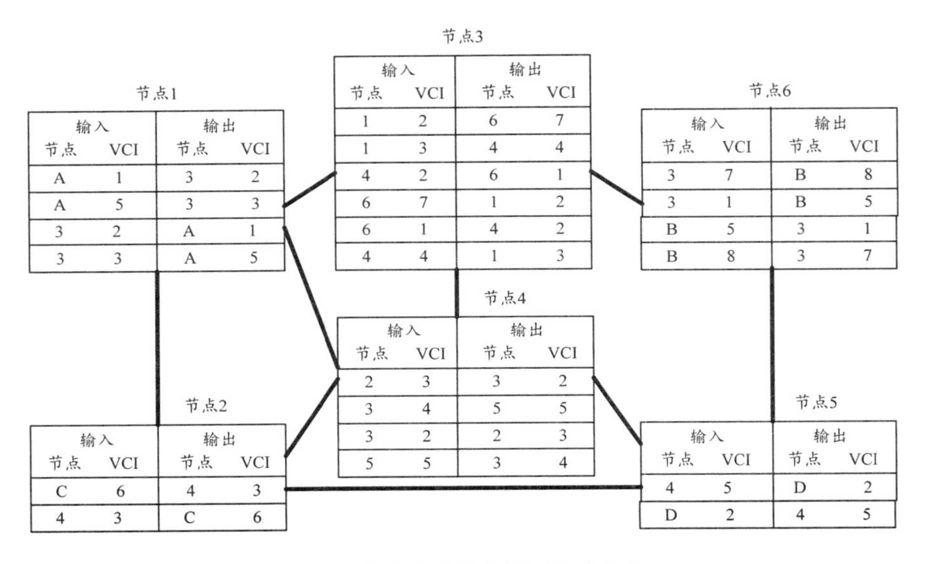

7.1.2　虚电路分组交换网络路由表

2．数据报分组交换网络

采用数据报分组交换网络不需要建立虚电路，因为源端和目的端之间不存在连接。假定采用最少跳数路由。如图 7.1.3 所示，如果一个发往节点 6 的分组到达节点 1，则基于节点 1 的路由表中对应的表项，该分组首先被转发到节点 3，然后节点 3 将该分组转发到节点 6。

现在假设一个分组到达节点 1，并且它的目的地是与节点 5 相连的节点 D。节点 1 中的路由表引导分组流到节点 2，节点 2 的路由表又引导分组流到节点 5，然后由节点 5 将分组传输到节点 D。

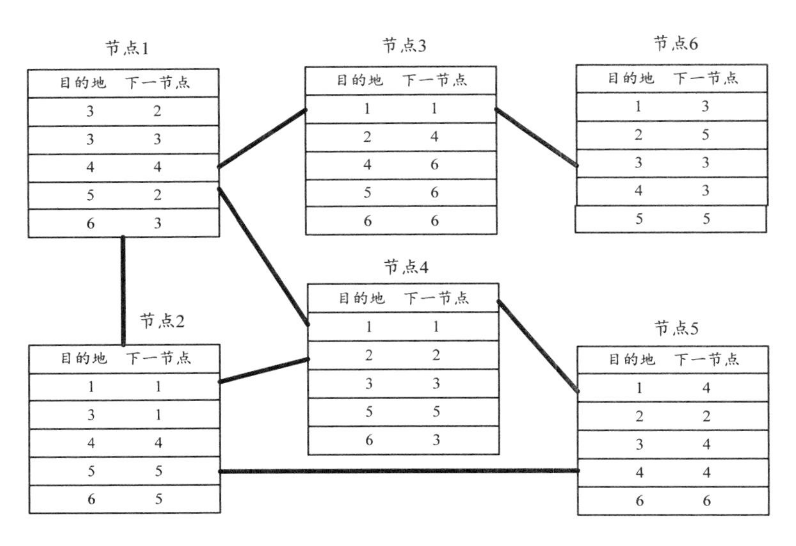

7.1.3　数据报分组交换网络路由表

7.1.4　最小生成树

在 3.2 节图论基础上，可定义生成树和最小生成树，据此可生成路由信息。对于图 $G=(V,E)$，包含了图 G 中所有顶点的树称为生成树（Spanning Tree）。一般而言，一个图可以有很多个生成树。

对于通信网络来说，利用生成树来实现广播是比较经济的，但每一条边的成本或时延通常是不同的，这时就要考虑树中各边的权值（成本或时延）。通常用 W_{ij} 表示边(i, j)的权值，权值之和最小的生成树为最小权值生成树（MST）。

下面介绍两种典型的求加权连通图的最小生成树的算法，即 Prim 算法（普里姆算法或 P 算法）和 Kruskal 算法（克鲁斯卡尔算法或 K 算法），这两个算法是路由选择的基础。

1．Prim 算法

Prim 算法由 Prim 于 1957 年提出，可在加权连通图里搜索最小生成树，在由此算法搜索到的边子集构成的树中，不但包括连通图里的所有顶点，且其所有边的权值之和最小。Prim 算法的基本步骤如下。

（1）设图 $G=(V,E)$，将图的端点集合 V 分成 A 和 $V-A$ 两部分。

（2）从图中任选一个端点 v_i，令 $A=\{v_i\}$。

（3）从 A 和 $V-A$ 的连线中找出最短（权值最小）边 $e_{ij}=(v_i,v_j)$，令 $A=A\cup\{v_j\}$，并从 $V-A$ 中去掉 v_j。

（4）重复上述过程，直至所有端点都在 A 中。

根据此方法所生成的连通图为最小生成树。

2．Kruskal 算法

Kruskal 算法总共选择 $n-1$ 条边（共 n 个节点），所使用的贪婪准则是从剩下的边中选择一条不会产生环路的具有最小费用的边加入已选择的边的集合中。Kruskal 算法的基本思想是首先将所有边按费用递增的顺序排序，然后由小到大选边，只要保持所选边不成圈，在选了 $n-1$（n 是点的个数）条边后就可以形成一棵最小生成树。Kruskal 算法步骤如下。

（1）设图 $G=(V,E)$，$S=\{e_1, e_2,\cdots e_k\}$是图 G 的加权边的集合，在图 G 中选择最小权值的边 e_i，设 $E=\{e_i\}$，用 $S-E$ 取代 S。

（2）在 S 中选择最小权值的边 e_i，并且不与 E 中的边形成回路。用 $E\cup\{e_i\}$取代 E，并用 $S=S-\{e_i\}$取代 S。

（3）重复步骤（2）直到 E 包含 G 中所有顶点，此时 E 包含 G 的最小生成树的边。

7.2　最短路由算法

7.2.1　最短路径问题

两点之间可能存在很多条路由，此时交换机或路由器需要进行路由选择。如何确定能够连接所有节点并使线路费用最小的网络结构？如何建立多个节点之间的信息传输通路？这些问题就是在一定网络结构下如何选择通信路由、如何确定首选路由和迂回路由的问题，抽象到网络图论中，就是最小生成树问题、路径选择或路径优化问题。

对于一个抽象图 $G(V,E)$，其中，V 是节点集，E 是弧（链路或边）集。设每条弧$(i,j)\in E$，都有一个对应的加权值 $l(i, j)$，称 $l(i, j)$为弧的长度或费用。将弧集 E 和实数联系起来的函数 L 称为长度函数。为了研究方便，把不在 E 中的弧认为是 G 中长度为无穷大的弧，即 $l(i,j)=\infty$，$(i,j)\notin E$。因此，用三个集合可将网络表示为 $G(V,E,L)$。下面定义几个与最短路径相关的术语。

1．有向路径长度

若 $P_{s,t}$ 是图 G 中从节点 s 到节点 t 的有向路径，则 $l(P_{st})$称为有向路径 $P_{s,t}$ 的长度，该长度在数值上等于从 s 到 t 的路径内所有弧（链路或边）的长度和。长度通常是一个正数，可以是物理距离的长短、时延的大小、各个节点队列长度等。如果长度取 1，则最短路由为最小跳数（中转次数）的路由。链路长度可能是随着时间变化的，取决于链路拥塞情况。

2．距离

图 G 中从节点 s 到节点 t 的最短路径的有向长度，称为节点 s 到 t 的最短路径或距离，最短的含义取决于对链路长度的定义。类似地，最长路径问题可以转化为最短路径问题，只需要将所有弧上的权值取相反数即可。

3．最短路径的数学描述

在不包含负有向圈的网络中，最短路径问题可以用线性规划描述如下。

$$
\begin{cases}
\min \sum\limits_{(i,j)\in E} l(i,j)x(i,j) \\
\text{s.t.} \sum\limits_{(i,j)\in E} x(i,j) - \sum\limits_{(i,j)\in E} x(j,i) = \begin{cases} 1, & i=s \\ -1, & i=t \\ 0, & i\neq s,t \end{cases} \\
x(i,j)=0,1
\end{cases}
\tag{7.2.1}
$$

式中，决策变量 $x(i,j)$表示弧(i,j)是否位于 $s-t$ 路径上。当 $x(i,j)=1$ 时，弧(i,j)位于 $s-t$ 路径上；当 $x(i,j)=0$ 时，弧(i,j)不在 $s-t$ 路径上。在式（7.2.1）中，第二组的约束条件就是图的关联矩阵。当网络节点数增加时，约束条件个数会急剧增加，算法收敛变得极其复杂，如果限定网络本身不包含负有向圈，则上面的约束条件保证了网络可达到的最优解。目前，一切最短有向路径算法都只对不包含负有向圈的网络有效，对包含负有向圈的网络，其最短路径是难以找到的。

当通信网络的拓扑结构已被确定时，寻找站间的最短路由是有意义的，这就是最短路径问题。在路由选择中，一般首选最短路由，即两节点之间的最短路径，有时还要找次短路由以供备用。两节点之间的最短路径选择算法包括确定节点到其他节点的最短路径算法和任意节点之间的最短路径算法两种。

（1）确定节点到其他节点的最短路径算法。

根据图中最短路径存在的几种情况，求弧长非负数的图中给定节点 s 到图中其他给定节点 t 的最短有向路径，采用迪克斯拉（Dijkstra）算法；对于允许弧长为负数，但不包含负有向回路（圈）的图，求给定节点 s 到图中其他节点 t 的最短有向路径，采用福特-莫尔-贝尔曼

（Ford-Moore-Bellman）算法。以上两种算法是典型的集中式算法，其路由是路由控制中心集中计算的，该中心周期性地收集每条链路的状态数据，经过计算后周期性地向各网络节点提供路由表。

对于有向网络的一个有向回路（圈），它的权值就是有向回路上所有前向弧的权值的和减去回路上所有逆向弧的权值的和。大多数最短有向路径算法可以求解有向网络的最短路径问题，但在实际问题中会遇到无向网络的最短路径问题，这时问题可以转化为有向网络问题的最短路径问题，若无向网络的弧长全部为非负（或非正）权值时，只需要将无向网络的一条边用两条对称的有向弧取代即可；如果弧长权值有负有正，问题就复杂很多，应当具体问题具体分析。

（2）任意节点之间的最短路径算法。

在某些情况下，需要求出给定的不含负有向回路的网络中所有节点对之间的最短路径，如果我们用 Dijkstra 或 Ford-Moore-Bellman 算法来求解，就需要每次选网络中一个节点作为源节点，根据算法过程求该节点到其他节点的最短有向路径，这样一来，计算复杂度将呈 n 级数关系递增，程序复杂，计算量大，一般情况下其计算量为 $O(n^4)$。1962 年，Floyd 提出了一种更好的算法，称为弗洛特-沃歇尔（Floyd-Warshall）算法，可以更简便有效地求解网络中任意两节点对之间的最短有效路径，这种算法也是典型的集中式算法。

此外，求任意节点之间的最短路径还可以采用分布式最短路径选择算法，每个节点周期性地从相邻的节点获得网络状态信息，同时将本节点做出的决定周期性地通知相邻的节点，以便这些节点不断根据网络新的状态更新路由选择，使整个网络的路由选择经常处于一种动态变化的状态。分布式最短路径选择算法的核心思想是各个节点独立地计算最短路径，典型的算法有距离矢量路由选择算法和链路状态路由选择算法。

4．次短路径

在通信网络中，当正在通信的两个节点之间的首选路由的业务量溢出或发生故障时，需要寻找次短路径或更次短路径作为备选路由进行迂回转换。一般来说，业务量溢出或故障都是发生在通路的某段或某几段链路或交换节点上的，所以次短路径分为以下两类。

（1）第一类次短路径：与最短路径的某些边分离的次短路径。

（2）第二类次短路径：除起点和终点外，与最短路径某些节点分离的次短路径。

第一类次短路径也称为分段路由保护（边分离）次短路径，第二类次短路径也称为源路由保护（点分离）次短路径。

第一类次短路径的求法是先用最短路径算法求得最短路径，再从原图中去掉这条路径的某条或某几条边，最后在剩下的原图中用最短路径算法求得最短路径，其就是所求的次短路径。依此方法，可求出第 2、第 3 条次短路径作为备选路由。

第二类次短路径的求法是先将最短路径中的某些节点去掉，再在剩下的图中求最短路径。

7.2.2　Dijkstra 算法

Dijkstra 在 1959 年首先提出了在弧长不为负数的图中，即对所有$(i,j)\in E$，$l(i,j)\geqslant 0$，按照路径长度增加的顺序来寻找最短路径，求给定节点到其他节点最短有向路径的有效算法。Whiting 和 Hillier 也于 1960 年各自独立地发现了该算法。此算法的思想是对节点进行标记，在迭代过程中更新这些标记，按照路径长度增加的顺序来寻找最短路径。在迭代过程中，节点的标记值记录从源节点 s 到该节点的有向路径的上界值，称为距离标号值。当迭代过程结束时，节点的标记值就代表给定节点 s 到图中该节点最短有向路径的长度值。在算法的迭代过程中，节点 i 的标记值有两种情况：一种是临时标记值，记为 $l(i)$；另一种是固定标记值，记为 $l^*(i)$。为了描述该算法，对图 $G(V, E, L)$约定符号含义。其中，点 i 的非负实数 $l(i)$表示 i 获得的临时标记值；$l^*(j)$表示节点 j 获得的固定标记值；将不在弧集 E 内的弧的长度定为∞；$(i, j)\in E$，$l(i, j)=\infty$。具体来说，该算法的详细步骤如下。

第 1 步（初始化）：对起始节点 s，置 $l^*(s)=0$；对节点集 V 内与节点 s 关联的节点 i（$i\neq s$，$(s,i)\in E$），置临时标记值 $l(i)= l(s, i)$，让临时标记值等于弧的长度；对不与 s 关联的其他节点 j（$j\neq s$，$(s, j)\notin E$），置 $l(s, j)=\infty$。

第 2 步：在临时标记值 $l(i)$中，取 $l(k)=\min\limits_{i}\{l(i)\}$，找到最小标记节点 k，并将该节点的临时标记值改为固定标记值，即将 $l(k)$改为 $l^*(k)$，若无剩下的临时标记值，则算法过程结束。

第 3 步：对剩余未进行固定标记且与刚固定的节点 k 关联的其他节点 i，用下式更新标记值：$l(i)=\min\{l(i),l^*(k)+l(k,i)\}$，使这些未固定标记且与固定标记节点 k 关联的所有节点保持最小标记值。当更新标记值完成后，转回算法第 2 步，循环迭代过程。

在算法迭代过程中，每一轮迭代确定一个节点的固定标记值。当迭代结束后，所有节点都获得固定标记值，节点的固定标记值表示 s 节点到该节点的最短有效路径长度，其值为节点固定标记值。最短有向路径的寻找可以按下面的方法确定：假设在有 n 个节点的图 $G(V, E, L)$中，由 s 到 i（i=1,2,⋯,n−1）的最短有向路径 $P_{s,i}$ 依其长度顺序排列。不失一般性，设所有弧长为正，如果有必要，可以对各节点重新命名，因此有 $l(P_{s,1})\leqslant l(P_{s,2})\leqslant l(P_{s,3})\leqslant \cdots l(P_{s,k})\leqslant \cdots \leqslant l(P_{s,n-1})$。若 $P_{s,1}$ 不止一条弧，那么一定含有比 $P_{s,1}$ 更短的子路径，这与 $P_{s,1}$ 是所有有向路径 $P_{s,i}$（$i=1,2,\cdots,n-1$）中最短的假设相矛盾，因此，$P_{s,1}$ 只能含一条弧。而 $P_{s,k}$ 最多含 k 条弧，因为若 $P_{s,k}$ 不止含 k 条弧，则除 s 和 k 外，在 $P_{s,k}$ 上至少还有 k 个节点，由于图中所有弧长为正，$P_{s,k}$ 中每个从 s 到 j 的子路径必定比 $P_{s,k}$ 短，因此，有 k 条弧的最短有向路径比 $P_{s,k}$ 更短，这与 $P_{s,k}$ 是 s 到 k 节点的最短路径矛盾。

当图内含有长度为零的弧时，首先对图进行修正，然后用 Dijkstra 算法求其最短路径：去掉长度为零的弧(i, j)，并将 i、j 节点合并成一个节点 i。原图中从 s 到 j 的最短有向路径在修正图中是 s 到 i 的最短有向路径加上长度为零的弧(i, j)。因此，即使图中有长度为零的弧，Dijkstra 算法仍然有效。

Dijkstra 算法包括比较和加法运算。为了计算运算次数，我们分析算法的第 2 步运算，在第一轮迭代中需要进行 n−2 次比较，在第二轮迭代中需要进行 n−3 次比较。依此类推，第 2 步运算总共需要进行的比较次数为$(n-2)+(n-3)+(n-4)+\cdots+1=0.5\times(n-1)(n-2)$次。

类似地，在算法第 3 步中，第一轮迭代需要进行 n−2 次比较和加法运算，第二轮迭代需要进行 n−3 次比较和相同次数的加法运算。依此类推，第 3 步总共需要进行比较的次数为$(n-2)+(n-3)+\cdots+2+1=0.5\times(n-1)(n-2)$次；第 3 步总共需要进行的加法运算次数为$0.5\times(n-1)(n-2)$次。

因此，整个算法过程需要进行的比较次数为$(n-1)(n-2)$次；需要进行的加法运算次数为$0.5\times(n-1)(n-2)$次。算法复杂度为$O(n^2)$，与节点数的平方成正比。因此，对大型的网络来说，该算法运算量少，非常有效，下面通过例题来说明该算法的应用。

例 7.2.1 已知图 $G(V, E, L)$含有 7 个节点，如图 7.2.1 所示，其中(i, j)间弧长已标出，试用 Dijkstra 算法求节点 s 到其他节点的最短路径。

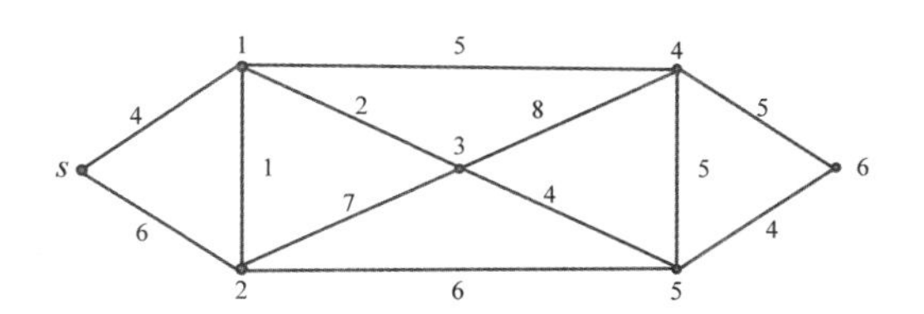

（a）最短路径图 G

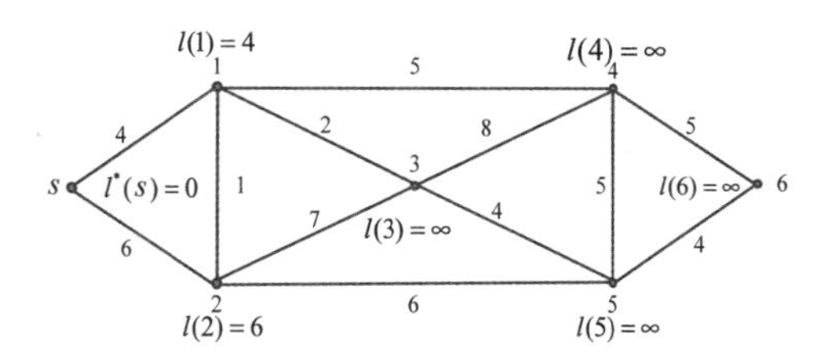

（b）算法第 1 步运算后得到的初始标记图

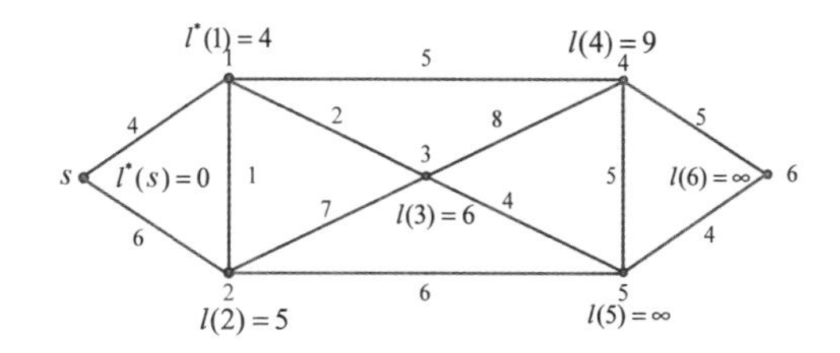

（c）第 1 轮迭代后得到的标记图

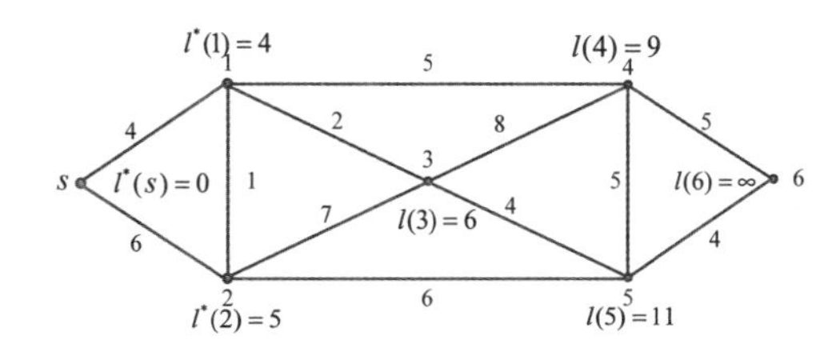

（d）第 2 轮迭代后得到的标记图

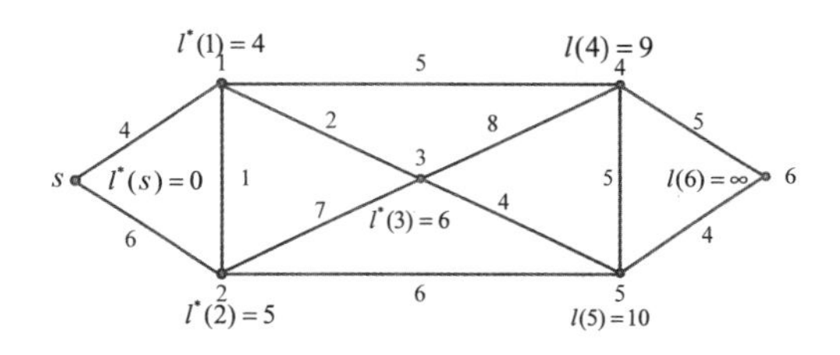

（e）第 3 轮迭代后得到的标记图

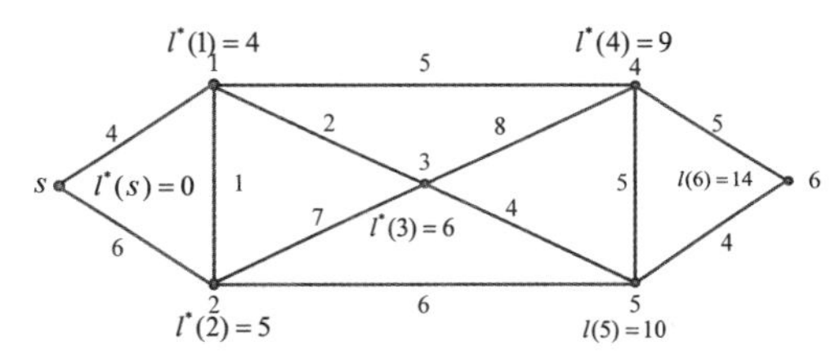

（f）第 4 轮迭代后得到的标记图

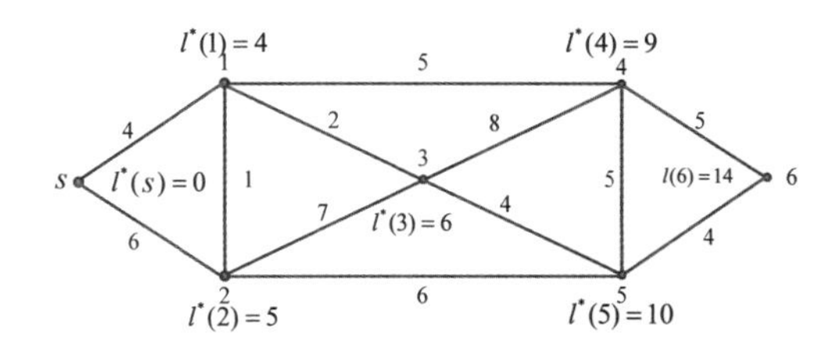

（g）第 5 轮迭代后得到的标记图

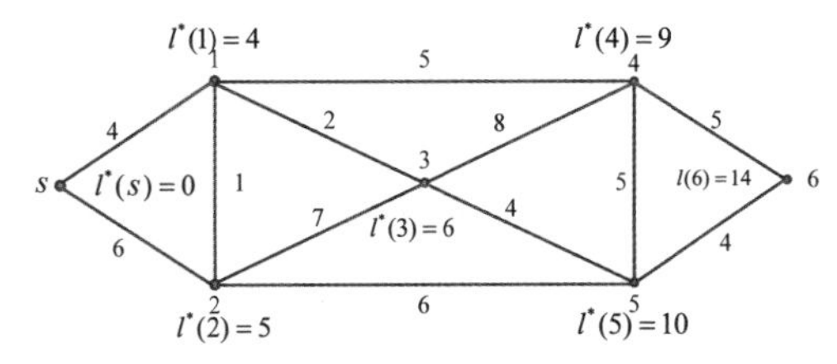

（h）Dijkstra 算法迭代结束后的标记图

图 7.2.1 Dijkstra 算法过程

算法的每一轮迭代确定了一个节点为固定标记，同时确定了节点 s 到该节点的最短路径，如图 7.2.1 所示。

由图 7.2.1 可看出，节点 s 到其他节点的最短路径及长度分别为：

$P_{s,1}=(s,1)=4$

$P_{s,2}$=(s,1)(1,2)=5

$P_{s,3}$=(s,1)(1,3)=6

$P_{s,4}$=(s,1)(1,4)=9

$P_{s,5}$=(s,1)(1,3)(3,5)=10

$P_{s,6}$=(s,1)(1,4)(4,6)=14

这些路径的并集构成一个以节点 s 为根的树，如图 7.2.2 所示。可见，用 Dijkstra 算法求出的所有最短有向路径的并集构成一个以节点 s 为根的树。

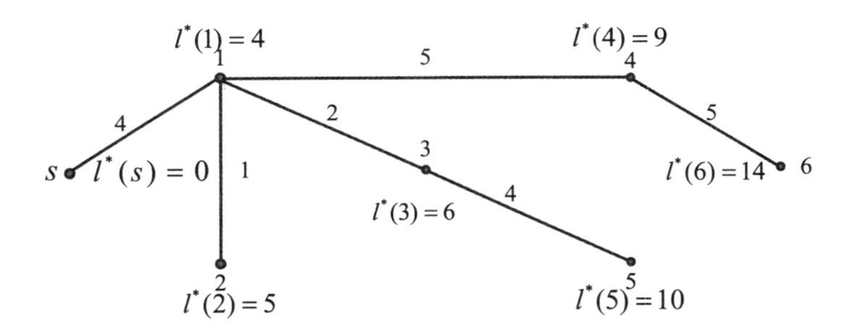

图 7.2.2 以节点 s 为根的树

Dijkstra 算法的上述求解过程和结果也可以列表表示，如表 7.2.1 所示。

表 7.2.1 用 Dijkstra 算法求例 7.2.1 的运算结果

s	1	2	3	4	5	6	固定节点	最短路径值
0	4	6	∞	∞	∞	∞	s	$P_s=0$
	*4	5	6	9	∞	∞	1	$P_{s,1}=4$
		*5	6	9	11	∞	2	$P_{s,2}=5$
			*6	9	10	∞	3	$P_{s,3}=6$
				*9	10	14	4	$P_{s,4}=9$
					*10	14	5	$P_{s,5}=10$
						*14	6	$P_{s,6}=14$

7.2.3 Ford-Moore-Bellman 算法

Dijkstra 算法仅对弧长为非负数网络的最短有向路径求解有效。而弧长为正数、负数和零的这些更一般的情况，其最短路径问题的求解一样具有重要意义。Ford（福特）在 1956 年、Moore（莫尔）在 1957 年和 Bellman（贝尔曼）在 1958 年最早提出了弧长可为正数、负数和零，但回路（圈）长度为非负数网络的最短有向路径的算法，该最短有向路径问题的求解遵守动态规划的 Bellman 方程，即 $l_s=0$，$l_j=\min(l_i+l_{ij})$。该算法的基本思想是在一个给定的图中，从节点 s 到 j 至多含 k+1 条弧的最短有向路径，可以由从 s 到 j 至多含 k 条弧的最短路径得到。因此，算法在第 k 轮迭代结束时，节点的标记值就表示从 s 出发的含不多于 k+1 条弧的最短有向路径的长度。

设 $l_j^{(k)}$ 是给定含 n 个节点的图 $G(V,E,L)$中从 s 节点到 j 节点的最多 k 条弧组成的最短有向路径的长度。在算法开始时，首先设定 $l_s=l_s^{(k)}=0$，$l_j^{(1)}=l(s,j)$，$j=1,2,\cdots,n-1$。为了方便起

见，如果$(i,j)\notin E$，则 $l(i,j)=\infty$。Ford-Moore-Bellman 算法的具体步骤如下。

第 1 步：置 $l_s=l_s^{(k)}=0$，$l_j^{(1)}=l(s,j)$，$j=1,2,\cdots,n-1$。其中，当$(i,j)\notin E$，$i\neq j$ 时，$l(i,j)=\infty$，k=0（k 代表迭代轮数）。

第 2 步：更新节点标记值，$l_j^{(k+1)}=l(P_{s,j}^{(k+1)})=\min\left\{l_j^{(k)},\min\limits_i[l_i^{(k)}+l(i,j)]\right\}$，$i\neq j,s$；$j=1,2,\cdots,n-1$；若 $l_j^{(k+1)}=l_j^{(k)}$，则算法结束。

第 3 步：当 k=n−1 时，对某节点 j，若 $l_j^{(k+1)}\neq l_j^{(k)}$，则说明图中存在负有向回路，算法失败；否则，$k$=$k$+1，转算法第 2 步。

在图 G 中，从 s 节点到 j 节点至多含 k+1 条弧的最短有向路径 $P_{s,j}^{(k+1)}$ 可能由 k+1 条弧或较少的弧组成，若它恰好含 k+1 条弧，则设(i,j)是 $P_{s,j}^{(k+1)}$ 中的最后一条弧，那么 $P_{s,j}^{(k+1)}$ 可以看成是由从 s 节点到 i 节点含 k 条弧的最短有向路径 $P_{s,i}^{(k)}$ 和后续弧(i,j)构成的。因此，可以得到 $P_{s,j}^{(k+1)}$ 的长度为

$$l_j^{(k+1)}=l(P_{s,j}^{(k+1)})=\min_i\left\{l_i^{(k)}+l(i,j)\right\}$$

如果 $P_{s,j}^{(k+1)}$ 含 k 条或较少的弧，则 $l_j^{(k+1)}=l_j^{(k)}$，一般 $k\leqslant n-1$。

本算法包括比较和加减运算，算法第 1 步是赋初值，从第 2 步开始需要循环计算每轮迭代后节点的标记值，下面分析算法需要进行的运算次数。设图 G 中有 n 个节点，本算法有 n−1 轮迭代，在每轮迭代的第 2 步运算中，要考察 n−1 个节点，每个节点需要进行比较运算 n−2 次，加法运算 n−2 次，因此算法总共需要进行 $(n-1)^2(n-2)$ 次比较及 $(n-1)^2(n-2)$ 次加法运算。因此，该算法复杂度为 $O(n^3)$，与节点数的 3 次方成正比。

从计算复杂度来看，Dijkstra 算法比 Ford-Moore-Bellman 算法更有效。但是，Dijkstra 算法仅能求解非负弧长网络的最短有向路径问题，而 Ford-Moore-Bellman 算法能求解弧长为正数、负数和零，但回路长度非负的最短有向路径问题。

当分析算法的比较和加法运算次数时，考虑的情况都是几乎完备的有向图的最坏情况。而在许多实际应用中，网络因为缺少一些弧而是稀疏的，连通程度并不大。此外，在很多大型网络中，算法可能在达到 k=n−1 轮迭代前就结束了。因此，若图 G 的弧数的 b、q 是算法终止时实际的迭代轮数或某一最短路径中所含的最多弧数，则每轮迭代，算法最多需要 b 次加法运算，q 次比较运算。这样，用 Ford-Moore-Bellman 算法的计算复杂度可以写作 $O(qb)$，对于 $b<<n^2$ 和 $q<<n$ 的稀疏网络，所需运算次数 $O(qb)$ 可能比 Dijkstra 算法所需的运算次数 $O(n^2)$ 还要小。

例 7.2.2 已知图 $G(V,E,L)$如图 7.2.3 所示，它含有一些长度为负的弧，试应用 Ford-Moore-Bellman 算法，求节点 s 到 j 的最短有向路径 $P_{s,j}(j=1,2,\cdots,6)$。

利用 Ford-Moore-Bellman 算法对图 $G(V,E,L)$进行标记，从选定的 j 节点开始，用公式 $l^*(i)+l(i,j)=l^*(j)$ 根据 j 节点逆行寻找 i 节点，可以搜索出最短有效路径 $P_{s,j}$。当 $l_j^{(k+1)}=l_j^{(k)}$ 时，算法终止，所得标记图如图 7.2.4 所示，其中各节点的标记值代表从源节点 s 到该节点的最短有向路径长度。

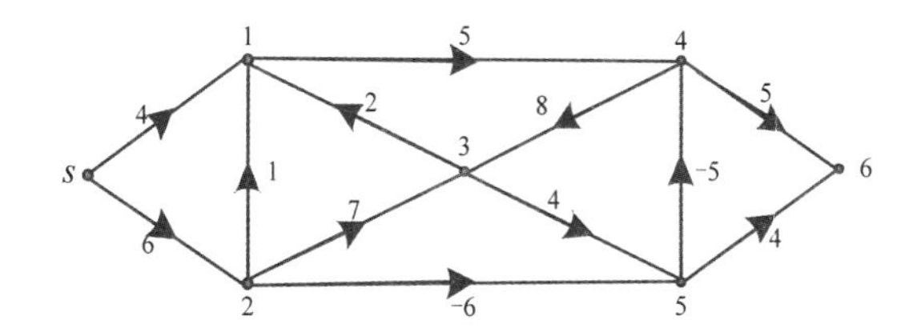

图 7.2.3　弧长为负的图 $G(V, E, L)$

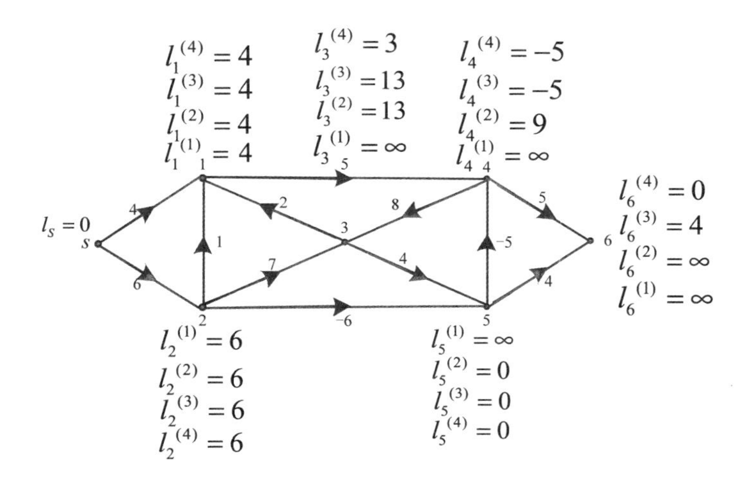

图 7.2.4　用 Ford-Moore-Bellman 算法标记的图 $G(V, E, L)$

由图 7.2.4 可知，最短有向路径 $P_{s,6}$=(S,2)(2,5)(5,4)(4,6)，长度为 $l(P_{s,6})$=0。类似地，可求出其他最短有向路径及长度，$P_{s,1}$=(s,1)，长度为 $l(P_{s,1})$=4；$P_{s,2}$=(s,2)，长度为 $l(P_{s,2})$=6；$P_{s,3}$=(s,2)(2,5)(5,4)(4,3)，长度为 $l(P_{s,3})$=3；$P_{s,4}$=(s,2)(2,5)(5,4)，长度为 $l(P_{s,4})$=5；$P_{s,5}$=(s,2)(2,5)，长度为 $l(P_{s,5})$=0。

可以看出，从 s 到所有其他节点的最短有向路径构成图 $G(V, E, L)$的一个以节点 s 为根的生成树，如图 7.2.5 所示。

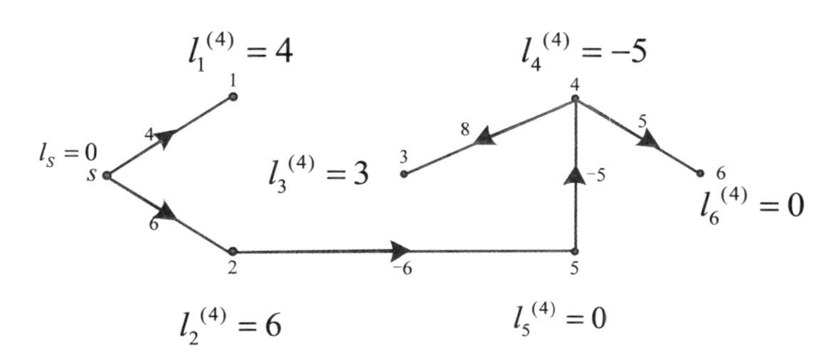

图 7.2.5　最短有向路径构成以节点 s 为根的生成树

用 Ford-Moore-Bellman 算法求图 7.2.4 的节点标记值可以列表表示，如表 7.2.2 所示。

表 7.2.2　用 Ford-Moore-Bellman 算法求图 7.2.4 的节点标记值

迭代轮数 k+1	节点 j 的标记值						
	s	1	2	3	4	5	6
$l_j^{(1)}$	0	4	6	∞	∞	∞	∞
$l_j^{(2)}$		4	6	13	9	0	∞
$l_j^{(3)}$		4	6	13	−5	0	4
$l_j^{(4)}$		4	6	3	−5	0	0
$l_j^{(5)}$		4	6	3	−5	0	0

从表 7.2.2 中可以看出，当算法进行到 k=4 时，有 $l_j^{(5)}=l_j^{(4)}$，$j=1,2,\cdots,6$，因此，在第 4 轮迭代结束时，算法终止。表 7.2.2 最后一行列出了从 s 节点到其他节点 j 的最短有向路径的长度。

7.2.4　Floyd-Warshall 算法*

Floyd 和 Warshall 于 1962 年提出了 Floyd-Warshall 算法，用于求解任何不含负弧长的有向图 $G(V, E, L)$中任意节点对之间的最短路径，该算法复杂度为$O(n^3)$。该算法的基本思想是在图 $G(V, E, L)$中，若节点 i、j 不是由基本弧相连接的，就用基本弧来替代(i, j)非基本弧，基本弧长度就是节点 i 到 j 的最短距离。这样在算法结束时，图 G 就仅由基本弧构成。如果弧(i, j)是从 i 到 j 的最短有向路径，则称该弧为基本弧；如果弧(i, j)不是从 i 到 j 的最短有向路径，则称该弧为非基本弧。同时约定若弧不在 G 中，则认为该弧是长度为∞的弧。

Floyd-Warshall 算法的迭代方程为

$$\begin{cases} u_{i,i}^{(1)}=0 \\ u_{i,j}^{(1)}=w_{i,j},\ i\neq j \\ u_{i,j}^{(k+1)}=\min\left\{u_{i,j}^{(k)},u_{i,k}^{(k)}+u_{k,j}^{(k)}\right\},\ i,j,k=1,2,\cdots,n \end{cases} \tag{7.2.2}$$

式中，$w_{i,j}$ 表示从节点 i 到 j 的路径长度。可见，该算法通过迭代求解方程，$u_{i,j}^{(k)}$ 是第 k 轮迭代得到的节点 i、j 的路径长度临时标记值，最后得到的 $u_{i,j}$= $u_{i,j}^{(n+1)}$ 即从节点 i 到节点 j 的最短路径长度（固定标记值）。

Floyd-Warshall 算法的具体步骤如下。

第 1 步：k=0，对所有节点 i 和 j，令 $p_{i,j}^{(1)}=j$，$u_{i,i}^{(1)}=0$，$u_{i,j}^{(1)}=w_{i,j}$（$i\neq j$），且若节点 i 与节点 j 之间没有弧连接，则认为 $w_{i,j}=\infty$。

第 2 步：k= k +1，对所有与 k 节点邻接的流入节点 i 和流出节点 j，若 $u_{i,j}^{(k)}\leqslant u_{i,k}^{(k)}+u_{k,j}^{(k)}$，令 $p_{i,j}^{(k+1)}=p_{i,j}^{(k)}$，$u_{i,j}^{(k+1)}=u_{i,j}^{(k)}$；否则令 $p_{i,j}^{(k+1)}=p_{i,k}^{(k)}$，$u_{i,j}^{(k+1)}=u_{k,j}^{(k)}$。

第 3 步：若 k= n，则算法结束；否则，算法转第 2 步。

在 Floyd-Warshall 算法的具体实施过程中，为了直观地知道这些基本弧是由哪些非基本弧表示的，引入了二维数组 $P=[p_{i,j}]_{n\times n}$，用它来记录有向路径在迭代过程中的中间信息，$p_{i,j}$ 表示节点 i 到节点 j 的当前最短路径中第一条弧的起始节点。可以依据数组 P，采用“正向追踪”的方式得到最短路径。

在 Floyd-Warshall 算法每轮迭代的第 2 步中，需要进行的比较次数为 $(n-1)^2$，加法次数为 $(n-1)^2$。由于图 G 有 n 个节点，需要的迭代轮数最多为 n 次，因此 Floyd-Warshall 算法的复杂度为 $O(n^3)$。

例 7.2.3 用 Floyd-Warshall 算法求如图 7.2.6 所示的图 $G(V, E, L)$ 中所有节点对之间的距离。

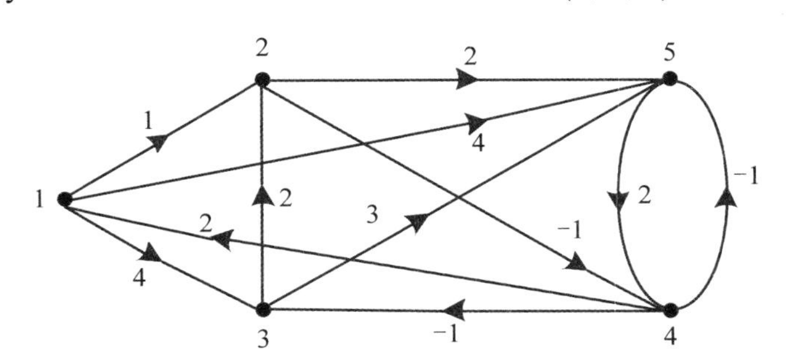

图 7.2.6 图 $G(V, E, L)$

按照 Floyd-Warshall 算法步骤进行运算，直到 k=5=n 节点数，算法终止。最后得到的新图就是由基本弧构成的图，各节点对间的最短路径长度由图 7.2.7 可得。

用矩阵来记录和计算多端最短有向路径更方便，下面对例 7.2.3 的图 7.2.6 用矩阵进行运算和存储，写出最短路径长度矩阵 $\boldsymbol{U}$ 和矩阵 $\boldsymbol{P}$，按节点 1、2、3、4、5 的顺序存储有关信息。

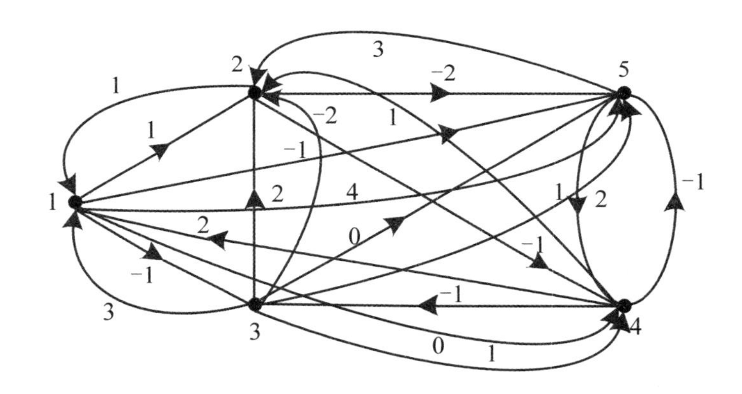

图 7.2.7 对图 7.2.6 应用 Floyd-Warshall 算法计算出的由基本弧构成的图

$$\boldsymbol{U}^{(1)}=\begin{bmatrix} 0 & 1 & 4 & \infty & 4 \\ \infty & 0 & \infty & -1 & 2 \\ \infty & 2 & 0 & \infty & 3 \\ 2 & \infty & -1 & 0 & -1 \\ \infty & \infty & \infty & 2 & 0 \end{bmatrix} \qquad \boldsymbol{P}^{(1)}=\begin{bmatrix} 1 & 2 & 3 & 4 & 5 \\ 1 & 2 & 3 & 4 & 5 \\ 1 & 2 & 3 & 4 & 5 \\ 1 & 2 & 3 & 4 & 5 \\ 1 & 2 & 3 & 4 & 5 \end{bmatrix}$$

第 1 轮迭代后，k=1，产生了新弧(4,2)，长度为 3，因此元素 $\boldsymbol{U}_{4,2}$ 和 $\boldsymbol{P}_{4,2}$ 将发生变化。

$$U^{(2)}=\begin{bmatrix}0 & 1 & 4 & \infty & 4\\ \infty & 0 & \infty & -1 & 2\\ \infty & 2 & 0 & \infty & 3\\ 2 & 3 & -1 & 0 & -1\\ \infty & \infty & \infty & 2 & 0\end{bmatrix}\quad P^{(2)}=\begin{bmatrix}1 & 2 & 3 & 4 & 5\\ 1 & 2 & 3 & 4 & 5\\ 1 & 2 & 3 & 4 & 5\\ 1 & 1 & 3 & 4 & 5\\ 1 & 2 & 3 & 4 & 5\end{bmatrix}$$

第 2 轮迭代后，k=2，产生了新弧(1,4)和(3,4)，长度分别为 0 和 1。更新了弧(1,5)，长度从 4 变为 3。因此元素$\boldsymbol{U}_{1,4}$、$\boldsymbol{U}_{3,4}$、$\boldsymbol{U}_{1,5}$、$\boldsymbol{P}_{1,4}$、$\boldsymbol{P}_{3,4}$和$\boldsymbol{P}_{1,5}$都将发生变化。

$$U^{(3)}=\begin{bmatrix}0 & 1 & 4 & 0 & 3\\ \infty & 0 & \infty & -1 & 2\\ \infty & 2 & 0 & 1 & 3\\ 2 & 3 & -1 & 0 & -1\\ \infty & \infty & \infty & 2 & 0\end{bmatrix}\quad P^{(3)}=\begin{bmatrix}1 & 2 & 3 & 2 & 2\\ 1 & 2 & 3 & 4 & 5\\ 1 & 2 & 3 & 2 & 5\\ 1 & 1 & 3 & 4 & 5\\ 1 & 2 & 3 & 4 & 5\end{bmatrix}$$

第 3 轮迭代后，k=3，更新了弧(4,2)，长度从 3 变为 1。因此元素$\boldsymbol{U}_{4,2}$和$\boldsymbol{P}_{4,2}$将发生变化。

$$U^{(4)}=\begin{bmatrix}0 & 1 & 4 & 0 & 3\\ \infty & 0 & \infty & -1 & 2\\ \infty & 2 & 0 & 1 & 3\\ 2 & 1 & -1 & 0 & -1\\ \infty & \infty & \infty & 2 & 0\end{bmatrix}\quad P^{(4)}=\begin{bmatrix}1 & 2 & 3 & 2 & 2\\ 1 & 2 & 3 & 4 & 5\\ 1 & 2 & 3 & 2 & 5\\ 1 & 3 & 3 & 4 & 5\\ 1 & 2 & 3 & 4 & 5\end{bmatrix}$$

第 4 轮迭代后，k=4，产生的新弧有(2,1)、(3,1)、(5,1)、(2,3)、(5,2)和(5,3)，长度分别为 1、3、4、−2、3 和 1。更新了弧(1,3)，长度从 4 变为−1；更新了弧(2,5)，长度从 2 变为−2；更新了弧(3,5)，长度从 3 变为 0；更新了弧(1,5)，长度从 3 变为−1。$\boldsymbol{U}$和$\boldsymbol{P}$矩阵相应元素发生变化。

$$U^{(5)}=\begin{bmatrix}0 & 1 & -1 & 0 & -1\\ 1 & 0 & -2 & -1 & -2\\ 3 & 2 & 0 & 1 & 0\\ 2 & 1 & -1 & 0 & -1\\ 4 & 3 & 1 & 2 & 0\end{bmatrix}\quad P^{(5)}=\begin{bmatrix}1 & 2 & 2 & 2 & 2\\ 4 & 2 & 4 & 4 & 4\\ 2 & 2 & 3 & 2 & 2\\ 1 & 3 & 3 & 4 & 5\\ 4 & 4 & 4 & 4 & 5\end{bmatrix}$$

第 5 轮迭代后，没有更新弧和产生新弧，$\boldsymbol{U}$和$\boldsymbol{P}$矩阵结果不变。$\boldsymbol{U}^{(5)}$矩阵元素表示节点对之间的最短距离，最短有向路径的内部节点信息记录在$\boldsymbol{P}^{(5)}$矩阵中。

例如，求节点 1 到节点 5 的最短有向路径，首先考察$\boldsymbol{P}_{1,5}$，并找出第一条弧(1,x)，由于矩阵$\boldsymbol{P}^{(5)}$的元素$\boldsymbol{P}_{1,5}$=2，所以x=2；然后考察$\boldsymbol{P}_{2,5}=4$，则从节点 1 到节点 5 的第二条弧是(2,4)；接着考察$\boldsymbol{P}_{4,5}=5$，则从节点 1 到节点 5 的第三条弧是(4,5)，同时找到了该路径的终点。所以图 7.2.6 中从节点 1 到节点 5 的最短有向路径是(1,2)(2,4)(4,5)，它的长度是−1。用 Floyd-Warshall 算法求图 7.2.6 的最短有向路径结果如表 7.2.3 所示。

表 7.2.3 用 Floyd-Warshall 算法求图 7.2.6 的最短有向路径结果

终 点		1	2	3	4	5
起点	1		1→2	1→2→4→3	1→2→4	1→2→4→5
	2	2→4→1		2→4→3	2→4	2→4→5
	3	3→2→4→1	3→2		3→2→4	3→2→4→5
	4	4→1	4→3→2	4→3		4→5
	5	5→4→1	5→4→3→2	5→4→3	5→4	

前面讨论的三种最短路由算法的构造方法，都是通过迭代的过程求得最终结果的，除算法复杂度不一样外，还需要注意迭代的内容不同。Dijkstra 算法迭代的是路径的长度，Ford-Moore-Bellman 算法迭代的是链路的数量，Floyd-Warshall 算法迭代的是中间节点的数量。

7.2.5 距离矢量路由算法

距离矢量路由算法（DVRA）是 ARPANET 网络上最早使用的路由算法，也称分布式 Ford-Moore-Bellman 算法，主要在 RIP 中应用。距离矢量路由算法让每个路由器维护一张向量表，向量表中给出了到每个目的地已知的最佳距离和路径，通过与相邻路由器交换信息来更新向量表中的信息。

距离矢量路由算法的设计目标是让路由器之间所需通信最少，让路由表里面必须保留的数据最少。这种设计理念认为路由器不必知道通向每个网段的完整路径，只需要知道向哪个方向发送数据包即可（这是术语“矢量”的由来。网段之间的距离用数据包在两个网络间传输必须经过的路由器的数量来表示，而使用距离矢量路由算法的路由器优化路径的方式是让数据包必须经过的路由器最少。这个距离参数被称为“跳数”）。

距离矢量路由协议直接传输各自的路由表信息。网络中的路由器从自己的邻居路由器得到路由信息，并将这些路由信息连同自己的本地路由信息发送给其他邻居，这样一级级地传输下去以达到全网同步。每个路由器都不了解整个网络拓扑，它们只知道与自己直接相连的网络情况，并根据从邻居得到的路由信息更新自己的路由。更新信息指的是路由器各自的直连网络信息。一般这个时间周期为 10～90s。这个时间周期依照路由协议的不同而不同，常用的 RIP 为 30s，而 IGRP 为 90s。这里引发争议的是，如果更新信息在网络中过于频繁就会浪费带宽，造成拥塞，如果更新信息发送太慢频率不高，收敛时间（收敛时间是指网络中所有路由器对当前网络拓扑结构达成一致所需要的时间）又会变长。

距离矢量路由协议无论是实现还是管理都比较简单，但是它收敛速度慢，报文量大，会占用较多网络开销，并且为避免路由环路需要进行各种特殊处理。目前距离矢量路由协议包括 RIP、IGRP、BGP。其中，BGP 是距离矢量路由协议的变种，是一种路径矢量路由协议。

由于邻居们不断地定期广播消息，网络节点和连接的有关信息可以传遍整个网络，因此每个路由器可以通过这些广播的矢量信息选择一个最佳路径。

距离矢量路由算法具有简单、容易配置和维护、CUP 需求小、可在底端和中端服务器上运行等优点。配置一台基于距离矢量路由算法的路由器，用户只需要将接口和各种子网连接好并开启路由器，它会自动发现邻居节点，这些邻居节点把此台新接入的路由器的信息加入各自的路由表中。

距离矢量路由算法的主要缺点是在较大的网络中变化信息传播得非常缓慢，因为所有的路由表都需要重新计算，尤其当网络节点故障或开销增大时，距离矢量路由算法的收敛时间长，即存在慢收敛问题。当收敛很缓慢时，可能会产生临时的路由环路，并导致数据包被投向网络上的黑洞，造成信息丢失。距离矢量路由算法对好消息反应迅速，但对坏消息反应迟钝，传播很慢，可能导致“计数至无穷问题”。

距离矢量路由算法的其他缺点是路由表可能会变得非常大，因此不适合非常大的网络，同时路由广播会产生大量的流通开销。正因为如此，距离矢量路由算法通常在路由器数量不多于 50 台且两个子网间的最大距离不超过 16 个跳跃的网络中有很好的性能。

7.2.6　链路状态路由算法

链路状态路由协议又称为最短路径优先协议，它基于 Dijkstra 算法的最短路径优先（SPF）算法。链路状态路由协议比距离矢量路由协议复杂得多，但基本功能和配置很简单，甚至算法也容易理解。路由器的链路状态的信息称为链路状态，包括接口的 IP 地址和子网掩码、网络类型（如以太网链路或串行点对点链路）、链路的开销、链路上的所有邻居路由器。

链路状态路由协议是层次式的，网络中的路由器并不向邻居传输“路由信息”，而是通告给邻居一些链路状态。与距离矢量路由协议相比，链路状态路由协议对路由的计算方法有本质的差别。距离矢量路由协议是平面式的，所有的路由学习完全依靠邻居，交换的是路由项。链路状态路由协议只通告给邻居一些链路状态。运行链路状态路由协议的路由器不是简单地从邻居路由器处学习路由，而是把路由器分成区域，收集区域内所有的路由器的链路状态信息，根据链路状态信息生成网络拓扑结构，每一个路由器再根据拓扑结构计算出路由。

链路状态路由算法包括以下 5 个部分。

1．发现网络直连节点，并获取地址信息

每台路由器了解其自身的链路（与其直连的网络）是通过检测哪些接口处于工作状态（包括第 3 层地址）来完成的。

对于链路状态路由协议来说，直连链路就是路由器上的一个接口，与距离矢量路由协议一样，链路状态路由协议需要下列条件才能了解直连链路：正确配置接口 IP 地址和子网掩码并激活接口，将接口包括在一条 Network 语句中。

2．向邻居发送 Hello 数据包，测量到达每一个邻居节点的时延或成本

每台路由器负责“问候”直连网络中的邻居路由器。与 EIGRP 路由器相似，链路状态路由器通过与直连网络中的其他链路状态路由器互换 Hello 数据包来达到此目的。

路由器使用 Hello 协议来发现链路上的所有邻居，形成一种邻接关系，这里的邻居是指启用了相同的链路状态路由协议的其他任何路由器。这些小型 Hello 数据包持续在两个邻接的邻居之间互换，以此实现“保持激活”功能来监控邻居的状态。如果路由器不再收到某邻居的 Hello 数据包，则认为该邻居已无法到达，该邻接关系破裂。

3．建立链路状态数据包

每台路由器创建一个链路状态数据包（Link State Packet，LSP），其中包含与该路由器直连的每条链路的状态。这通过记录每个邻居的所有相关信息，包括邻居 ID、链路类型和带宽来完成。一旦建立了邻接关系，即可创建 LSP，并仅向建立邻接关系的路由器发送 LSP。LSP

中包含与该链路相关的链路状态信息、序列号、过期信息。

4．将 LSP 洪泛给邻居

每台路由器将 LSP 洪泛到所有邻居，邻居将收到的所有 LSP 存储到数据库中。接着，各个邻居将 LSP 洪泛给自己的邻居，直到区域中的所有路由器均收到那些 LSP 为止。每台路由器会在本地数据库中存储邻居发来的 LSP 的副本。

路由器将其链路状态信息洪泛到路由区域内的其他所有链路状态路由器，一旦收到来自邻居的 LSP，不经过中间计算，立即将这个 LSP 从除接收该 LSP 的接口外的所有接口发出，此过程在整个路由区域内的所有路由器上形成 LSP 的洪泛效应。距离矢量路由协议必须首先运行 Ford-Moore-Bellman 算法来处理路由更新信息，然后将它们发送给其他路由器；而链路状态路由协议在洪泛完成后计算 SPF 算法，因此达到收敛状态的速度比距离矢量路由协议快得多。LSP 在路由器初始启动期间、或路由协议过程启动期间或每次拓扑发生更改（包括链路接通或断开）时或邻接关系建立和破裂时发送，并不需要定期发送。

5．计算到所有其他节点的最短路径

当每个节点获得所有的链路状态分组以后，节点可以构造一个完整的网络拓扑，此时每个节点就可以运行最短路径算法（如 Dijkstra 算法）来构造到达所有其他节点的最短路由。

链路状态路由算法有以下优点：收敛快速、更好的灵活性，以及用于路由更新的信息少。但是它也存在一些问题：需要占用更多的处理器时间和内存。因此使用链路状态路由协议的路由器更昂贵，配置更复杂。当很多台链路状态路由器启动时，可能会有大量的网络数据报告新的路由器加入，这会导致 LSP 泛滥，有可能会使网络暂时处于饱和状态，从而使通信中断。如果 LSP 不能取得同步，则路由器会得到错误的或不完整的链路状态信息，导致一些路由问题。许多链路状态路由器使用时标和序列号来保证数据包的正确组合。

链路状态路由算法和距离矢量路由算法的比较如表 7.2.4 所示。

表 7.2.4 链路状态路由算法和距离矢量路由算法的比较

链路状态路由算法	距离矢量路由算法
收敛速度快	收敛速度慢
灵活性高	只适用于中小规模的网络
扩散链路状态信息，发送给网络中所有的路由器	发送整个路由表，只发送给邻居
只在网络变化时发送更新信息	定期发送更新信息
基于最低费用计算最佳路由	基于最低费用计算最佳路由
从自身角度观察网络	从邻居节点角度观察网络
知道整个网络的拓扑情况	不知道整个网络的拓扑情况

7.3 分级路由选择

当网络十分大时，节点中存储路由表将增大，从而占用更多的存储器空间，需要更多的计算时间，传输有关节点状态信息需要占用更大的链路容量。这时，靠一个节点路由表不能再提供从每一个节点至其余节点的全网的路由信息。如果采用分级路由选择方法来分配地址，就能够减小路由器需要维护的路由表的尺寸。

当采用分级路由选择方法时，将路由器划分为区域，每个路由器知道在自己的区域中怎样选择路径和将分组送到目的端的全部细节，但不知道其他区域的内部结构。当不同的网络相连时，很自然地将每个网络看成独立的区域，避免路由器必须知道其他网络的拓扑结构。如此一来，就可以节约大量的资源，路由器能够高效稳定地工作。

图 7.3.1 给出了在 5 个区域共有 15 台路由器的两级结构中进行分级路由选择的一个定量分析的例子。

如果我们依然用跳数作为路由开销的度量值，那么在没有进行路由分级时，路由器 lA 的整个路由表共有 15 个表项，路由表中有全部本地路由器的表项。但是，如果把所有其他区域压缩进一个单独的路由表中，可以得到这样的结果：到区域 2 和区域 4 的所有通信量都经过 lB→2A 的链路，到区域 3 和区域 5 的通信量都经过 1C→3B 的链路，分级路由选择将该表中的路由表项由 15 项减少到 7 项。当区域数与区域中的路由器数按比例增加时，节约的存储空间会按比例增加。存储空间的节约不仅会占用更小的内存，还会减少扫描路由表的时间及发送路由分组信息的带宽，使得路由器能够更加稳定高效地运行。

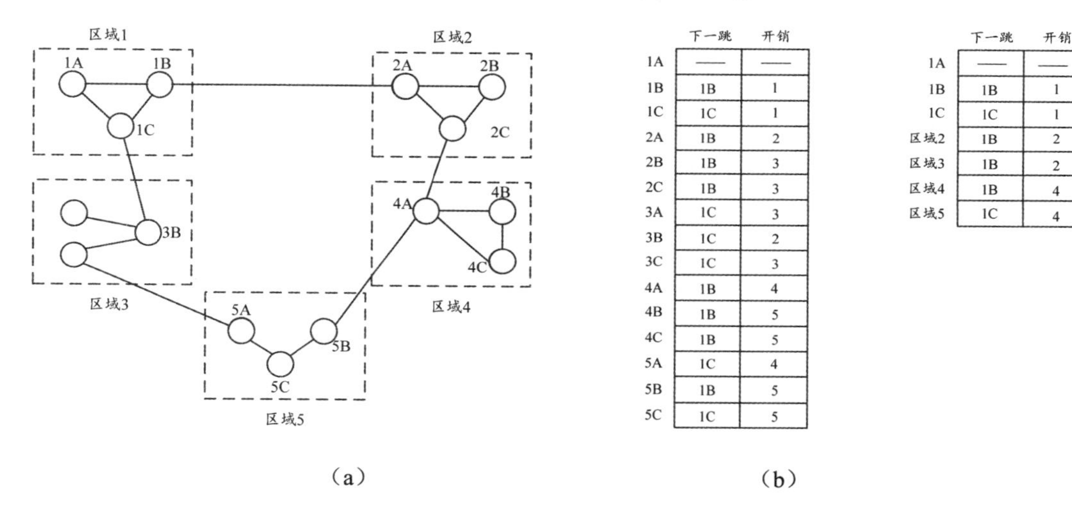

	下一跳	开销
1A	——	——
1B	1B	1
1C	1C	1
2A	1B	2
2B	1B	3
2C	1B	3
3A	1C	3
3B	1C	2
3C	1C	3
4A	1B	4
4B	1B	5
4C	1B	5
5A	1C	4
5B	1B	5
5C	1C	5

	下一跳	开销
1A	——	——
1B	1B	1
1C	1C	1
区域2	1B	2
区域3	1B	2
区域4	1B	4
区域5	1C	4

（a）　　（b）

图 7.3.1　分级路由选择

当然，节约空间同样需要付出代价。这种代价就是增加路径长度。例如，从 lA 到 5B 的最佳路由是经过区域 2 的，但是在分级路由选择中到区域 5 的所有通信量都是经过区域 3 的。相对于路由分级带来的收益，这种代价是值得的。

当一个单独的网络非常大的时候，应该分多少级比较好呢?例如，考虑一个 600 个路由器的子网。如果不分级，每个路由器需要 720 个路由选择项。如果将通信子网分成 20 个区域，每个区域有 30 个路由器，则每个路由器需要 30 个本地路由表项和 19 个远程路由表项，一共是 49 个表项。如果选用三级的分级结构，其中有 6 个簇，每个簇包含 10 个区域，每个区域包含 10 个路由器，那么每个路由器需要 10 个本地路由表项，以及 9 个远程路由表项和 5 个远程簇路由表项，共计 24 个表项。Kmaoun 和 Kleinrock（1979 年）发现有 N 个路由器的子网的最佳级数为 $\ln N$，其中每个路由器需要的表项总数为 $e\ln N$。

7.4 广播和组播路由选择

在通信网络中，信息传输的方式依据发送方和接收方之间的关系可分为单播、广播和多播。单播用于传输一个报文到一个单独的目的节点；广播用于传输一个报文到子网上的所有节点；多播用于传输一个报文到可能不在同一子网上的一组目的节点。以上讨论的都是单播情况下的路由选择，下面分别简单介绍一下广播和组播路由选择。

7.4.1 广播路由选择

广播是通信网络中最常用的方式，用来传输公共信息、拓扑变化信息（包括节点、链路的变化和故障等信息）。

对于广播的路由，一种可行的办法是利用发起广播的路由器的最小生成树或其他可用的生成树。生成树是子网的一个子集，包含所有的路由器，但不包含回路。如果每个路由器知道它所属的生成树的路径，它就可以将进入的广播分组复制到除该分组进入路径外的所有生成树路径。这种方法使带宽得到最佳的利用，生成非常少的必须进行此工作的分组。一个网络可以看作一个连通图，路由器就是图中的各个节点，每条来连接的路径就是图中的边，利用 Prim 算法或 Kruskal 算法，就可以求出最小生成树。沿着最小生成树发送每个广播分组就可以保证在最小开销的情况下每个节点都能接收到广播分组。问题是每个路由器必须知道网络的全部结构才可能知道生成树，在很多情况下这是非常困难的。

另外一种方法称为逆向路径转发，其原理为当广播分组到达路由器时，路由器对此分组进行检查，看此分组是否来自通常用于发送分组广播源的路径，如果是，则将此分组复制转发到除进入路径外的所有路径。然而，如果广播分组进入的路径不是到达源端的路径，那么分组就被当作副本扔掉。这就像从广播发起节点这个最高点注入水流，水流沿着各个通道流向下级节点，直到所有节点都接收到。该方法的主要优点是既合理有效又容易实现。它不要求路由器知道生成树的情况，也没有像多目的地址一样，要求在分组中广播目的地表或地图，同时它的额外开销不像扩散那样要求采用特殊机制来停止进程。

7.4.2 组播路由选择

组播是一种允许一个或多个发送者（组播源）发送单一的数据包到多个接收者（一次的、同时的）的网络技术。组播源把数据包发送到特定组播组，只有属于该组播组的地址才能接收到数据包。组播可以大大节约网络带宽，因为无论有多少个目标地址，在整个网络的任何一条链路上都只传输单一的数据包。当有多台主机同时成为一个数据包的接收者时，出于对带宽和 CUP 负担的考虑，组播成为最佳选择。IP 组播技术有其独特的优越性——在组播网络中，即使用户数量成倍增长，主干带宽也不需要随之增加。组播提高了数据传输效率，减少了主干网出现拥塞的可能性。组播组中的主机可以来自同一个物理网络，也可以来自不同的物理网络（如果有组播路由器的支持）。

对于任何类型的路由器来说，选路和转发都是它必须完成的两个功能。由于组播源是向组播组发送数据包而非单播模型中的具体目标主机，所以组播路由器不能依靠 IP 包中的目标地址来决定如何转发数据包，必须将组播数据包转发到多个外部接口上，以便同一组播组的成员都能接收到数据包。这使组播转发比单播转发更加复杂。大多数现有组播路由协议使用逆向路径转发（RPF）机制作为组播转发的基础。当组播数据包到达路由器时，路由器进行RPF检查，以决定是否转发或丢弃该数据包，若检查成功，则转发，否则丢弃。RPF检查过程如下：检查数据包的源地址，以确定该数据包经过的接口是否在从源到此的路径上。若数据包是从可返回源主机的接口上到达的，则RPF检查成功，转发该数据包到输出接口表上的所有接口，否则RPF检查失败，丢弃该数据包。对于每一个输入组播数据包进行RPF检查会导致较大的路由器性能损失。因此，当建立组播转发缓存时，通常先由组播路由确定RPF接口，再将RPF接口变成组播转发缓存项的输入接口。一旦RPF检查程序使用的路由表发生变化，则必须重新计算RPF接口并更新组播转发缓存项。

在组播模型中，组播源向某一组地址传输数据包，这一组地址代表一个主机组。为了向所有接收者传输数据，一般采用洪泛法和组播分布树描述IP组播在网络里经过的路径。组播分布树有2种基本类型：有源树和共享树。

（1）洪泛法（Flooding）。洪泛法是最简单的向前传输组播路由算法，不用构造所谓的分布树。其基本原理如下：当组播路由器收到发往某个组播地址的数据包后，首先判断是否是首次收到该数据包，如果是首次收到，那么将其转发到所有接口上，以确保其最终能到达所有接收者；如果不是首次收到，则丢弃该数据包。洪泛法的实现关键是“首次收到”的检测。这需要维护一个最近通过的数据包列表，但无须维护路由表。洪泛法适合于对组播需求比较高的场合，并且能做到即使传输出现错误，只要存在一条到接收者的链路，则所有接收者都能接收到组播数据包。然而，洪泛法不适合用于Internet，因为它不考虑链路状态，并且产生大量的拷贝数据包。此外，对于高速网络而言，“首次收到”列表将会很长，占用相当大的内存；尽管洪泛法能保证不对相同的数据包进行二次转发，但不能保证对相同数据包只接收一次。

（2）有源树。有源树也称为基于信源的树或最短路径树（SPT）。SPT是以组播源为根构造的从根到所有接收者路径都最短的分布树。如果组中有多个组播源，则必须为每个组播源构造一棵组播树。由于不同组播源发出的数据包被分散到各自分离的组播树上，因此采用SPT有利于网络中数据流量的均衡。同时，因为从组播源到每个接收者的路径最短，所以端到端（End-to-End）的时延性能较好，有利于流量大、时延性能要求较高的实时媒体应用。SPT的缺点是要为每个组播源构造各自的分布树，当数据流量不大时，构造SPT的开销相对较大。

（3）共享树。共享树也称为RP树（RPT），是指为每个组播组选定一个共用根（汇合点或核心），以RP为根建立的组播树。同一组播组的组播源将所要组播的数据单播到RP，RP向其他成员转发。目前，讨论最多同时最具代表性的两种共享树是Steiner树和有核树（CBT）。Steiner树是总代价最小的分布树，它使连接特定图（Graph）中的特定组成员所需的链路数最少。若考虑资源总量被大量的组使用的情况，那么使用资源较少就会减少产生拥塞的风险。Steiner树相当不稳定，树的形状随组中成员关系的改变而改变，且对大型网络缺少通用的解决方案。所以Steiner树只是一种理论模型，而非实用工具。目前，出现了许多Steiner树的次佳启发式生成算法。有核树是由根到所有组成员的最短路径合并而成的树。共享树在路由器所需存储的状态信息的数量和路由树的总代价两个方面具有较好的性能。当组的规模较大，而每个成员的数据发送率较低时，使用共享树比较适合。但当通信量大时，使用共享树将导致流量集中及根（RP）附近的瓶颈。

7.5 典型路由选择协议

针对不同网络有不同的路由协议，如 RIP 协议、OSPF 协议、IS-IS 协议等，这里重点介绍两种常用的路由协议：开放最短路径优先（OSPF）协议和按需距离矢量路由（AODV）协议。

7.5.1 OSPF 协议

OSPF 协议是由 IETF IGP 工作小组提出的，用于网际协议（IP）网络的链路状态路由协议。该协议使用链路状态路由算法的内部网关协议（IGP），一般用于同一个路由域内。这里的路由域是指一个自治系统（AS），是一组通过统一的路由策略或路由协议互相交换路由信息的网络。在 AS 中，每个 OSPF 路由器维持一个同样的描述 AS 拓扑结构的数据库，该数据库中存放的是路由域中相应链路的状态信息，通过构造一棵最短路径树来计算出路由表。采用 OSPF 协议的路由器彼此交换并保存整个网络的链路信息，从而掌握全网的拓扑结构，独立计算路由。适用于 IPv4 的 OSPFv2 协议定义于 RFC 2328，RFC 5340 定义了适用于 IPv6 的 OSPFv3 协议。

在 OSPF 协议中，每个路由器维护的描述 AS 拓扑结构的数据库，称为链路状态数据库。每个参与的路由器都有同样的一个链路状态数据库。数据库的每一项描述特定路由器的局部状态。路由器在整个 AS 中采用 Flooding 来发布局部状态信息。所有路由器并行运行同样的路由算法。依据链路状态数据库，每个路由器以自己为根构造一棵最短路径树。这棵最短路径树给出到 AS 中每一个目的地的路径。

OSPF 协议作为一种内部网关协议，用于在同一个路由域中的路由器之间发布路由信息。OSPF 协议具有支持大型网络、路由收敛相对较快、占用网络资源少等优点，在目前应用的路由协议中占有相当重要的地位。

1. OSPF 协议工作过程

OSPF 协议是一种基于链路状态的内部网关路由协议，其工作过程概述如下。

（1）运行 OSPF 协议的路由器在自身的所有启动了 OSPF 协议的端口发送 Hello 协议分组。如果在同一数据链路上的两台路由器能够就 Hello 协议分组中包含的参数进行协商达成一致，那它们就能成为邻居。

（2）邻接关系。可以将邻接关系看作虚拟的点到点链路，它形成于已经构成邻居关系的路由器之间，取决于交换 Hello 协议分组的路由单元类型和端口目前所处的网络类型。

（3）每个路由单元都会与所有已经和它建立了邻接关系的路由单元交换链路状态公告（LSA）。LSA 描述了所有路由单元的链接或端口，还包括这些链路的状态。这些链路可能连接到存根网络（Stub Network），也就是没有连接其他任何路由器的网络；也可能连接到其他路由器或其他区域内的网络；甚至可能连接到路由域外。因为存在多种类型的链路信息，所以 OSPF 协议定义了多种 LSA 类型对它们进行描述。

（4）每一个路由单元从它的邻接路由器那里收到一个 LSA 记录以后，会在将该记录存放到链路状态数据库中的同时将该 LSA 的副本发送给其他邻接路由器。

（5）使用在区域内洪泛 LSA 的机制，所有区域内路由器都会拥有一致的链路状态数据库。

（6）一旦链路状态数据库信息被收集完整，则每一个路由单元都会独立运行 SPF（最短路径优先）算法，以自己为生成树的根，为每一个目的网络计算出一条代价最低的无环路径，计算的结果称为SPT。

（7）每个路由单元都根据自己计算得出的SPT构建自身的路由表。

2．链路状态数据库的形成与维护

在OSPF协议中链路状态数据库的形成与维护是通过三种协议（Hello协议、交换协议和扩散协议）来完成的。

1）Hello协议

Hello协议规定，一个运行OSPF协议的路由器从它加入网络起，就需要定期地向网络发送Hello分组。邻居通过收到Hello分组来发现路由器的存在。路由器则通过收到邻居发送的Hello分组来发现自己的邻居。

邻居之间要进行进一步的操作，必须先建立双向连接。如果OSPF路由器检测到邻居发来的Hello分组的邻居报表中包含自己，说明邻居已经收到了自己发送的Hello分组，能够在网络上看见自己。此时，邻居间的双向连接关系就建立起来了。

一个OSPF路由器通过定期（如10s）向网络发送Hello分组来告知邻居自己的存在，同时它通过收到邻居的Hello分组，来确保邻居还存在。如果一个OSPF路由器在规定的时间内（通常为发送Hello分组时间间隔的4倍，如40s）没有收到邻居发送的Hello分组，则该路由器可以确认此邻居已经不存在了，从而来发现拓扑结构的变化。

对于广播型网络和NBMA（Non-Broadcast Multi-Access）网络，在所有与该OSPF路由器建立了双向连接关系的邻居之间，通过路由器的优先级和ID的比较，来选出指派路由器，其他的所有路由器需要与指派路由器交换彼此的链路状态数据库，从而建立邻接关系。

Hello分组的发送可以以组播的形式发给网络上的所有OSPF路由器，或者以单播的形式发给自己的邻居。

对于选择了指派路由器的网络，在指派路由器和非指派路由器之间，以及对于其他的网络，在建立了双向连接的路由器之间，都需要建立邻接关系，这就需要随时保持链路状态数据库的一致。这种一致是通过交换协议和扩散协议来完成的。

2）交换协议

交换协议仅用于链路状态数据库的初始同步，规定了刚建立双向连接关系而又需要建立邻接关系的路由器之间的链路状态数据库怎样进行初始的交换。

在交换过程中，路由器双方是非对称的，一个扮演“主”的角色，另一个扮演“从”的角色。因此，交换过程的第一步就是“主”“从”角色的协商。之后，进行的操作就是“主”“从”之间相互告诉对方自己的链路状态数据库中的内容。在第二步中，“主”路由器主动发起交换过程，告知“从”路由器自己的链路状态数据库中有什么内容，“从”路由器收到后，进行应答，并在应答分组中带上自己的链路状态数据库的内容，此时，双方传输的是“数据库描述分组”，这些分组只标志了各个不同的LSA，而不对每个LSA的具体内容进行述说。在此过程中双方都会将对方的链路状态数据库中的内容与自己的链路状态数据库中的内容进行比较，若发现自己的链路状态数据库中没有该项记录，则将它放入一个请求链表中，以便稍后向邻居索要该记录。自然，交换过程的第三步就是向对方发送自己的请求链表，并在收到对方请求后，将对方请求的LSA发给对方。

在交换过程完成后，双方链路状态数据库的内容都达到了一致，这两个路由器之间的邻接关系就建立起来了。

3）扩散协议

交换协议仅保证了在初始时刻，邻接路由器间链路状态数据库的一致，然而，当网络的拓扑结构发生变化的时候，一个路由器检测到了这样的变化，它就会修改自己的链路状态数据库的内容，为了保证链路状态数据库的一致性，它必须将这个变化传出去，此时，交换协议就没有办法工作了，这就需要用其他的协议来完成。这个功能就是由扩散协议完成的。扩散协议通过发送和接收链路状态更新分组来实现该功能。

当一个路由器检测到它的一个邻居的状态发生了变化的时候，会立即更新自己的链路状态数据库中的相应记录，并将更新后的LSA装在链路状态更新分组中发给与自己相连的其他节点。一个链路状态更新分组中可能包含多个LSA，链路状态更新分组的传输距离只有一跳（Hop）。为了保证这个算法的可靠性，发送方在发出更新报文后，必须等待接收方发来的确认报文。如果发送方在规定的时间内没有收到确认报文，那么发送方会以一定的时间间隔重新发送更新报文，直到收到对方的确认报文为止。

当一个路由器收到邻居发来的链路状态更新分组后，它会采取如下的一些措施。

（1）在数据库中搜索相应的记录。

（2）如果该记录不存在，就把它加入数据库，并广播该分组。

（3）如果该记录比自己数据库中的记录新，则替换数据库中的记录，并广播该分组。

（4）如果数据库中的记录新，就把这个更新的记录告诉对方。

（5）如果该记录和数据库中的记录一样，则不进行任何操作。

通过三种协议的协调工作，路由器上的链路状态数据库得以形成并随时更新，以保证链路状态数据库所描述的网络拓扑是最新的。每当链路状态数据库发生了变化的时候，我们就必须重新生成最小树，根据最小树重新计算出路由表，以完成OSPF协议的全部功能。

7.5.2 AODV协议

1. AODV协议原理

AODV协议主要包括三个过程：路由发现过程、路由维护过程和路由拆除过程。这种路由选择方式只有当源节点需要时才建立路由。当一个节点需要到目的节点的路由时，它会在全网内开始路由发现过程。一旦检测完所有可能的路由排列方式就结束路由发现过程。当路由建立后，路由维护程序负责维护这条路由，直到这条路由不再被需要或路由断开。源节点首先检测自身节点的路由表是否存在去往目的节点的路由，若没有，则进行路由发现过程；当完成路由发现过程后，则相应地在通信过程中进行路由维护过程，此过程一般依靠底层提供的链路失效检测机制进行；当通信完毕后，路由拆除过程将路由取消。

移动自组网AODV协议是应用于无线网状网络中进行路由选择的路由协议，能够实现单播和多播路由，该协议是自组网中按需生成路由方式的典型协议。

在AODV协议中，整个网络都是静止的，当某个节点希望加入一个多播组或需要建立连接时，此节点就广播一个连接请求给附近其他节点。被广播节点转发这个请求消息同时记录下广播节点为源节点，并建立反向临时路由用于连接源节点。当收到广播的某一节点拥有到达目的节点的路由时，就通过反向临时路由传输此路由信息给源节点。此时源节点选择一跳最短跳数的路由作为主路由，这就是AODV协议的路由发现过程。

AODV 协议可实现组播路由的功能，也可实现 QoS，为与 Internet 进行连接，同时使用了 IP 地址，在对目的节点进行发现的过程中采用了扩展环搜索的方法，可以在一定程度上限制搜索已发现的目的节点的范围，减少发现时间；但 AODV 协议基于双向信道的假设进行工作，由目的节点发送的路由应答分组是沿着路由请求的相反方向传输直到回到源节点的，因此 AODV 协议是不支持单向信道的。

移动终端节点在需要进行数据传输时，自动触发路由发现过程，以便快速获得去往目的节点的路由；在路由维护方面，由于只需要维护正在使用的路由表，所以很大程度上节约了资源，一旦网络拓扑结构改变，网络能够迅速感知，并做出相应的反应。AODV 协议的一大优势是避免了无穷计算的问题，是无环路的，在收敛速度方面有很大的提高。

在路由表中使用目的序列号的方法是 AODV 协议最独特的一面，目的序列号的存在避免了环路问题。目的序列号由目的节点创建，在路由发现过程中使用。这种方法在算法实现方面较为容易，所以后期的一些算法中也采用了这种方法。

在 AODV 协议中使用了路由请求、路由应答和路由错误三种路由控制信息，即 Route Requests（RREQs）、Route Replies（RREPs）和 Route Errors（RERRs）。在 AODV 路由表中，针对每个路由表项，需要记录如表 7.5.1 所示的内容。

表 7.5.1　AODV 协议的路由表

序号	AODV 协议的路由表项
1	目的 IP 地址（Destination IP Address）
2	目的序列号（Destination Sequence No）
3	接口（Interface）
4	跳数计数（Hop Count）
5	上一跳的跳数（Last Hop Count）
6	下一跳（Next Hop）
7	前驱列表（List of Precursors）
8	生存时间（Lifetime）
9	路由标记（Routing Flags）

2. AODV 协议的路由发现及路由表管理

AODV 协议作为一种典型按需路由协议之一，算法只在需要进行数据传输才开始对路由信息进行获取，不被使用的终端节点不需要对路由进行路由维护，也不需要与其周边节点进行信息交换。在实现节点间的局部连接问题上，使用广播 Hello 分组的方法，即当节点需要进行数据传输时，广播 Hello 分组，向需要连接的节点发送信息，主要包括网络拓扑的变化信息。

在路由发现中使用广播路由发现机制，在进行分组传输时选择在中间节点进行分组转发，同时在中间节点建立路由表。如前所述，在维护更新路由信息方面，AODV 协议使用了目的序列号的方法，网络中的每一个节点中都存在一个序列号计数器，并且彼此独立，互不相关，这种方法能够避免环路的出现。

当源节点需要向其他节点进行数据传输时，若源节点的路由表中并不存在目的节点的路由信息，则触发节点进行路由发现，与此同时，源节点需要向其邻居节点广播 RREQs（路由请求）分组，图 7.5.1 对 RREQs 分组格式进行了描述。每个节点中都存在一个序列号计数器和广播标识计数器，这两个计数器彼此相互独立。

在图 7.5.1 中，类型值设置为 1；J（Join Flag）和 R（Repair Flag）分别代表组播预留的加入标识和修复标识；G（Gratuitous RREP Flag）用于指示 RREPs 分组，对 RREPs 分组是否向指定的节点（目的 IP 地址字段所指节点）进行单播起着决定作用。

RREPs 分组由<源地址,广播地址字>确定，由每一个源地址和广播地址可以得到一个 RREPs 分组，广播标识计数器记录源节点发送 RREQs 分组的个数，即在源节点发送一个 RREQs 分组后，计数器相应加 1。网络中的相应节点在以下情况下需要重新广播 RREQs 分组：①邻居收到 RREQs 分组后；②在源节点中增加了 RREQs 分组后；③目的节点收到 RREQs 分组，向源节点发送 RREPs 分组后。

类型	JRGDU	保留	跳数
路由请求号			
目的 IP 地址			
目的序列号			
源 IP 地址			
源序列号			

图 7.5.1 RREQs 分组格式

每一个节点都可能收到同一个 RREQs 分组，这个分组可能来自不同的邻居节点，即节点重复地收到了 RREQs 分组。当节点收到一个 RREQs 分组时，节点需要判断收到的这个 RREQs 分组是否是已收到的分组的副本，根据分组的广播标识进行判断，若是收过的分组，则丢弃；否则记录分组标识序列号等有用信息，将此分组继续广播。

1）建立反向路由

RREQs 分组中包含源序列号和目的序列号，前者对从其他节点到源节点的反向路由的最新信息进行维护，后者反映出当前目的地址的路由信息。

源节点发送 RREQs 分组到邻居节点，邻居节点接收后，进行相应的处理。RREQs 每到一个节点，节点都会发出 RREPs 分组原路返回；当 RREQs 分组到达目的节点时，目的节点向源节点发送 RREPs 分组，RREPs 分组的作用是建立反向路由。

图 7.5.2 所示为 RREPs 分组格式，类型值设置为 2，区别于 RREQs 分组；R（Repair Flag）和 A（Acknowledgment Required）分别应用于组播和确认。

类型	RA	保留	Prefix SZ	跳数
目的 IP 地址				
目标序列号				
源 IP 地址				
生存时间				

图 7.5.2 RREPs 分组格式

2）建立正向路由

当某一节点收到一个来自邻居节点发送来的 RREQs 分组时，需要检查收到的 RREQs 分组经过的路径是否是单向链路；若不是，则对该节点是否是目的节点进行判断；若仍然不是，则检查该节点是否存在到达目的节点的路由信息，若该节点存在到达目的节点的路由信息，则通过目的序列号的对比来对此次的 RREQs 分组发现的路由与已存在的路由进行判断。如果接收到的RREQs分组的目的序列号大于路由表中的分组的目的序列号，则该节点根据接收到的路由分组更新路由；如果该节点的路由表中的信息是最新信息，即路由表中的分组的目的序列号的值大，并且接收到的RREQs分组信息没有经过处理，则该节点会发送RREPs分组原路返回，建立反向路由。

接收到RREQs分组的节点将记录发送此分组的邻居节点的地址，建立正向路由并更新路由信息，记录最新的目的序列号。当源节点收到来自目的节点的RREPs分组时，将会立即进行数据传输。在网络中建立反向路由的节点有很多，有些节点没有被已选择路径的RREPs分组经过，对这些节点进行如下处理：设定一个时限（Active_Route_Timeout），过了时限后，宣布这些节点建立的反向路由无效。此后若收到比现在使用的路径更新的RREPs分组，则将此条路径的跳数与已使用路径的跳数进行对比，若新收到的RREPs分组的跳数少于已使用的路径跳数，则更新路由，使用新收到的RREPs分组的路径进行数据传输。这样既减小了向源节点转发的RREPs分组数，又保证获取了最新、跳数最少的路由信息。

节点路由表中含有许多路由信息，如源序列号、目的序列号、路由请求定时器、节点的活跃邻居节点、目的地址、下一跳地址、跳数等。

源序列号和目的序列号的作用在前面已经进行了详细的介绍。路由请求定时器与反向路由有关，由一些不使用的路径上的节点建立的反向路由在经过一个路由缓存时间后，不使用的反向路由将被清除。活跃节点是这样定义的：如果在最近一次活跃期（Active_Timeout）内，节点接收到或发送过分组，则此节点为活跃节点。含有一个活跃节点的路由表为有效路由表，含有一个活跃节点的路径为有效路径。路由表生存时间每次用来传输分组时，都是需要重新计算的，可以表示为Active_Route_Timeout与当前时间的和。

3. AODV协议的路由维护及局部连接管理

当网络拓扑结构改变时，很明显，已建立的路由不会受非活跃路径上节点移动的影响。但是节点在活跃路径上移动时，若源节点移动，则可能再进行一次路由发现，以完成路由的重新建立；若用于分组转发的中间节点或目的节点移动，则它们会向受到影响的节点发送一种特殊的RREPs分组，告知受影响的节点最新的路由信息，包括哪些路径此时可用，哪些路径已无效，从而尽量减小时延。若节点发现下一跳节点没有收到分组，则可判断出此条路径已不能再使用。

若下一跳节点不可达，即此条路径可能已断开或损坏，则节点向使用此条路径的上游节点发送RREPs分组，此分组可将上游节点到此节点的跳数设为无穷，避免再将分组向此条路径发送。活跃节点在收到RREPs分组后，将此RREPs分组转发到与其相关的活跃节点。当受损路径可再次使用时，则节点恢复其使用，并修改路径在其他节点的状态。

若源节点需要与目的节点进行通信，且已通信的路径断开，则源节点需要再次触发路由发现过程，广播RREQs分组，进行路由发现，其序列号需要在原基础之上加1。若不加1，则RREPs分组没有通知到的中间节点并不知道此时路径已断开，最新的路由信息已更新，那么这些节点不会对RREPs分组进行响应，影响新的有效路由的正常建立。

路由协议在监控网络拓扑结构变化、路由信息、定位目的节点位置、发现和维护路由方面起着重要作用，AODV协议在局部连接方面的作用主要体现为对网络拓扑结构的监控，而网络拓扑结构可以由网络中节点的彼此感知体现，主要采用接收与发送两种形式。

（1）在接收方面，若节点能够收到来自邻居节点的广播信息，则节点可以更新自身的连接信息表信息，将邻居节点记录其中，达到既可以感知邻居节点，又可以更新自身信息的目的。

（2）在发送方面，节点发送 Hello 分组，让邻居节点可以感知该节点的存在。若节点在 Hello 分组发送时间间隔（Hello_Interval）内，没有向邻居节点发送任何信息，则需要广播 Hello 分组，证明该节点的存在。

Hello 分组可看作一种特殊的 RREPs 分组，包含分组标识和序列号。分组序列号通常是不会改变的，即使分组在传输过程中；设置分组的生存时间的值为 1，以保证分组只被转发一次，当邻居节点收到分组后，会自动更新局部连接信息表。若只是不活跃的邻居节点没有发送分组，则不需要进行操作；若在一定时间内没有收到活跃节点的分组，则此路径视为无效。

以下情况可以说明局部连接已发生了改变：①节点收到来自新邻居的广播和 Hello 分组；②发送 Hello 分组或其他分组已超时，仍然没有收到邻居的 Hello 分组。

在局部连接管理中使用 Hello 分组，在邻居之间保证双向连接，可以防止出现单向链路。

总之，AODV 协议使用了分布式、基于路由表的方法。AODV 协议具有思路简单、易于实现、网络可扩展等很多优点。

本章小结

本章讨论的主题是路由选择，主要解决数据分组如何选路的问题。首先给出了路由选择的基本概念、算法分类及最小生成树算法；然后重点研究了最短路由算法原理，主要包括 Dijkstra 算法、Ford-Moore-Bellman 算法、Floyd-Warshall 算法的原理，以及实用中常用的两种典型路由算法——距离矢量路由算法和链路状态路由算法的思想；接着讨论了大型网络中用到的路由选择方法——分级路由选择；最后简单介绍了广播和组播的路由选择及 OSPF、AODV 两种典型路由选择协议。

思考题

1．试说明路由选择算法的主要功能及设计目标。

2．路由选择算法有哪些类型？

3．洪泛式路由选择算法的基本思想是什么？限制分组传输次数有哪些方法？

4．在 5 个节点的网络中，节点之间的无向距离矩阵为

$$\boldsymbol{D}=\begin{bmatrix}0 & 3 & 5 & 8 & 7\\ 3 & 0 & 6 & 5 & 4\\ 5 & 6 & 0 & 3 & 1\\ 8 & 5 & 3 & 0 & 9\\ 7 & 4 & 1 & 9 & 0\end{bmatrix}$$

（1）用 P 算法求最小生成树。

（2）用 K 算法求最小生成树。

5．试描述 Dijkstra 算法和 Ford-Moore-Bellman 算法的基本思想，并进行比较。

6．在 6 个节点的网络中，节点之间的有向距离矩阵为

$$
\boldsymbol{D}=\begin{bmatrix}
0 & 9 & 3 & 6 & \infty & \infty \\
1 & 0 & 5 & \infty & 8 & \infty \\
4 & \infty & 0 & \infty & 2 & \infty \\
\infty & \infty & 7 & 0 & 3 & 4 \\
\infty & 6 & 2 & 8 & 0 & 5 \\
7 & \infty & 3 & \infty & 5 & 0
\end{bmatrix}
$$

（1）用 Dijkstra 算法求节点 1 到其他节点的最短路径长度及其路由。

（2）用 Ford-Moore-Bellman 算法求节点 1 到其他节点的最短路径长度及其路由。

7．试分析 OSPF 协议和 AODV 协议的基本原理。

8．链路状态路由算法的基本步骤是什么？它与距离矢量路由算法相比有何优点？

第8章　流量与拥塞控制

在现代大型多业务网络中，可能会出现流量拥塞的现象，网络分组或数据帧仅靠路由选择机制确定链路并进行传输是不完整的，路由选择机制必须要和适当的流量控制和拥塞控制结合在一起共同决定链路选择，实际中也是这样应用的。

本章首先给出流量与拥塞控制的基本概况，然后讨论流量与拥塞控制的算法分类及原理，在此基础上分析数据链路层、网络层及传输层流量与拥塞控制基本技术。

8.1　概述

8.1.1　死锁现象

在通信网络中，链路的容量、交换节点中的缓冲器和处理机等都是网络的资源。在某段时间内，若对网络某一资源的需求超过了该资源所能提供的可用部分，网络的性能就会恶化。同时，信息流无限制地进入网络会导致网络的性能恶化。当报文在网络中经历了比所期望的时延更长的时间时，就认为网络发生了拥塞。所谓网络拥塞（Network Congestion），是指网络中出现流量高峰或过载等情况，用户要传输的数据量超过了网络的处理能力，网络的性能出现恶化的现象。当网络发生拥塞时，只能有很少的信息流动，而且拥塞会很快延伸，甚至导致死锁。当发生死锁时，网络中几乎没有分组能够传输。因此，为防止网络性能迅速下降，需要对网络进行拥塞控制。网络拥塞控制是防止过多的数据注入网络、避免网络中拥塞扩散的一组机制。

造成网络出现拥塞有若干种原因。例如，当从多个输入端到达同一节点的分组要求同一条输出链路时，就形成分组的排队。如果该节点的缓冲器容量不够，就会造成分组丢失。在某种程度上增加缓冲器的容量可以减少因这种缺少缓冲容量而造成的分组丢失率；如果处理器的处理速度太慢，或者链路带宽不够也会导致拥塞。另外，具有拥塞控制机制的节点本身会使拥塞变得更严重。因为如果节点没有空闲的缓冲器，那么新到达的分组必定被丢弃，而发送端会因为等待应答超时而重传，甚至重传若干次，这必然会增加网络的负荷，使整个网络中节点的缓冲器逐渐地处于饱和状态。随着网络负荷的激增，吞吐率骤降，最后达到 0，导致网络进入死锁状态。

网络不仅在拥塞严重时会发生死锁，在一定条件下，在轻负荷时也会发生死锁。图 8.1.1 给出了三种死锁现象。图 8.1.1（a）所示为直接存储转发死锁现象，其中节点 A 中的缓冲器被欲发往节点 B 的分组占满，节点 B 中的缓冲器被欲发往节点 A 的分组占满，彼此都期待对方能接收本端的分组而腾出缓冲空间来，但双方都无法做到，因此处于对峙和僵持状态。图 8.1.1（b）所示为间接存储转发死锁现象，其中一个闭环上的各个节点的相关链路缓冲器都被占满，任何一个节点都无法腾出空闲存储空间来接收邻居节点的报文分组，因此处于无法解脱的僵持局面。图 8.1.1（c）所示为重装死锁（重装死锁是指节点无法重装报文而引起的死锁）现象，其中，目的节点无法重装报文而出现死锁现象。在图 8.1.1（c）中，A、B、C 三个报文的部分分组已占满了目的节点缓冲器，但都没有完成重装工作。因为报文 A 的 A6 和 A7 两个分组分别在节点 N2 和 N3 中排队等待发送；报文 B 的 B4 在 N2 中排队，报文 C 的 C4 在 N1 中排队。三个报文都短缺一些分组而无法重装，也就无法腾出空间来接收剩余的分组数据，形成僵局，出现死锁现象——重装死锁现象。死锁的直接恶果就是整个网络（或网络的局部地区）瘫痪，吞吐率降至 0。

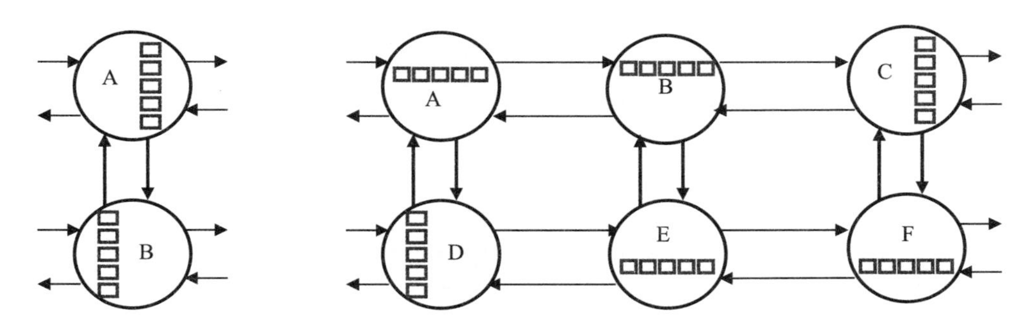

（a）直接存储转发死锁现象　　（b）间接存储转发死锁现象

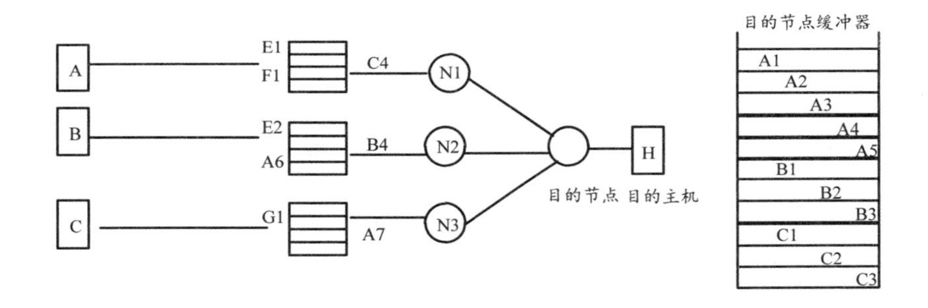

（c）重装死锁现象

图 8.1.1　死锁现象

8.1.2　网络数据流量控制技术分类

网络数据流量的控制技术可以分为三类，即流量控制、拥塞控制和死锁防止。它们有不同的目的和实施对象，而且各自在不同的范围和层次上实现。

1．流量控制

流量控制是对网络上的两个节点之间的数据流量施加限制，主要目的是让接收端来控制链路上的平均数据速率，满足接收端本身的承受能力，以免过载。流量控制包括路径两端的流量控制与链路两端的流量控制。在不断发展的通信网络环境中，高速节点与低速节点并存，这就需要通过流量控制来减少或避免分组的丢失及存储器的溢出，从而避免拥塞。

2．拥塞控制

拥塞控制的目的是将网络内（或网络的部分区域内）的报文分组数量保持在某一量值之

下，超过这一量值，分组的平均排队时延将急剧增加。因为一个分组交换网络实质上是一个排队的网络，每个节点的输出链路端口都配置一个排队队列。如果分组到达的速度超过或等于分组发送的速度，队列就会无限制地增长，致使分组平均传输时延趋于无穷大。如果进入网络的分组数量继续增加，节点缓冲器将会占满溢出，丢失一些分组。丢失分组的后果是发送端重传。重传实际上又增加了网络内流通的业务量，最终可能使所有节点缓冲器都被占满，所有的通路完全被阻塞，系统的吞吐率趋于 0。

避免这种灾难性事件发生就是拥塞控制的任务。所有拥塞控制技术的目的，都是限制节点中的队列长度以避免网络过载。拥塞控制技术不可避免地要引进一些控制信息开销，因此实际效果不如理论上那么理想。

3．死锁防止

当网络拥塞到一定程度时，就会发生死锁现象。死锁发生的条件是构成一个封闭环路的所有节点的相关链路缓冲器都被排队的报文分组占满而失去了节点所担负的存储转发能力。即使在网络轻负荷情况下，也可能出现死锁现象。死锁防止技术旨在合理地设计网络，使之免于发生死锁现象。

拥塞控制和流量控制的概念经常被混淆，实际上两者是有差异的。拥塞控制必须使得通信子网能够传输所有待传输的数据，是一个全局性的问题，涉及所有的主机、路由器、路由器中存储转发处理的行为，以及所有将削弱通信子网能力的其他因素。而流量控制只与某发送者和某接收者之间的点到点的业务量有关。流量控制的任务是确保一个快速发送者不能以比接收者能承受的速率更高的速率传输数据。流量控制几乎总涉及接收者，接收者要向发送者送回一些直接反馈。简单地说，流量控制是防止网络拥塞的一种机制。

当一个节点向某特定的接收节点发送的报文超过了接收节点处理或转发报文的能力时，会发生拥塞。因此，问题简化为对给定节点提供一种控制从其他节点接收报文多少的机制。这样，流量控制就是使发送节点产生报文的速度受到控制，从而使接收节点能及时处理发送端报文的一个过程。从用户的观点看，流量控制要防止进入网络的报文不能在预先规定的时间内传输。例如，有一个网络的传输容量为 1000Gbit/s，假定一个超级计算机利用该网络以 1Gbit/s 的速率向一个 PC 发送一个文件，尽管网络不会有拥塞问题，但需要进行流量控制，以不断地暂停超级计算机的传输，从而使 PC 可以完成相应处理。又如，一个分组网络的各链路的速率为 1Mbit/s，有 1000 台大型计算机连入该网络，其中一半的计算机要向另一半的计算机以 100kbit/s 的速率传输文件，这里没有高速发送节点使接收端溢出的问题（没有流量控制问题），但存在呈现给网络的业务量大于网络能处理的业务量的问题，因此需要进行拥塞控制。

8.1.3 拥塞控制的基本原理

拥塞控制的基本原理是寻找输入业务对网络资源的需求小于网络可用资源成立的条件。这可以通过增大网络的某些可用资源（如当输入业务繁忙时增加一些链路、增大链路的带宽或使额外的通信量从另外的通路分流），或者通过减少一些用户对某些资源的需求（如拒绝接受新的建立连接的请求，或者要求用户减轻其负荷，这属于降低服务质量）来实现。

拥塞控制是一个动态控制问题，有多种度量可用来监视子网的拥塞状态。其中主要的有因缺少缓冲空间而丢失分组的比例、平均队列长度、超时和重传分组的数量、平均分组时延等。这些因素数值上的增加意味着拥塞可能性的增加。

一般在监测到拥塞发生时，要将拥塞发生的信息（控制分组）传输到产生分组的信源。当然，这些额外的控制分组要在子网中传输，即恰好在子网拥塞时又增加了子网的负荷。在路由器转发的分组中保留一位或一个字段，用该位或字段的值表示网络的状态（拥塞或没有拥塞）。也可以由一些主机或路由器周期性地发送控制分组，以询问网络是否发生拥塞。

过于频繁地采取行动以缓和网络的拥塞也会使系统产生不稳定的振荡，但过于迟缓地采取行动又不具有任何实用的价值。因此，要采用某种折中的方法。

8.1.4　流量和拥塞控制的作用

流量和拥塞控制的作用可用图 8.1.2 描述。从图 8.1.2 中可以看到，网络传输的分组速率是输入负荷或递交给网络的分组速率的函数。在理想的情况下，只要输入负荷低于网络的容量，那么网络应传输全部已递交的分组。当输入负荷高于网络容量时，网络（仍是理想情况）应继续以最大容量传输分组。图 8.1.2 中标有“理想的拥塞控制”的曲线表示这一理想情况。然而，在实际的网络中，如果网络没有流量控制，则只有当网络输入负荷低于某一定值时，（与理想情况相比）网络才能传输全部输入负荷。当输入负荷的增长超过这一定值时，网络的实际吞吐率与理想曲线开始分离（尽管实际吞吐率的变化仍是输入负荷的函数）。随着输入负荷的进一步提高，无流量控制网络的吞吐率开始下降。输入网络的业务量越高，实际传输的业务量越低。在某种情况下，足够高的输入负荷会导致死锁，即网络中没有或几乎没有成功传输的分组。

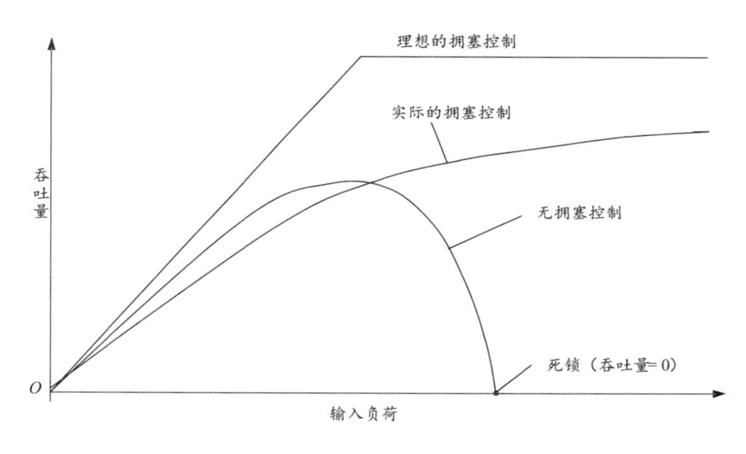

图 8.1.2　流量和拥塞控制的作用

流量和拥塞控制的功能可概括为以下四个方面。

（1）防止由于网络和用户过载而产生的吞吐率降低及响应时间增长。

（2）避免死锁。

（3）在用户之间合理分配资源。

（4）网络及用户之间的速率匹配。

为了对流量和拥塞控制的作用及在无流量及拥塞控制时对网络存在的问题有一个初步理解，以如图 8.1.3 所示的网络为例进行说明。在图 8.1.3 中，分组的传输规则是如果分组到达节点时没有可用的缓冲器，则分组被丢弃。为了恢复丢弃的分组，节点或主机在规定的时间内没有收到应答信号则重传该分组。（节点或主机将保留分组副本，直至分组被接收者确认。）

例 8.1.1 在图 8.1.3 所示的网络中，链路上的数字分别代表其通信容量，单位为 kbit/s。设网络的业务需求如下：主机 B 到主机 A 的业务需求量为 λ_{BA}kbit/s，主机 C 到主机 D 的业务需求量为 λ_{CD}kbit/s。主机 B 到主机 A 的链路是 B→Y→X→A，主机 C 到主机 D 的链路是 C→Z→X→D。试分别讨论以下几种传输方案下网络的状态：（1）λ_{BA}=7kbit/s 且 λ_{CD}=0；（2）λ_{BA}=(8+δ) kbit/s（δ>0），λ_{CD}=0；（3）λ_{BA}=7kbit/s 且 λ_{CD}=7kbit/s；（4）λ_{BA}=(8+δ) kbit/s（δ>0），λ_{CD}=7kbit/s。

方案（1）。此时，主机 B 到主机 A 的业务请求能够在现有网络容量下得到解决，不会出现拥塞情况。分组去往主机 A 的速率与主机 B 发送分组的速率相同。链路 B→Y、Y→X、X→A 的速率均为 7kbit/s。

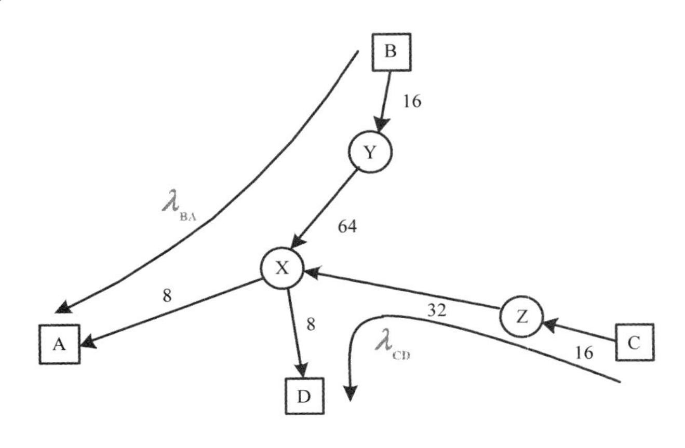

图 8.1.3 拥塞网络

方案（2）。此时，递交网络的分组速率高于 X→A 链路能够处理的速率。因此，在某一时刻，节点 X 的缓冲区满。这将导致从节点 Y 发出的分组被丢弃而不会得到确认。由于 Y 节点保留未确认分组以便重传，因此节点 Y 缓冲区满。这样会造成一个很有意思的现象：由于节点 X 能够发送 8kbit/s，而最初要求提供(8+δ)kbit/s，因此，节点 X 一开始会拒绝发送 δkbit/s。此时，为重传丢失的 δkbit/s，Y→X 链路将发送(8+2δ)kbit/s，但节点 X 只能发送 8kbit/s，所以被丢弃 2δkbit/s，丢弃的 2δkbit/s 仍需要重传，因此 Y→X 链路将发送(8+3δ) kbit/s。因为重复发送，Y→X 链路上的业务量不断增加直至总量达到 64kbit/s。同样的原因，B→Y 链路上的业务量将达到 16kbit/s，其中包括新分组和重传分组。由此可见，若要求网络以高于其容量的速率发送分组，则会大量消耗网络资源。

解决方案（2）的拥塞问题有下列两种方法。

①网络有足够大的容量，X→A 链路能适应主机 B 最大可能的业务量。

②限制主机 B 的最大业务量，使其不超过 8kbit/s。

若已知最大的业务需求量，可采用方法①。但是，方法①只有在主机 B 频繁要求最大业务量且持续较长时间时才有经济意义。如果在大部分时间，主机 B 到主机 A 的业务需求量很低（如 2 kbit/s），只有偶然的峰值超过 8kbit/s，则应该限制主机 B 的瞬时最高速率为 8kbit/s，任何高于 8 kbit/s 的业务将延迟直至脱离过载状态。这两种方法的本质区别在于：方法①是一种设计思路，不能实时实现；方法②是用于网络控制的策略，网络可以实时地根据业务需求量实施该策略。

方案（3）。与方案（1）相同，此时不会出现拥塞状态。发往主机 A 和主机 D 的数据的总速率为 14kbit/s，每个方向的数据速率为 7kbit/s，每条网络链路承担 7kbit/s。

方案（4）。此时主机 C 到主机 D 的链路有足够的容量，可以满足业务需求量。存在的问题是在无流量控制的网络中，主机 B 到主机 A 与主机 C 到主机 D 的分组需要共享节点 X 的缓冲区容量。由方案（2）可知，主机 B 到主机 A 的业务请求会导致节点 X 缓冲区满。反过来，缓冲区使主机 C 和主机 B 发出的分组到达节点 X 后被频繁丢弃。虽然事实情况是主机 B 的业务引发这一问题的，但是所有发往节点 X 的分组都会被丢弃。根据方案（2），节点 X 的缓冲区满，最后节点 Y 和节点 Z 也发生缓冲区满，各链路以各自的容量传输业务。

无论何时，只要节点 X 发送分组至主机 A 或主机 D，主机 A 或主机 D 都要接收并确认此输入分组。因为节点 X 从节点 Y 接收分组的速率是从节点 Z 接收速率的两倍（Y→X 链路的容量是 Z→X 链路容量的两倍），节点 X 发往主机 A 的分组速率是发往主机 D 分组速率的两倍。因此，在节点 X 缓冲区中，到主机 A 的分组与到主机 D 的分组的比例为 2∶1。到主机 A 的分组以 X→A 链路的最大速率（8kbit/s）传输，到主机 D 的分组速率是此速率的一半，即 4kbit/s。

对比方案（3）和方案（4），可以发现当 λ_{BA} 从 7kbit/s 提高到$(8+\delta)$kbit/s 时，会出现下列情况。

①总吞吐率降低。网络传输的总业务量从 14kbit/s 降至 12kbit/s。

②对主机 C 的业务量待遇不公平。

由主机 C 发往主机 D 的业务速率从 7kbit/s 降至 4kbit/s。这样，虽然是由主机 B 的业务引起的问题，但主机 C 的损失却超过了主机 B。

解决方案（4）的拥塞问题类似解决方案（2）的拥塞问题，即在方案（2）中讨论的两种方法仍然适用。另外，可以采用第三种方法：在节点 X 处，为主机 D 的业务保留一定数量的缓冲区。这样，无论主机 B 是否过载，都能够保证来自主机 C 的分组具有进入节点 X 缓冲区的入口，使分组得到公平的待遇。当然，保留资源与分组交换的首要目的（理想的资源共享）相矛盾。看来，牺牲一部分资源共享的利益是保证网络公平合理的代价。因此可以看出，缓冲区的管理是非常重要的，缓冲区满可以引起整个网络的瘫痪。

8.2　流量和拥塞控制算法

8.2.1　流量和拥塞控制算法分类

1．流量和拥塞控制所经历的层次

流量和拥塞控制可以出现在所有的协议层次上，不过主要是数据链路层、网络层和传输层；分段（逐跳）流量控制是数据链路层的功能，称为节点到节点之间的流量控制；而端到端流量控制主要在传输层，称为全局流量控制；拥塞控制则主要集中在网络层。

影响拥塞控制的主要策略如表 8.2.1 所示。

表 8.2.1 影响拥塞控制的主要策略

层 次	策 略
传输层	重传的策略
	乱序缓存的策略
	应答的策略
	流量控制的策略
	定时的确定
网络层	在子网内采用虚电路还是数据报方式
	分组排队和服务的策略
	分组丢弃的策略
	路由的算法
	分组寿命管理
数据链路层	重传的策略
	乱序缓存的策略
	应答的策略
	流量控制的策略

2. 拥塞控制算法分类

1）从控制论角度分类

从控制论的角度，拥塞控制算法可以分为开环控制算法和闭环控制算法两类。当流量特征可以准确描述、性能要求可以事先获得时，适于使用开环控制；当流量特征不能准确描述或当系统不提供资源预留时，适于使用闭环控制。Internet 中主要采用闭环控制算法。

闭环控制算法分为以下三个阶段：检测网络中拥塞的发生；将拥塞信息报告到拥塞控制点；拥塞控制点根据拥塞信息进行调整以消除拥塞。闭环控制算法可以动态适应网络的变化，其缺陷是算法性能受到反馈时延的严重影响。当拥塞发生点和控制点之间的时延很大时，算法性能会严重下降。

2）根据算法的实现位置分类

根据算法的实现位置，拥塞控制算法可以分为链路算法（Link Algorithm）和源算法（Source Algorithm）。

链路算法在网络设备（如路由器和交换机）中执行，作用是检测网络拥塞的发生，产生拥塞反馈信息，其设计的关键问题是如何生成反馈信息和如何对反馈信息进行响应。链路算法主要包括窗口式拥塞控制算法、漏斗式速率控制算法及主动队列管理（AQM）算法等，目前的研究集中在 AQM 算法方面。和传统的“队尾丢弃”（Drop-Tail）算法相比，AQM 算法在网络设备的缓冲区溢出之前就丢弃或标记报文，典型的算法有 RED 算法。AQM 算法主要优点包括：①减少网关的报文丢失，使用 AQM 算法可以保持较小的队列长度，从而增强网关容纳突发流量的能力；②减小报文通过网关的时延，减小平均队列长度可以有效减小报文在网络设备中的排队时延；③避免死锁现象的发生。

源算法在主机和网络边缘设备中执行，作用是根据反馈信息调整发送速率。源算法中使用广泛的是 TCP 拥塞控制算法，TCP 是目前在 Internet 中使用广泛的传输协议，TCP 拥塞控制算法则是保证 Internet 稳定性的重要因素。

8.2.2　流量和拥塞控制算法的设计准则

流量和拥塞控制算法的设计准则主要包含两个方面：一是网络的吞吐率准则；二是业务流之间的公平性准则。吞吐率准则通过控制网络的吞吐率来逼近网络容量；公平性准则保障了业务流能够公平地共享网络资源。

关于公平性准则，可以利用图 8.2.1 来进行理解。这里通过一个例子讨论一下公平性的问题。

例 8.2.1　在如图 8.2.1 所示的网络有 n 条链路，$n+1$ 个用户，其中 n 个用户各自要求使用一条链路，另一个用户要求使用全部 n 条链路。每一个用户要求的数据速率为 1 单位/秒，每条链路的容量为 1 单位/秒。若要求使用 n 条链路的这个用户被完全禁止，则其余用户都可以被接纳，得到全网总的吞吐率为 n 单位。但若同样地对待所有用户，则每一个用户可得到的最大吞吐率为 1/2 单位，系统总的吞吐率为$(n+1)/2$ 单位。如果 n 较大，则相当于只能到达前面总吞吐率的一半，即此时为了满足系统的公平性，是以降低系统的总吞吐率为代价的。

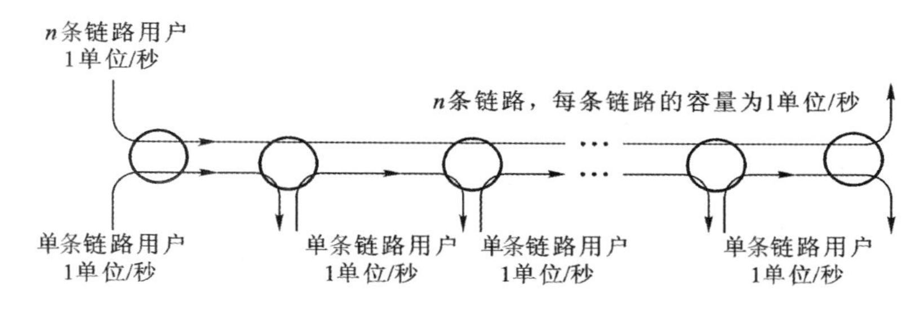

图 8.2.1　公平性准则举例

对于网络拥塞控制来说，要设计一个好的算法是相当困难的，主要表现在以下几个方面。

（1）算法的分布性。拥塞控制算法的实现分布在多个网络节点中，必须使用不完整的信息完成控制，并使各节点协调工作，还必须考虑某些节点工作不正常的情况。

（2）网络环境的复杂性。各处的网络性能有很大的差异，算法必须具有很好的适应性；由于网络对报文的正确传输不提供保证，因此算法必须处理报文丢失、乱序到达等情况。

（3）算法的性能要求。拥塞控制算法对性能有很高的要求，包括算法的公平性、效率、稳定性和收敛性等。某些性能目标之间存在矛盾，在算法设计时需要进行权衡。

（4）算法的开销。拥塞控制算法必须尽量减少附加的网络流量，特别是在拥塞发生时。在使用反馈式的控制机制时，这个要求增加了算法设计的困难。算法还必须尽量降低在网络节点（特别是网关）上的计算复杂性。目前的策略是将大部分计算放在端节点完成，在网关上只进行少量的操作。

8.2.3　拥塞控制算法的评价指标

在设计和比较拥塞控制算法时，需要一定的评价方法。从用户的角度出发，可以比较端系统的吞吐率、丢失率和时延等指标，这些是用户所关心的。拥塞控制算法对整个网络系统都有影响，在评价算法时更应该从整个系统的角度出发进行考虑。

两个重要的评价指标是资源分配的效率和资源分配的公平性。

1）资源分配的效率

资源分配的效率可以用 Power 函数来评价。Power 函数定义为

$$\text{Power}=\text{Throughput}\ \alpha\ /\ \text{Response Time}$$

式中，一般取 $\alpha=1$。如果评价偏重吞吐率，则取 $\alpha>1$；如果评价偏重反应时间，则取 $\alpha<1$。

使用 Power 函数有一定的局限性。Power 函数主要基于 M/M/1 队列的网络，并假设队列的长度为无穷。Power 函数一般在单资源、单用户的情况下使用。

根据图 8.2.2 可知，当 Load（负荷）是 Knee 时，Power 函数取最大值。

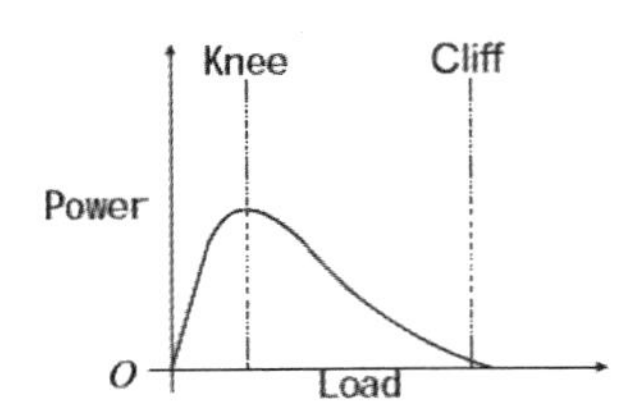

图 8.2.2 Load（负荷）与 Power 函数关系图

2）资源分配的公平性

在多用户情况下，需要考虑资源分配的公平性。公平性评价的主要方法包括 Max-Min Fairness、Fairness Index 和 Proportional Fairness 等。

Max-min fairness 被非正式地定义为，每个用户的吞吐率至少和其他共享相同瓶颈的用户的吞吐率相同。Max-Min Fairness 是一种理想的状况，但是它不能达到公平的程度。

Fairness Index 提供了一个计算公式，可以计算公平的程度。该公式定义为

$$F(x)=\frac{(\sum x_i)^2}{n(\sum x_i^2)} \tag{8.2.1}$$

式中，x_i 表示第 i 个用户的传输负荷。

Fairness Index 的计算结果位于 0 和 1 之间，并且结果不受衡量单位的影响。显然，当完全公平时，$F(x)=1$（100%），此时所有 x_i 平均分配；当所有资源只提供给一个源端时，$F(x)=1/n$，达到最小；当 $n\to\infty$时，$F(x)=0$。

Fairness Index 的一个性质是如果 n 个用户中只有 k 个用户平均共享资源，而另$(n-k)$个用户没有任何资源，则计算结果为 k/n。

一些研究者认为，如果考虑用户的效用函数（Utility Function），在一些情况下使用 Max-Min Fairness 评价不是最理想的。针对对数的效用函数，可以引入 Proportional Fairness 的概念。Proportional Fairness 定义为如果向量 $\boldsymbol{x}$ 满足 Proportional Fairness，则对于其他任何向量 $\boldsymbol{y}$ 都满足

$$\sum_{i\in I}\frac{\boldsymbol{y}_i-\boldsymbol{x}_i}{\boldsymbol{x}_i}\leqslant 0 \tag{8.2.2}$$

由于公平性是针对资源分配而言的，所以在评价前首先要确定“资源”的含义。目前大多数研究在评价公平性时都针对吞吐率，这是从用户的角度出发考虑的，并不完全适合网络中的资源状况。网络中的资源包括链路带宽、网关的缓冲和网关的处理能力等，在考察公平性时应当将这些资源的分配情况综合考虑。

8.2.4　网络流量分配*

3.2 节讨论的图论基础知识可以用来分析通信网络流量分配问题。网络的作用主要是将业务流从源端送到宿端。为了充分利用网络资源，包括线路、转接设备等，总希望合理地分配流量，以使从源端到宿端的流量尽可能大，传输代价尽可能小。流量分配的好坏将直接关系到网络的使用效率和相应的经济效益，是网络运行的重要指标之一。

网络流量的分配并不是任意的，它受限于网络的拓扑结构、边和端的容量，所以流量分配实际上是在某些限制条件下的优化问题。流量分配主要涉及三个问题：流量优化的一般性问题、最大流问题和最佳流问题，解决好这些问题有助于网络结构设计、网络路由选择、网络管理及网络优化等工作。此处只讨论流量优化的一般性问题。

流量优化的一般性问题如下。

由图论知识可知，可以用有向图 $G=(V,E)$表示通信网络。其中端集 $V=\{v_1,v_2,\cdots v_3\}$。对于各边，设为有向边，其中 e_{ij} 表示从 V_i 到 V_j 的边。每条边能够通过的最大流量称为边的容量，用 C_{ij} 表示；而这条边上实际的流量记为 f_{ij}。一组流量的安排 $\{f_{ij}\}$ 称为网络的一个流。

若这个流使得从源端到宿端有总流量 F，则 f_{ij} 必须满足以下条件。

非负性和有限性

$$0\leqslant f_{ij}\leqslant C_{ij} \tag{8.2.3}$$

连续性

$$\sum_{v_j\in\Gamma(v_i)}^{i\to j} f_{ij}-\sum_{v_j\in\Gamma'(v_i)}^{j\to i} f_{ji}=\begin{cases}F & 若\ v_i\ 为源端\ v_{\mathrm{s}}\\ -F & 若\ v_i\ 为宿端\ v_{\mathrm{d}}\\ 0 & 其他\end{cases} \tag{8.2.4}$$

其中

$$\Gamma(v_i)=\left\{v_j:e_{ij}\in E\right\};\quad \Gamma'(v_i)=\left\{v_j:e_{ji}\in E\right\}$$

具有 m 条边、n 个端点的图共有 $2m+n-1$ 个限制条件，其中包括 m 个非负性条件，因为 m 条边的非负性；m 个有限性条件，因为 m 条边的有限性；$n-1$ 个连续性条件，因为对应于 n 个端点的 n 个等式，有一个不是独立的，故只有 $n-1$ 个端点的连续性。满足式（8.2.3）和式（8.2.4）条件的流称为可行流。不同的流量分配可得不同的可行流。一般有以下两种优化可行流的问题。

一种是变更可行流中 f_{ij} 各值以使总流量 F 最大，即最大流问题，实质上就是在式（8.2.3）的 m 个条件和式（8.2.4）中的 v_i 不是 v_{s} 和 v_{d} 的 $n-2$ 个条件下，使目标函数 F 最大的线性规划问题。

另一种是最佳流或最小费用流问题。每一条边除有容量 C_{ij} 的规定外，还有费用 α_{ij}，表示单位流量所需的费用。给定 F，选择路由分配流量，即调整 f_{ij} 使总费用 l 最小。

$$l=\sum_{e_{ij}\in E}\alpha_{ij}f_{ij} \tag{8.2.5}$$

这也是一个线性规划问题。目标函数就是总费用 l。如果 α_{ij} 是 f_{ij} 的函数，则该问题成为非线性规划问题，求解会困难一些。

在实际中，我们更感兴趣的是网络设计等一般化的问题，此时不但边的流量 f_{ij} 是可调整的，端点的容量 C_{ij} 也是可以选择的，而且边的 f_{ij} 有限制，端点的 C_{ij} 也有转接容量的限制，源端和宿端也并不是只有一个，目标函数将成为总费用 l（最小）。

$$l=\sum_{i,j}\beta_{ij}c_{ij} \tag{8.2.6}$$

式中，β_{ij} 是单位容量的费用；β_{ji} 是单位转接容量的费用。转接容量为

$$c_{ij}=\sum_{j}f_{ji} \tag{8.2.7}$$

除非负性、有限性和连续性限制外，可能还有网络的质量指标限制，如呼损率、时延等。

从原则上说，这也是一个数学规划问题，当然已不是线性规划问题，但其复杂程度使解析解几乎不可能，也将涉及流量的随机性，所以不在本节中讨论。

常用的流量控制方法如下。

（1）缓冲器预约法是在源节点到目的节点之间的控制方法。每个源节点发送一个“请求缓冲存储”分组来为每个报文预定空间。当目的节点收到这一分组后，如果节点内存在足够的缓冲器，就返回一个“分配”分组。在目的节点收到所有的分组并装配以后，则返回一个“接收下一报文就绪”（RFNM）的确认信号。如果节点具有给其他报文的存储空间的话，则可以用 RFNM 捎带一个分组，如果源节点无分组可发送，则发出一个“归还”分组，以释放存储空间。

（2）许可证法是英国国家物理实验室提出的一个网络级流量控制方法。网络内的各个节点持有一定数量的许可证，分组必须占有许可证才能从主机进入网络。一旦占有许可证的一个分组进入网络，则网络中的许可证数量减少 1；当一个分组离开网络被上交主机后，许可证的数量增加 1。这样可以对进入网络的分组的数量进行控制，从而避免全网范围内的拥塞。

（3）窗口控制法是既可应用于邻居节点之间又可应用于两 DTE（数据终端设备）之间的一种信息流控制的方法。在控制过程中，一个发送的上限被设定，随着数据单元的发送，窗口逐渐缩小，在收到对端的接收确认信号以后，窗口又逐渐扩大，数据单元发送的数量受到控制，从而有效地控制了发送分组的数量，避免了局部拥塞。

8.3 数据链路层的流量控制

流量控制技术用于确保发送端不会使接收端发生数据溢出的现象。接收端一般会为数据发送设置一定容量的数据缓冲器。当接收到数据后，接收端往往要先进行某些处理，再把数据发送给高层软件。如果不进行流量控制，那么在处理已到达数据的过程中，如果来了新的数据，就会发生缓冲器溢出的情况。

数据链路层的流量控制方式包括简单基本的停等式协议、实用的停等式 ARQ 协议、返回式 *n*-ARQ 协议和窗口式流量控制协议。其中，停等式 ARQ 协议和返回式 *n*-ARQ 协议已在 5.2 节中介绍，因此，本节主要介绍停等式协议和窗口式流量控制协议。

8.3.1 停等式协议

停等式协议主要用于理想传输信道，即所传输的任何数据既不会出现差错，又不会丢失。在进行流量控制时，要求发送方将数据发送到发送缓冲区并立即发送出去，而接收方的接收缓冲区的大小只要能够装得下一个数据帧即可。发送方发送完数据帧后开始等待，接收方收到数据帧后将其放入数据链路层的接收缓冲区并上交主机，同时发信息给发送方表示数据帧已上交主机；发送方收到由接收方发过来的双方提前商定好的信息后，则从主机取一个新的

数据帧再发送。该协议可以使收发双方同步得很好，并由接收方控制发送方的数据流量。这是最简单的流量控制数据链路层协议算法，具体可描述如下。

发送方：

（1）从主机取一个数据帧。

（2）将数据帧送到数据链路层的发送缓冲区。

（3）将发送缓冲区中的数据帧发送出去。

（4）等待。

（5）若收到由接收方发送过来的信息，则从主机取一个新的数据帧，转到（2）。

接收方：

（1）等待。

（2）若收到由发送方发过来的数据帧，则将其放入数据链路层的接收缓冲区。

（3）将接收缓冲区中的数据帧上交主机。

（4）向发送方发信息，表示数据帧已经上交主机。

（5）转到（1）。

8.3.2　窗口式流量控制协议

窗口式流量控制协议的思想类似数据链路层的返回式 *n*-ARQ 算法，在一个会话（session）过程中，发送端 A 在未得到接收端 B 的应答的情况下，最多可以发送 *W*（窗口宽度）个消息、分组或字节。接收端 B 收到后，回送给发送端 A 一个 permit（既可以是应答，又可以是分配消息），发送端 A 收到后方可发送新的数据。通过调整窗口宽度，可以动态调整发送端的分组或字节的发送速率。下面首先介绍一下在窗口式流量控制中应该注意的问题，然后集中讨论具体的窗口式流量控制算法。

1．滑动窗口控制机构的建立

通信子网中的任意节点对之间都可能构成源/目的节点对。若子网的节点数为 *m*，则一个节点可能与其他 *m*−1 个节点结合，最多形成 *m*−1 个源/目的节点对。如果在一个节点内为每一个源/目的节点对常设一个滑动窗口控制机构，将使节点控制机构变得相当复杂，占用许多的缓冲存储容量。减少这种复杂性的途径就是采用动态方法，在每个节点中只为有当前通信业务的源/目的节点对设置滑动窗口控制机构，并相应地分配缓冲区。每一个源/目的节点对实际上就是一条虚拟线路。可见，滑动窗口控制机构应当随着每一条虚拟线路的建立而建立，这与为每一条数据链路建立一对滑动窗口控制机构是一样的。

2．窗口宽度的确定

一个源节点可能与许多不同节点构成源/目的节点对。如果源/目的节点对之间的距离比较远，则相应的两个节点之间的端到端时延就比较长，从源节点发出一个分组到它收到确认应答期间连续发出的分组数会比较大。因此，为了有效地利用通信子网的传输能力，这时源/目的节点对之间的窗口宽度 *W* 就应当比较大。相反，源/目的节点对之间跳数比较少的节点对之间的窗口宽度 *W* 就应该相应地小一些。可见，窗口宽度应当根据源/目的节点对之间的距离来选择，而不能简单地选成一样大小。为此，可以在每一个源节点内设置一张说明窗口宽度和节点距离关系的对应表。根据这种对应关系，动态选择合适的窗口宽度，以便建立起相适应的窗口控制机制。

理想的窗口宽度应当这样选择：源节点从发送第一个分组到收到目的节点对该分组的确认应答时，源节点的滑动窗口控制机构应该刚好发完窗口宽度允许的最后一个分组。在这种情况下，源节点就能以最佳的速率不间断地发送分组。

3．报文的重装

当目的节点全部接收完一个报文的所有分组后，才能着手重装报文，然后提交给目的主机。这时，该源/目的节点对上的一个报文才算传输成功，目的节点将给源节点返回一个确认应答。可见，端到端流量控制功能中还包括在目的节点进行报文重装的功能，特别是当通信子网采用自适应型路由策略和采用网内数据报传输方式时，报文重装功能尤其重要。在这两种情况下，源节点发出的报文分组可能沿不同的路径到达目的节点，因此造成分组到达次序与发送次序可能不一致。如果某一分组在中转过程中被丢弃，则目的节点无法将报文重装出来。此时，目的节点应在返回的应答中报告这一情况。源节点在知道此情况后，应立即重传被丢弃的那个分组。为此，源节点缓冲区必须保留全部未应答的数据分组，以便在需要重传时使用。

4．端到端窗口式流量控制

为了便于讨论，进行以下一些定义。

W：窗口宽度，即窗口的容量为 W 个分组，如果接收端希望收到的分组序号为 k，则发送端可以发送的分组序号为 $k\sim k+W-1$ 。

d：分组的来回传输时延，包括来回的传播时延、处理时间、分组传输时间、应答分组的传输时延。

X：单个分组的传输时间。

图 8.3.1 描述了 d、X、W的相互关系。

在图 8.3.1（a）中，$d\leqslant WX$，则发送端可以以 $1/X$（分组 / 秒）的速率全速发送，流量控制不会被激活。而在图 8.3.1（b）中，$d>WX$，在时间 d 内，最多只能发送 W 个分组，即分组传输的速率为 W/d（分组 / 秒）。显然，对于给定来回时延 d，最大的分组传输速率 r 为

$$r=\min\{\frac{1}{X},\frac{W}{d}\} \tag{8.3.1}$$

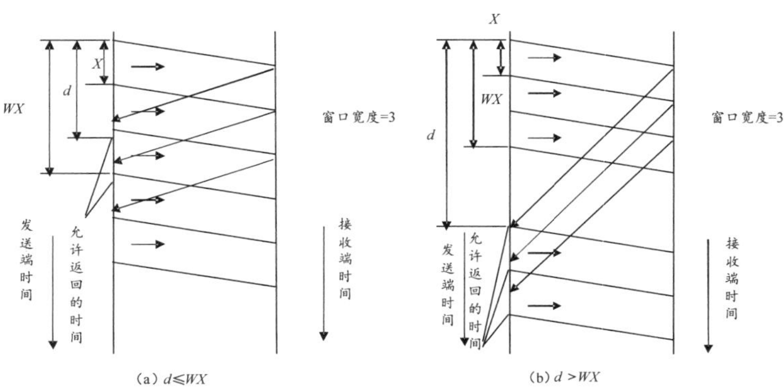

图 8.3.1　d、X、W 的相互关系

分组的来回传输时延与分组传输速率的关系曲线如图8.3.2所示。从图8.3.2中可以看出，d 增加表明网络中拥塞增加，分组传输速率 W/d 下降。如果 W 较小，则拥塞控制反应较快，即在 W 个分组内就会做出反应。以很小的开销获得快速反应是窗口式流量控制协议的主要优势之一。

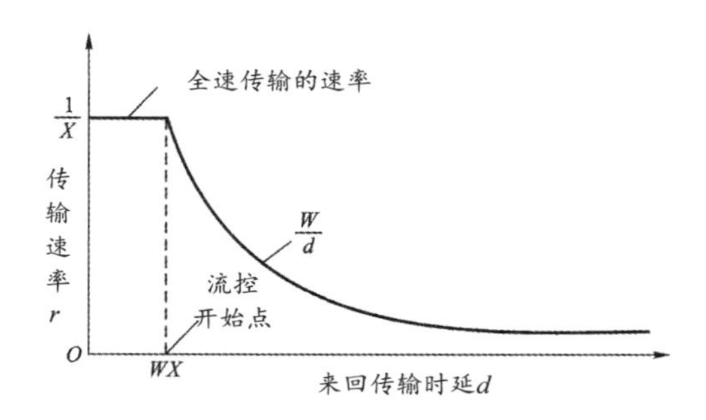

图8.3.2 分组的来回传输时延与分组传输速率的关系曲线

下面通过一个具体的例子讨论端到端流量控制的工作过程。

例8.3.1 如图8.3.3所示，设有一个系统采用了端到端窗口式流量控制技术。在该系统中，传输的所有分组的长度均为64B，源节点S的最大输出速率为100Mbit/s，信道的传输速率为100Mbit/s。当目的节点D可接收信息的速率为62.5Mbit/s、12.5Mbit/s和1.25Mbit/s时，试讨论如何进行流量控制？（假定所有节点的处理时延均为0，各节点都采用存储转发机制。）

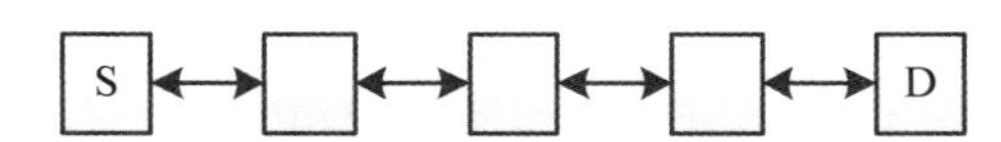

图8.3.3 网络拓扑图

解：从图8.3.3中可以看出，从源节点S到目的节点D之间经过三个节点，由于各节点采用的是存储转发机制，因此从源节点发出一个分组到目的节点返回一个许可的来回时延为分组在各链路上传输时间之和，即

$$d=(8\times64\times8\text{bit})/100\text{Mbit/s}=40.96\mu\text{s}$$

由于目的节点可接收信息的速率为62.5Mbit/s、15.625 Mbit/s和1.5625 Mbit/s，均小于源节点的输出速率，所以应有 $WX<d$。所对应的目的节点的接收信息的速率为$(WX\cdot100\text{Mbit/s})/d$。$X=(64\times8\text{bit})/100\text{Mbit/s}=5.12\mu\text{s}$。因此，当$(WX\cdot100\text{Mbit/s})/d=62.5\text{Mbit/s}$、12.5Mbit/s和1.25Mbit/s时，可分别求得 W=5、1、0.1。W=0.1意味着目的节点应该允许分组延迟$(9\times40.96\mu\text{s})$以后发出。在具体实现时，采用 W=1，但要通过增加缓冲量的方法将 d 增至10倍，此时需要控制发送端的速率，以免造成缓冲区的溢出。

端到端窗口式流量控制的主要问题如下。

（1）不能保证每一个session有一个最小的通信速率。

（2）必须处理和确定窗口宽度。窗口宽度必须在允许每个session的最大传输速率、传输时延、信道的最大传输能力、网络的拥塞等因素之间综合考虑。

（3）无法保障分组的时延。假定网络中有 n 个活动的session，各session的窗口宽度分别为 $W_1,W_2,\cdots,W_n$，则在网络中流动的总分组数近似等于 $\sum_{i=1}^{n}W_i$，根据Little定理得分组的时延为

$T=\sum_{i=1}^{n}\frac{W_i}{\lambda}$。其中，$\lambda$ 是各 session 输入的总速率。随着 session 数的增加，通过量 λ 受链路容量的限制，将接近常量，这时就会有时延 T 正比于 session 数（总窗口的宽度）。因此，窗口式流量控制不能把时延维持在适当的水平上。

（4）端到端窗口式流量控制在公平性方面较差。一个路径较长的 session，如果窗口宽度较大，那么当经过重负荷的链路时，等待的分组较多。而一个路径较短的 session，如果窗口宽度较小，那么当经过重负荷的链路时，等待的分组较少。这样就会导致长路径的 session 得到较大比例的服务。

5．虚电路逐跳窗口式流量控制

虚电路逐跳窗口式流量控制（Node-by-Node Windows for Virtual Circuits）是指在虚电路经过的每个节点中保留 W 个分组的缓冲区。链路上的每一个节点都参与流量控制，每一条链路的窗口宽度都为 W，每个接收分组的节点可以通过减缓回送应答分组给发送节点的方式来避免内存中积压太多的分组。在这种方式下，各个节点的窗口宽度或缓冲区是相关的。假定虚电路经过 $i-1\rightarrow i\rightarrow i+1$ 等节点，当节点 i 缓冲区满时，只有当节点 i 向节点 $i+1$ 发送一个分组后，节点 i 才可能向节点 $i-1$ 发送一个应答分组。这样就会导致节点 i 的上游节点 $i-1$ 缓冲区满，依此类推，最后将导致源节点的缓冲区满。这种从拥塞节点缓冲区满到源节点缓冲区满的现象被称为反压现象（Backpressure）。

6．流量控制窗口的动态调整

为了能够适应网络的拥塞情况，可以动态调整窗口宽度。当发生拥塞时，自动减小窗口宽度，以减缓拥塞的状态。基本方法：通过从拥塞节点到源节点的反馈控制来实现。

方法一：当某节点感觉到拥塞时（发现缓冲区短缺或队长过长），发送一个特殊分组给源节点。源节点收到后，减小该节点窗口宽度。在一个适当的时延后，如果拥塞状态已缓解，则源节点逐步增大窗口宽度。

方法二：收集正常分组从源节点到达目的节点的拥塞信息，目的节点利用这些信息，通过一些控制分组来调整窗口宽度。

8.4 网络层的拥塞控制

网络层的拥塞控制主要包括漏斗式速率控制和队列管理。

漏斗式速率控制算法包括漏斗算法和令牌漏斗算法。漏斗算法与令牌漏斗算法的主要区别在于流量整形策略不同。漏斗算法不允许空闲主机积累发送权，以便以后发送大的突发数据；令牌漏斗算法允许空闲主机积累发送权，发送的突发数据量最大为漏斗的大小。漏斗算法中的漏斗中存放的是数据包，漏斗满了丢弃数据包；令牌漏斗中存放的是令牌，令牌漏斗满了丢弃令牌，不丢弃数据包。

队列管理通过控制队列的平均长度来避免拥塞的发生。队列管理可分为被动队列管理和主动队列管理。被动队列管理中常用的算法是“丢尾”（Drop Tail）算法；主动队列管理中常用的算法是随机早期检测算法（RED）算法及其改进算法——加权随机早期检测算法（WRED）和显式拥塞通知（ECN）算法等。RED 算法简单便于实现，因此被现有的大多数路由器采用。

8.4.1　漏斗式速率控制算法

拥塞发生的主要原因在于通信量往往是突发性的，如果主机能够以一个恒定的速率发送信息，拥塞将大大减少。除前面讨论的窗口式流量控制方法外，还有一种管理拥塞的方法，即强迫分组以某种有预见性的速率传输。这种管理拥塞的方法被称为流量整形（Traffic Shaping）。

1．流量整形

流量整形是指调整数据传输的平均速率（及突发性）。与之相比，前面讨论的窗口式流量控制协议只能限制一次传输数据的数量，而不能限制传输速率。当在虚电路网络中应用流量整形算法时，在虚电路建立阶段，用户和子网之间共同协商一个关于该电路的业务流模型，只要用户按照协商的业务流模型发送分组，子网就确保按时传输这些分组。业务流模型的协商对文件传输不是很重要，但对实时数据（如音频和视频传输）是很重要的，这些实时业务不能容忍拥塞的出现。当子网同意某一业务流模型的用户接入后，子网要对该用户的业务流进行监视，以确保守法用户的传输，限制违约用户的传输。流量整形算法的思想同样适用于数据报网络。

2．漏斗算法

下面以生活中的一个例子来看流量控制。假设有一个装水的漏斗，如图 8.4.1（a）所示。不管注水的流量如何，只要漏斗中有水，漏斗将以恒定的速率向外流水。而且，当漏斗装满水后，如果还向其注水，将导致注入的水从漏斗中溢出。只有当漏斗为空时，输出的速率才为 0。这种思想可以应用到分组传输的过程中，如图 8.4.1（b）所示。从概念上讲，每台主机都可以通过一个类似漏斗的接口与网络相连，即漏斗是一个容量有限的内部队列。如果分组到达队列时，队列满，则分组被丢弃。只要队列的长度不为 0，分组就会以恒定的速率进入网络。也就是说，当队列的长度已经达到最大值时，如果主机还试图发送分组，这些分组将会被毫不客气地丢掉。实际上，这种策略相当于将用户产生的非平稳的分组流变成一个平稳的分组流，从而平滑用户数据分组的突发性，进而大大降低拥塞的机会。该算法最先是由 Turner 提出来的，被称为漏斗算法（Leaky Bucket Algorithm）。

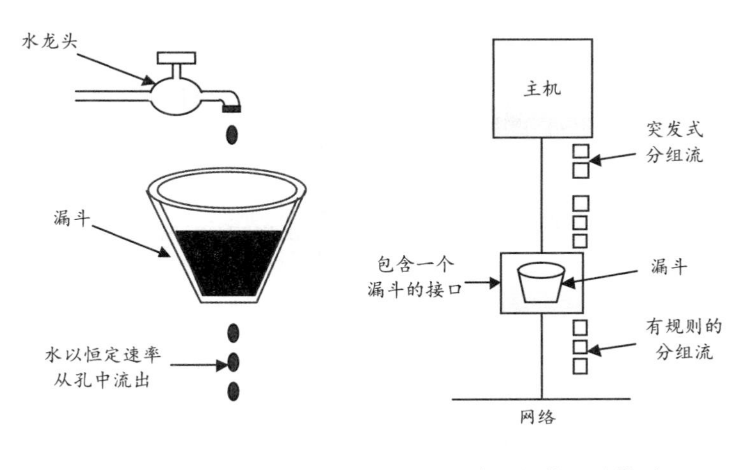

（a）一个装水的漏斗　　（b）一个分组的漏斗模型

图 8.4.1　漏斗算法

漏斗算法有两种实现方式：一种针对分组长度固定的情况（如 ATM 信元）；另一种针对分组长度可变的情况。如果分组的长度是固定的，则漏斗算法每隔一个固定的时间间隔输出一个分组。当分组的长度可变时，漏斗算法每隔一个固定的时间间隔，输出固定数量的字节（或比特）。如果漏斗每次可输出 1024B，则意味着每次可输出两个 512B 的分组或 4 个 256B 的分组。假设每次输出的最大字节数为 n，如果队列中的第一个分组长度 $l<n$，则该分组将被送入网络。如果队列中的第 2 个及后面的若干个分组长度之和小于 $n-1$，则这些分组都可以在这一次中发送。如果某一分组的长度 $l>n$ 且满足 $kn \leqslant l \leqslant (k+1)n$，则该分组必须等待 k 个时间间隔才能传输，以保证每个时间间隔输出的平均字节数小于规定的数值。

例 8.4.1 有一台计算机能以 25B/s 的速率发送分组，而且网络能以该速率运行。但是，网络中的路由器只能在很短的时间内处理这样的速率。在长时间内，路由器只能以不超过 2MB/s 的速率工作。假定漏斗的输出速率 ρ=2MB/s，漏斗的容量 C=1MB，输入数据的突发长度为 1MB，试求经过漏斗后，输入数据的输出速率及持续时间。

解：由于输入数据的突发长度为 1MB，刚好等于漏斗的容量，所以该突发数据都可以进入漏斗。输入数据产生的速率是 25MB/s，突发长度是 1MB，所以共持续 1MB/25MB/s=40ms，如图 8.4.2（a）所示。由于漏斗的输出速率 ρ =2MB/s，所以突发数据将被整形，以 2MB/s 的恒定速率输出。持续时间为 1MB/2MB/s=500ms，如图 8.4.2（b）所示。

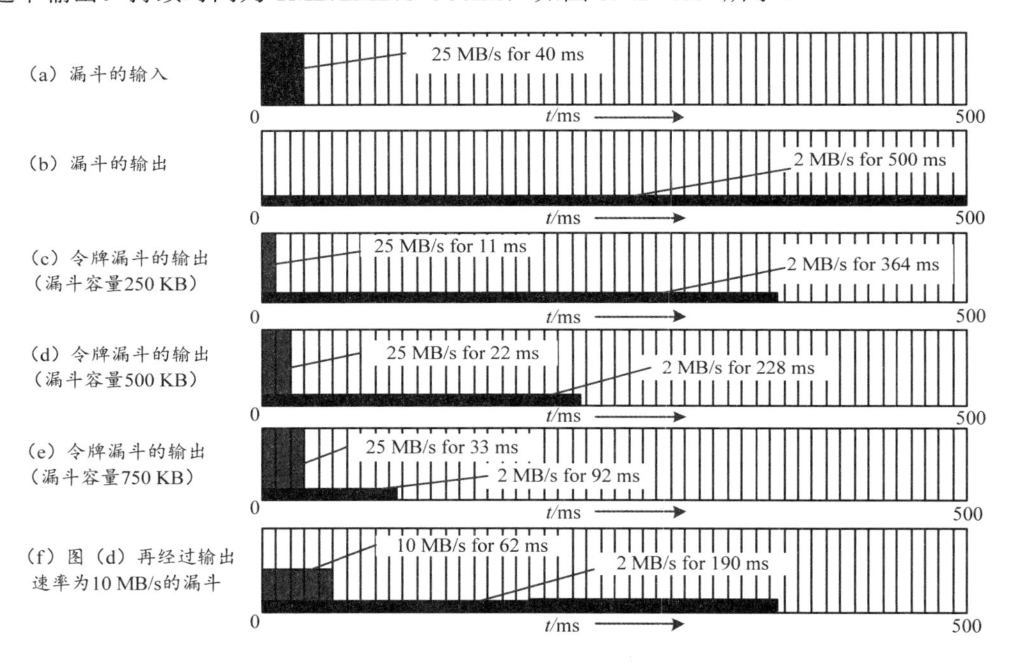

图 8.4.2 不同接入速率控制算法所对应的输入输出

3. 令牌漏斗算法

前面讨论的漏斗算法总强迫输出模式保持一个固定的平均速率，而不管突发业务流的大小。通常，在大型应用环境中，我们希望当大的突发业务流到来时，输出可以相应地加快一些，使得输出的业务流具有一定的突发性。因此，人们提出了令牌漏斗算法（Token Bucket Algorithm）。在令牌漏斗算法中，漏斗中保留的不再是数据分组，而是令牌。系统每隔 ΔT 个时间单位产生一个令牌，并送入漏斗。当漏斗满时，产生的新令牌将被丢弃。对于数据分组而言，只有当其获得了令牌后，才可以发送。当数据长度固定时，每获得一个令牌就可以发送一个分组。当有多个分组要发送时，可以获取漏斗中存在的多个令牌，根据可获得的令牌数来决定一次可以发送的分组数。

例 8.4.2 如图 8.4.3（a）所示，漏斗中共有 3 个令牌。此时，某一主机产生了 5 个新的分组。由于此时只有 3 个可用令牌，所以在这次发送的过程中，只能发送 3 个分组，另外 2 个分组必须等待新的令牌才能发送，如图 8.4.3（b）所示。

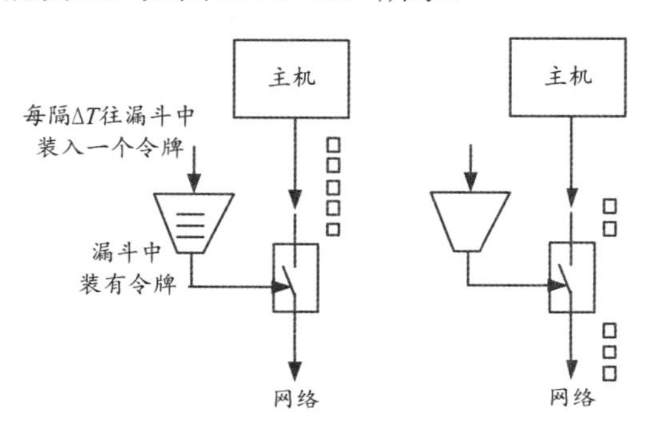

（a）发送之前　　（b）一次发送之后

图 8.4.3　令牌漏斗算法举例

如果分组长度是可变的，一个令牌表示一次可发送 kB，那么只有当该分组获得的多个令牌允许发送的字节长度之和大于分组长度时，才可以发送该分组。令牌漏斗算法工作原理示意图如图 8.4.4 所示。令牌输出速率取决于用户的需求，如果令牌池的容量为 W，则每次可输出 0~W 个令牌。如果用户无需求，则漏斗无输出。如果漏斗满（共有 W 个令牌在令牌池中），并且输入突发超过了 W 个分组，则漏斗一次可输出 W 个令牌，但后续令牌的输出速率仅为 $\frac{1}{\Delta T}$ 令牌/单位时间。要实现令牌漏斗算法，需要设置一个令牌计数器。这个令牌计数器每隔 ΔT 个时间单位加 1，每发送一个分组便减 1。当令牌计数器为 0 时，就不能再发送分组。在以字节计数的方式中，令牌计数器每隔 ΔT 个时间单位增加 kB，每发送一个分组便减去分组的字节长度。

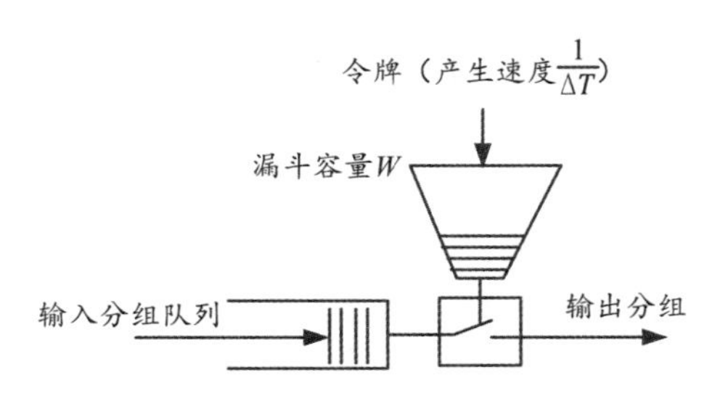

图 8.4.4　令牌漏斗算法工作原理示意图

需要注意的是，令牌漏斗算法虽然允许业务流有一定的突发性，但对其突发长度有一个限制。通过下面的例子可以看到对突发长度的限制。

例 8.4.3 有一个容量为 250KB 的令牌漏斗。当令牌漏斗中无积累的令牌时，令牌到达后允许用户以 2MB/s 的速率向网络输出数据。网络可传输的最大速率为 25MB/s。若当 1MB 突发数据到达时，令牌池满，求业务流的输出速率及持续时间。同时，讨论令牌漏斗容量为 500KB 和 750KB 时，业务流的输出速率及持续时间。

解：由于在输出突发数据时，又有新的令牌产生。因此，设业务流以最高速率输出的持续长度为 Ss，令牌漏斗的容量为 CB，令牌的产生速率为 ρ B/s，最高输出速率为 MB/s。显然，在 Ss 内，可输出的业务量为($C+\rho S$)B。同时，在 Ss 内，以最高速率输出的突发字节数为 MS B。因此可以得到

$$C+\rho S=MS\Rightarrow S=\frac{C}{M-\rho} \tag{8.4.1}$$

将参数代入，即 C=250KB，M=25MB/s，ρ =2MB/s，可得业务流以最高速率输出的时间约为 11ms。在剩余的时间内，业务流将以 2MB/s 的速率输出。持续时间为 $\frac{1\text{MB}-S\times 25\text{MB/s}}{2\text{MB/s}}\approx 364\text{ms}$，其结果如图 8.4.2（c）所示。

当令牌漏斗容量为 500KB 和 750KB 时，类似上面的方法，可以得到其结果分别如图 8.4.2（d）和 8.4.2（e）所示。

如果想使业务流更平滑，则可以在令牌漏斗之后加一个漏斗。这个漏斗允许的分组传输速率应该比令牌漏斗在无令牌积累情况下允许的分组传输速率大，但要比网络最高可支持的速率低。图 8.4.2（f）给出了一个容量为 500KB 的令牌漏斗后面连一个 10MB/s 的漏斗的输出流示意图，即将图 8.4.2（d）的输出流经过输出速率为 10MB/s 的漏斗。

8.4.2 队列管理算法

队列管理算法是在路由器上实现的算法，属于拥塞控制中的链路算法，其在网络的实际运行中，可以和源算法 TCP 拥塞控制配合使用。

1. 丢尾算法

假定一个路由器对某些分组的处理时间特别长，则可能使这些分组中的数据部分（如 TCP 报文段）经过很长时间才能到达终点，结果引起发送方对这些报文段的重传。而重传会使 TCP 连接的发送端认为在网络中发生了拥塞，于是 TCP 的发送端就采取了拥塞控制策略，但实际上网络并没有发生拥塞。

网络层的策略对 TCP 拥塞控制影响最大的就是路由器的分组丢弃策略。在简单的情形下，路由器的队列通常按照“先进先出”（FIFO）的规则处理到来的分组，FIFO 又叫作“先到先服务”（FCFS），即第一个到达路由器的数据包首先被传输，它的最大优点在于实施简单。由于每个路由器的缓存总是有限的，如果数据包到达时缓存已满，那么路由器就不得不丢弃该数据包，这种做法没有考虑被丢弃包的重要程度。由于 FIFO 总是丢弃到达队尾的包，所以有时又称为“丢尾”（Drop-Tail）算法。此外，由于 FIFO 和“丢尾”分别是最简单的包调度和包丢弃策略，所以两者有时被视为一体，甚至有时就简单称为 FIFO 排队。但“丢尾”和 FIFO 是两个不同的概念，FIFO 是一种包调度策略，其决定包传输的顺序；“丢尾”是一种包丢弃

策略，决定哪些包被丢弃。

基本 FIFO 排队的一种简单改进策略是优先级排队，其基本思路是为每个数据包分配一个优先级标志，这个标志可以放在 IP 数据包内。

2．RED 算法

路由器的“丢尾”往往会导致一连串分组的丢失，这就使发送方出现超时重传，TCP 进入拥塞控制的慢启动状态，结果 TCP 连接的发送方突然把数据的发送速率降低到很小的数值。更为严重的是，在网络中通常有很多的 TCP 连接（它们有不同的源点和终点），这些连接中的报文段通常在网络层的 IP 数据报中传输。在这种情况下，若发生了路由器中的“丢尾”，就可能会影响很多条 TCP 连接，导致许多的 TCP 连接在同一时间突然都进入慢启动状态。这在 TCP 的术语中称为全局同步（Global Synchronization）。全局同步使得全网的通信量突然下降了很多，而在网络恢复正常后，其通信量会突然增大很多。

为了避免发生网络中的全局同步现象，可以在路由器上采用 RED 算法，实现 RED 算法的要点如下。

路由器的队列维持两个参数，即队列长度最小门限 TH_{min} 和最大门限 TH_{max}。当每一个分组到达时，RED 算法先计算平均队列长度 L_{AV}。

（1）若 $L_{AV} \leqslant TH_{min}$，则将新到达的分组放入队列进行排队。

（2）若 $L_{AV} \geqslant TH_{max}$，则将新到达的分组以概率 1 丢弃。

（3）若 $TH_{min} < L_{AV} < TH_{max}$，则按照某一概率 p（$0<p<1$）将新到达的分组丢弃。

RED 算法将路由器的到达队列划分为三个区域，即正常排队、以概率 p 丢弃和必须丢弃的区域，如图 8.4.5 所示。

RED 算法的“随机”体现在 RED 算法中的要点（3）上。也就是说，RED 算法不是等到已经发生网络拥塞后才把所有在队列尾部的分组全部丢弃的，而是在检测到网络拥塞的早期征兆时（路由器的平均队列长度超过一定的门限时），就先以概率 p 随机丢弃个别分组的，让拥塞控制只在个别的 TCP 连接上进行，从而避免发生全局性的拥塞。

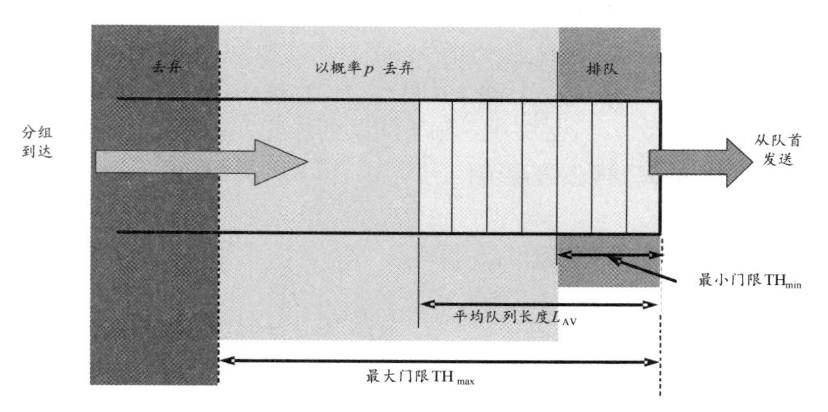

图 8.4.5　RED 算法把路由器的到达队列划分成三个区域

这样，RED 算法正常工作的关键是要选择好三个参数：最小门限 TH_{min}、最大门限 TH_{max} 和概率 p。

最小门限 TH_{min} 必须足够大，以保证连接路由器的输出链路有较高的利用率。最大门限

TH_{max}和最小门限TH_{min}之差也应当足够大，使得在一个TCP往返时间（RTT）中队列的正常增长仍在最大门限TH_{max}之内。经验表明，最大门限TH_{max}等于最小门限TH_{min}的两倍是合适的。如果门限设定得不合适，则RED算法可能引起类似丢尾策略的全局同步振荡。

在RED算法中，最复杂的就是丢弃概率p的选择，因为概率p不是常数。对每一个到达的分组，都必须计算丢弃概率p的数值。概率p的数值取决于当前的平均队列长度L_{AV}和所设定的两个门限TH_{max}和TH_{min}，根据下面三条原则来确定。

（1）当$L_{AV} \leqslant TH_{min}$时，$p=0$。

（2）当$L_{AV} \geqslant TH_{max}$时，$p=1$。

（3）当$TH_{min}<L_{AV}<TH_{max}$时，$0<p<1$。例如，p可以按照线性规律变化，从0变到p_{max}。

图8.4.6表示了分组丢弃概率p与两个门限TH_{min}和TH_{max}的关系。

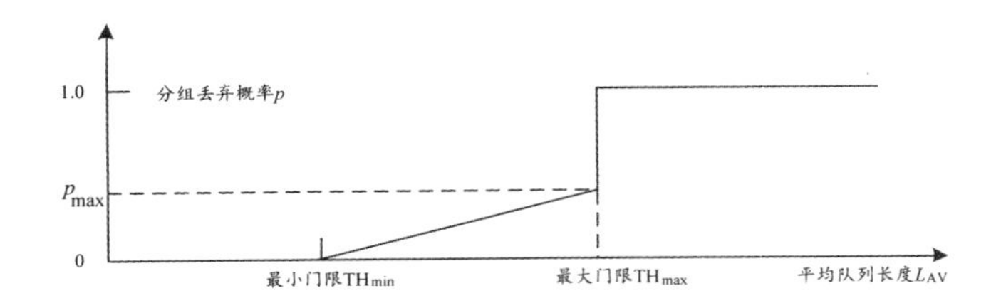

图8.4.6　分组丢弃概率p与两个门限TH_{min}和TH_{max}的关系

为什么要使用“平均队列长度”呢？由于IP数据具有突发性的特点，路由器中的队列长度经常会出现很快的起伏变化。如果丢弃概率p是按照瞬时队列长度来计算的，那就可能出现一些不合理的现象。例如，很短的突发数据不太可能使队列溢出，因此对于这类数据，如果仅因为瞬时队列长度超过了门限TH_{min}就将其丢弃，就会产生不必要的拥塞控制。图8.4.7所示为瞬时队列长度和平均队列长度的区别示意图。

为此，RED算法采用了和计算平均往返时间（RTT）类似的加权平均的方法来计算平均队列长度L_{AV}，并根据平均队列长度L_{AV}求出分组丢弃概率p。式（8.4.2）给出了平均队列长度L_{AV}的计算方法。

$$\text{平均队列长度}\ L_{AV}=1-\delta\times(\text{旧的}\ L_{AV})+\delta\times(\text{当前队列长度样本}) \tag{8.4.2}$$

式中，δ是在0～1之间的数。若δ足够小，则平均队列长度L_{AV}取决于队列长度的长期变化趋势，而不受持续时间短的突发数据的影响。

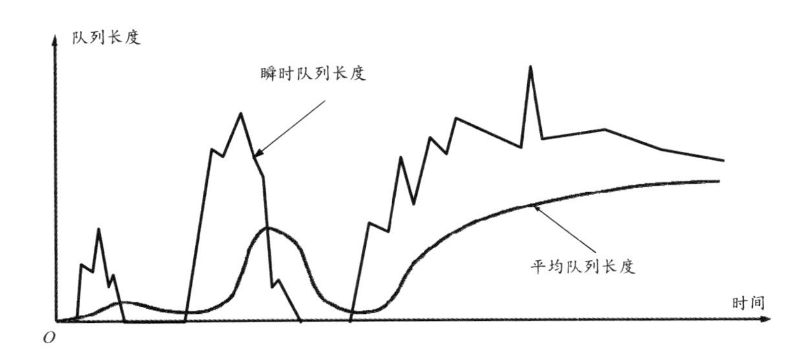

图8.4.7　瞬时队列长度和平均队列长度的区别示意图

分组丢弃概率 p 的计算公式为

$$p=\frac{p_{\text{temp}}}{1-\text{count}\times p_{\text{temp}}} \tag{8.4.3}$$

式中，count 是一个变量，代表新到达的分组有多少个已经进入了队列（没有被丢弃）；p_{temp} 是过渡的分组丢弃概率，可计算如下。

$$p_{\text{temp}}=\begin{cases}0, & 0\leqslant L_{\text{AV}}\leqslant \text{TH}_{\min}\\ p_{\max}\times\dfrac{L_{\text{AV}}-\text{TH}_{\min}}{\text{TH}_{\max}-\text{TH}_{\min}}, & \text{TH}_{\min}\leqslant L_{\text{AV}}\leqslant \text{TH}_{\max}\\ 1, & \text{TH}_{\max}\leqslant L_{\text{AV}}\leqslant B\end{cases} \tag{8.4.4}$$

式中，B 为路由器容量。

下面用一个具体的例子来说明这一点。设 $p_{\max}$=0.02，而变量 count 的初始值为 0。假定平均队列长度正好在两个门限之间，计算出过渡的分组丢弃概率 p_{temp}=0.01。由于在开始时变量 count=0，因此计算出 $p=p_{\text{temp}}$=0.01。也就是说，现在到达的分组进入路由器的队列的概率是 0.99。但随着分组不断进入队列，变量 count 的值不断增大，由式（8.4.4）计算出的分组丢弃概率也逐渐增大。假定一连有 50 个分组进入队列而没有被丢弃，这就使得分组丢弃概率增大一倍，即 p=0.02。再假定一连 99 个分组都没有被丢弃，那么这时由式（8.4.4）计算出分组丢弃概率 p=1（设平均队列长度保持不变），表明下一个分组肯定要被丢弃。可以看出，分组丢弃概率 p 不仅与平均队列长度有关，还随着队列中不被丢弃的分组数量的增多而逐渐增大，这样就可以避免分组的丢弃过于集中。

与丢尾算法相比，RED 算法在拥塞发生之前通知发送方调整速率，能够有效地降低丢包率；RED 算法随机通知发送方而不是通知所有发送方，能够有效地消除全局同步；另外，RED 算法可以通过保持较短的队列长度达到缓冲突发的数据流的目的。

但自从 RED 算法出现以来，对 RED 算法的δ、$\text{TH}_{\min}$、$\text{TH}_{\max}$、$p_{\max}$ 等参数的调节一直是个难题。以参数 $\text{TH}_{\max}$ 为例，如果参数选得太大将会导致过高的排队时延；如果参数选得太小，又会导致队列的剧烈波动，降低资源的利用率。同样对 $p_{\max}$，若参数太小，将会导致过高的平均队列长度；若参数太大，则当 TCP 连接的数量较少时，将会降低链路的利用率。因此，RED 算法只能调整，或者提高资源利用率，或者降低传输时延和丢包率，而不能同时实现上述目标。此外，由于 RED 算法仅仅依据平均队列长度来决定分组的丢弃或标记概率，因此当链路上的用户数量增加时，其丢弃概率必须相应增加以指示网络更加拥塞，这将不可避免地导致平均队列长度的增加。虽然 RED 算法能够有效避免拥塞，但是该算法仍然存在以下主要缺陷。

（1）参数设置问题。

RED 算法对参数设置很敏感，两个阈值 $\text{TH}_{\min}$、$\text{TH}_{\max}$ 和最大丢包概率 $p_{\max}$ 的细微变化经常会对网络性能造成很大影响，如何根据具体业务环境选择合适的参数是 RED 算法存在的一个重要问题。另外，一组参数可能会获得较高的吞吐率，但是也可能会造成较高的丢包率和较大的时延。如何配置参数，使得算法在吞吐率、时延和丢包率等各方面均获得较好的性能有待解决。

（2）稳定性问题。

RED 算法控制的平均队列长度经常随着连接数量的增加而不断增大，造成传输时延剧烈地抖动，引起网络性能的不稳定。

（3）公平性问题。

网络中除 TCP 数据流外，还存在大量非响应数据流。随着网络视频技术的发展，非响应数据流的比例正在逐步增加，如基于 UDP 协议的 RSTP 网络在线播放协议就属于非响应数据流。对于不响应拥塞通知的连接，RED 算法无法有效处理，因此这样的连接经常会挤占大量的网络带宽，导致各种连接不公平地共享带宽。

（4）网络性能问题。

路由器的主要任务是选择合适的路由，尽可能少地占用 CPU 资源，以便提高网络的运算速度，增强网络性能。RED 算法在一定程度上占据了宝贵的路由器运算资源。

3、WRED 算法

WRED 算法是由 Cisco 公司改进的一种算法，是一种根据优先级处理拥塞的机制，主要应用于 TCP 占主导地位的 IP 网络。WRED 算法在 RED 算法的基础上增加了一个权值来决定丢弃量，根据每个权值设置不同的最小和最大阈值级别，为更高级别和更高权值的数据包提供更低的丢弃概率。

WRED 算法实际上对丢弃门限确定方法进行了改进，从而延迟了丢弃数据包的时机。当实际队列长度高于最大门限时，WRED 算法将继续丢弃数据包；当实际队列长度低于最小门限时，WRED 算法将停止丢弃数据包。因此，WRED 算法的包丢弃概率由队列最小门限、队列最大门限和基准概率三者确定。其中，基准概率是队列长度为最大门限时数据包的丢弃概率。当平均队列长度超过最大门限时，所有数据包都将被丢弃。

8.5 传输层的流量和拥塞控制

8.5.1 TCP 流量控制算法

一般来说，我们总是希望数据传输得更快一些。但如果发送方把数据发送得过快，接收方就可能来不及接收，这会造成数据的丢失。流量控制就是让发送方的发送速率不要太快，既要让接收方来得及接收，也不要让网络发生拥塞。

利用滑动窗口机制可以很方便地在 TCP 连接上实现流量控制。下面通过图 8.5.1 的例子说明如何利用滑动窗口机制进行流量控制。

设 A 向 B 发送数据。在连接建立时，B 告诉 A：“我的接收窗口 rwnd=400（字节）”（receiver window，rwnd）。因此，发送方的发送窗口不能超过接收方给出的接收窗口的数值。这里，TCP 的窗口单位是字节，不是报文段。TCP 连接建立时的窗口协商过程在图 8.5.1 中没有显示出来。设每一个报文段为 100 字节长，数据报文段序号的初始值设为 1（见图 8.5.1 中第一个箭头上面的序号 seq=1。图 8.5.1 中右边的注释可帮助理解整个过程）。图 8.5.1 中箭头上面的大写 ACK 表示首部中的确认位 ACK，小写 ack 表示确认字段的值。

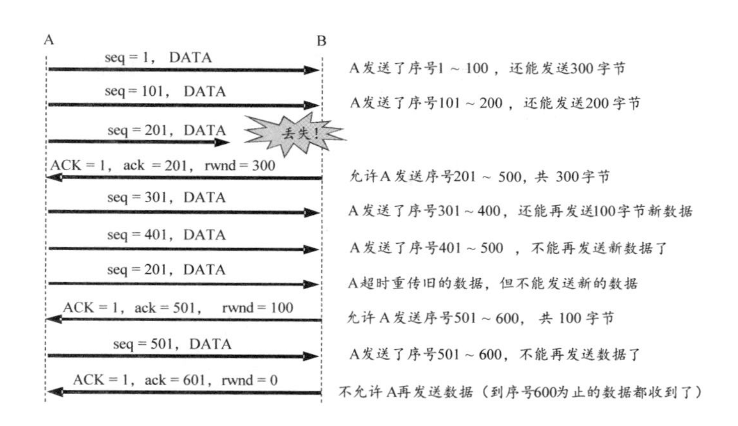

图 8.5.1　利用可变窗口进行流量控制举例

在图 8.5.1 中，B 进行了三次流量控制。第一次把窗口减小到 rwnd=300，第二次减小到 rwnd=100，第三次减小到 rwnd=0，即不允许发送方再发送数据了。这种发送方暂停发送的状态将持续到 B 重新发出一个新的窗口为止。此外，B 向 A 发送的三个报文段都设置了 ACK=1，只有在 ACK=1 时，确认字段才有意义。

考虑一种可能的情况，在图 8.5.1 中，假设 B 向 A 发送了零窗口的报文段后不久，B 的接收缓存又有了一些存储空间。于是 B 向 A 发送了 rwnd=400 的报文段。然而这个报文段在传输过程中丢失了。A 一直等待收到 B 发送的非零窗口的通知，而 B 也一直等待 A 发送的数据。如果没有其他措施，这种相互等待的死锁局面将一直延续下去。

为了解决这个问题，TCP 为每一个连接设置了一个持续计时器（Persistence Timer）。只要 TCP 连接的一方收到对方的零窗口通知，就启动持续计时器。若持续计时器设置的时间到期，就发送一个零窗口探测报文段（仅携带 1 字节的数据），对方则在确认探测报文段时给出现在的窗口（TCP 规定，即使设置为零窗口，也必须接收以下几种报文段：零窗口探测报文段、确认报文段和携带紧急数据的报文段）。如果窗口仍然是零，那么收到这个报文段的一方就重新设置持续计时器；如果窗口不是零，那么死锁的僵局就可以打破了。

8.5.2　TCP 拥塞控制算法

1988 年，Van Jacobson 指出了 TCP 在控制网络拥塞方面的不足，并提出了慢启动算法（Slow Start）、拥塞避免算法（Congestion Avoidance）。1990 年出现的 TCP Reno 版本增加了快速重传算法（Fast Retransmit）、快速恢复算法（Fast Recovery），避免了网络拥塞不严重时采用慢启动算法而过度减小发送窗口尺寸的现象，这样 TCP 的拥塞控制就由这 4 个核心部分组成。最近几年，出现了 TCP 的改进版本，如 New Reno、SACK 等。

为了便于介绍 TCP 拥塞控制的原理，假定：

（1）数据是单方向传输的，而另一个方向只传输确认报文。

（2）接收方总有足够大的缓存空间，发送方发送窗口 swnd（send window）的大小由网络的拥塞程度决定。

1．慢启动和拥塞避免

发送方维持一个叫拥塞窗口 cwnd（congestion window）的状态变量，拥塞窗口的大小取决于网络拥塞程度，且动态地变化。在假设接收方有足够大缓存空间的情况下，发送方让自己的发送窗口等于拥塞窗口。如接收方的接收能力比较小，则发送窗口由接收窗口决定，此时发送窗口可能小于拥塞窗口。

发送方控制拥塞窗口的原则：只要网络没有出现拥塞，拥塞窗口就增大一些，以便发送更多的分组。但只要网络出现拥塞，拥塞窗口就减小一些，以减少注入网络的分组。

那么，发送方如何知道网络发生了拥塞呢？由于当网络发生拥塞时，路由器要丢弃分组，因此只要发送方没有按时收到应当到达的确认报文，就可以猜想网络出现了拥塞。现在通信线路的传输质量一般都很好，因传输差错而丢弃分组的概率是很小的（远小于 1%）。

下面讨论拥塞窗口 cwnd 的大小是怎样变化的。首先介绍慢启动算法的拥塞窗口变化情况。慢启动算法的基本思路如下：当主机开始发送数据时，如果立即把大量数据字节注入网络，那么可能引起网络拥塞，因为现在并不清楚网络的负荷情况。经验证明，较好的方法是先探测一下，由小到大逐渐增大发送窗口，即由小到大逐渐增大拥塞窗口数值，步骤如下。

（1）通常在刚刚开始发送报文段时，先设置拥塞窗口 cwnd=1，即设置为一个最大报文段 MSS 的数值（RFC 2581 规定在一开始 cwnd 应设置为不超过 2 个 MSS，在一开始也不能超过两个报文段，所以通常将 cwnd 设置为 1 个 MSS）。

（2）每收到一个对新报文段的确认后，拥塞窗口加 1，即增加一个 MSS 的数值。

（3）逐步增大发送与的拥塞窗口 cwnd，使分组注入网络的速率更加合理。

下面用例子说明慢启动算法的原理。为方便起见，用报文段的个数作为窗口大小的单位（实际上 TCP 是用字节作为窗口单位的），这样可以使用较小的数字来说明拥塞控制的原理。

在一开始发送方先设置 cwnd=1，发送第一个报文段 M_1，接收方收到后确认 M_1。发送方收到对 M_1 的确认后，把 cwnd 从 1 增大到 2，于是发送方接着发送 M_2 和 M_3 两个报文段。接收方收到后发回对 M_2 和 M_3 的确认。发送方每收到一个对新报文段的确认（重传的报文段不算在内），cwnd 就加 1，因此发送方在收到两个确认后，cwnd 就从 2 增大到 4，同时发送方可发送 M_4~M_7 共 4 个报文段，如图 8.5.2 所示。因此，当使用慢启动算法后，每经过一个传输轮次（Transmission Round），拥塞窗口 cwnd 就加倍。

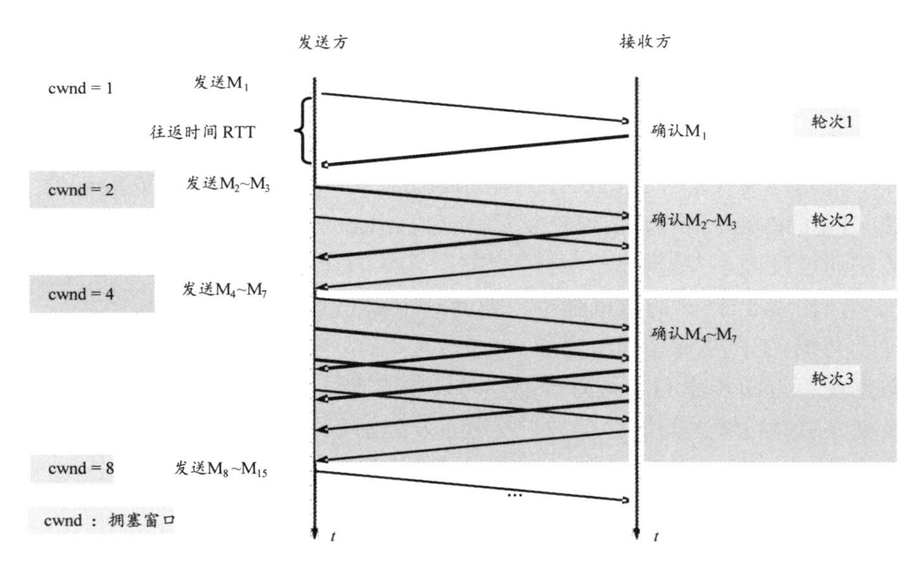

图 8.5.2　慢启动阶段拥塞窗口的变化情况

由图 8.5.2 可以看出，1 个传输轮次所经历的时间其实就是往返时间 RTT。不过使用传输轮次更加强调把拥塞窗口 cwnd 所允许发送的报文段都连续发送出去，并收到对已发送的最后 1 字节的确认。例如，拥塞窗口 cwnd 的大小是 4 个报文段，那么此时的往返时间 RTT 就是发送方连续发送 4 个报文段，并收到这 4 个报文段的确认总共经历的时间。

值得注意的是，慢启动的“慢”并不是指 cwnd 的增长速率慢，而是指在 TCP 开始发送报文段时先设置 cwnd=1，使得发送方在开始时只发送一个报文段（目的是试探一下网络的拥塞情况），再逐渐增大 cwnd。这当然比按照大的 cwnd 一下子把许多报文段突然注入网络要“慢得多”。这对防止网络拥塞是一个非常有力的措施。

为了防止拥塞窗口 cwnd 增长过大引起网络拥塞，需要设置一个慢启动门限 ssthresh 状态变量，其作用如下。

当 cwnd<ssthresh 时，使用上述的慢启动算法。

当 cwnd>ssthresh 时，停止使用慢启动算法而改用拥塞避免算法。

当 cwnd=ssthresh 时，既可使用慢启动算法，又可使用拥塞避免算法。

拥塞避免算法（Congestion Avoidance）的思路是让拥塞窗口 cwnd 缓慢地增大，即每经过一个往返时间 RTT 就把发送方的拥塞窗口 cwnd 加 1，而不是加倍。这样，拥塞窗口 cwnd 按线性规律缓慢增长，比慢启动算法的拥塞窗口增长速率缓慢得多。

无论是在慢启动阶段还是在拥塞避免阶段，只要发送方判断网络出现拥塞（依据是没有按时收到确认），就把慢启动门限 ssthresh 设置为出现拥塞时的发送方窗口的一半（但不能小于 2）。同时，把拥塞窗口 cwnd 重新设置为 1，执行慢启动算法。这样做的目的是迅速减少主机发送到网络中的分组数，使得发生拥塞的路由器有足够时间把队列中积压的分组处理完毕。

图 8.5.3 用具体数值说明了上述拥塞控制的过程，发送窗口和拥塞窗口一样大。

（1）当 TCP 连接进行初始化时，把拥塞窗口 cwnd 置为 1。为了便于理解，图 8.5.3 中的窗口单位不使用字节而使用报文段的个数。慢启动门限的初始值设置为 16 个报文段，即 ssthresh=16。

（2）当执行慢启动算法时，拥塞窗口 cwnd 的初始值为 1。以后发送方每收到一个对新报文段的确认 ACK，就把拥塞窗口加 1，并开始下一轮的传输。因此拥塞窗口 cwnd 随着传输轮次按指数规律增长。当拥塞窗口 cwnd 增长到慢启动门限 ssthresh 时（当 cwnd=16 时），就改为执行拥塞避免算法，拥塞窗口按线性规律增长。

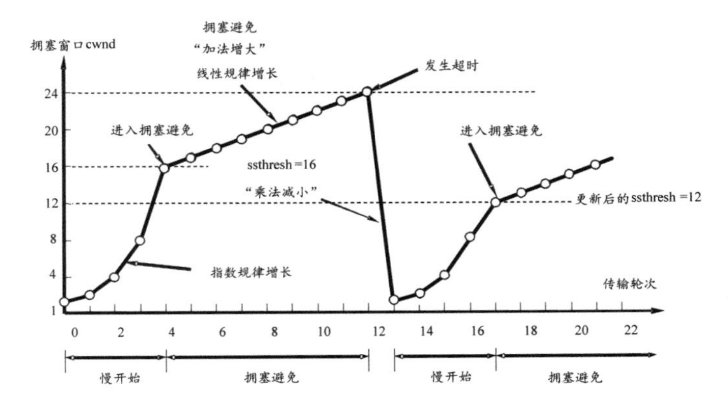

图 8.5.3 慢启动和拥塞避免算法的实现举例

（3）假定当拥塞窗口的数值增长到 24 时，网络出现超时（这很可能就是网络发生拥塞了）。更新后的 ssthresh 变为 12（变为出现超时时的拥塞窗口数值 24 的一半），拥塞窗口重新设置为 1，并执行慢启动算法。当 cwnd=ssthresh=12 时改为执行拥塞避免算法，拥塞窗口按线性规律增长，每经过一个往返时间增加一个 MSS 的大小。

在 TCP 拥塞控制的文献中经常可看见“乘法减小”（Multiplicative Decrease）和“加法增大”（Additive Increase）这样的说法。“乘法减小”是指不论在慢启动阶段还是拥塞避免阶段，只要出现超时（即很可能出现了网络拥塞），就把慢启动门限 ssthresh 减半，即设置为当前的拥塞窗口的一半（与此同时，执行慢启动算法）。当网络频繁出现拥塞时，ssthresh 就下降得很快，以大大减少注入网络的分组数。“加法增大”是指执行拥塞避免算法后，拥塞窗口缓慢增大，以防止网络过早出现拥塞。上面两种算法合起来常称为 AIMD 算法（加法增大、乘法减小）。对 AIMD 算法进行适当修改后，又出现了其他一些算法，但使用广泛的还是 AIMD 算法。

需要强调的是，“拥塞避免”并非指能够完全避免拥塞。利用以上的措施完全避免网络拥塞是不可能的。“拥塞避免”是指在拥塞避免阶段将拥塞窗口控制为线性规律增长，使网络不容易快速出现拥塞。

2．快重传和快恢复

快重传（Fast Retransmit）和快恢复算法的提出主要基于以下考虑。

在不使用快重传算法的情况下，如果发送方设置的重传计时器时间已到但还没有收到确认，那么很可能是网络出现了拥塞，报文段在网络中的某处被丢弃。在这种情况下，TCP 马上把拥塞窗口 cwnd 减小到 1，并执行慢启动算法，同时把慢启动门限 ssthresh 减半，如图 8.5.3 所示。

快重传算法的基本思想：①接收方每收到一个失序的报文段后立即发送重复确认，使发送方及早知道有报文段没有到达接收方，而不是等待自己发送数据时才捎带确认；②发送方只要一连收到 3 个重复确认就立即重传对方尚未收到的报文段。快重传并非取消重传计时器，而是在某些情况下更早地重传丢失的报文段。

图 8.5.4 所示为快重传示意图，接收方收到了 M_1 和 M_2 后分别发出了确认。现假定接收方没有收到 M_3 但收到了 M_4。显然，接收方不能确认 M_4，因为 M_4 是收到的失序报文段（按照顺序的 M_3 还没有收到）。根据可靠传输原理，接收方可以什么都不做，也可以在适当时机发送一次对 M_2 的确认。但按照快重传算法规定，接收方应及时发送对 M_2 的重复确认，这样做可以让发送方及早知道报文段 M_3 没有到达接收方。发送方接着发送 M_5 和 M_6。接收方收到后，要再次发出对 M_2 的重复确认。这样，发送方共收到了接收方的 4 个对 M_2 的确认，其中后 3 个都是重复确认。快重传算法规定，发送方只要一连收到 3 个重复确认就应当立即重传对方尚未收到的报文段 M_3，而不必继续等待为 M_3 设置的重传计时器到期。由于发送方能尽早重传未被确认的报文段，因此采用快重传算法后，整个网络的吞吐率提高约 20%。

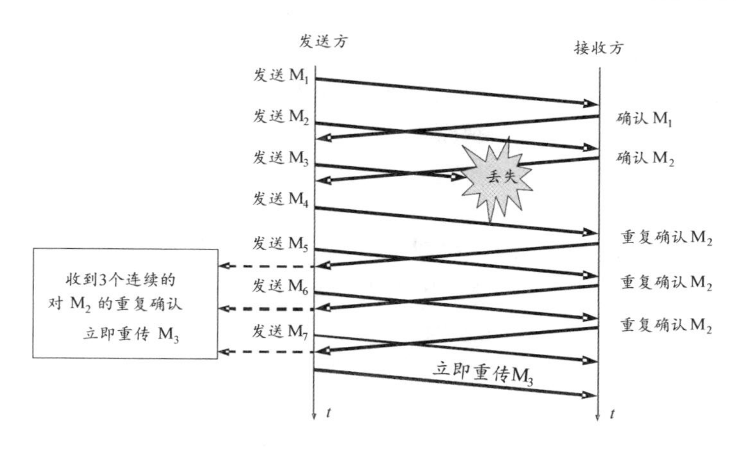

图 8.5.4　快重传示意图

与快重传算法配合使用的是快恢复算法，快恢复过程有以下 2 个要点。

（1）当发送方连续收到 3 个重复确认时，就执行“乘法减小”算法，把慢启动门限 ssthresh 减半，从而预防网络发生拥塞。

（2）发送方认为现在网络没有发生拥塞（如果网络发生了严重的拥塞，就不会一连好几个报文段连续到达接收方，也就不会导致接收方连续发送重复确认）。快恢复与慢启动不同之处是，接收方连续发送重复确认时不执行慢启动算法（拥塞窗口现在不设置为 1），而先将 cwnd 设置为慢启动门限 ssthresh 减半后的数值，再开始执行拥塞避免算法（“加法增大”），使拥塞窗口缓慢地线性增大。

图 8.5.5 给出了快重传和快恢复算法的实现举例，并标明了 TCP Reno 版本，TCP Reno 版本是目前使用广泛的版本。

需要注意的是，有的快重传算反把开始时的拥塞窗口 cwnd 增大一些（增大 3 个报文段的长度），即等于 ssthresh+3×MSS。这样做的理由是，既然发送方收到 3 个重复确认，就表明有 3 个分组已经离开了网络。这 3 个分组不再消耗网络的资源而停留在接收方的缓存中（接收方发送出 3 个重复确认证明了这个事实）。可见现在网络中并不是堆积了分组而是减少了 3 个分组的。因此可以适当把拥塞窗口增大些。

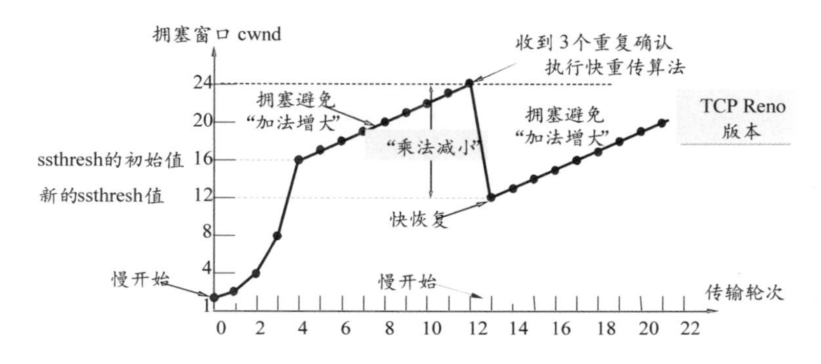

图 8.5.5　快重传和快恢复算法的实现举例

在采用快恢复算法时，慢启动算法只在 TCP 连接建立时和网络出现超时时才使用。这样的拥塞控制方法使得 TCP 的性能有明显的改进。

在本节开始时，我们假定了接收方总有足够大的缓存空间，因此发送窗口的大小由网络的拥塞程度来决定。但实际上接收方的缓存空间总是有限的。接收方根据自己的接收能力设定了接收窗口 rwnd，并把这个窗口的数值写入 TCP 首部中的窗口字段，发送给发送方。因此，接收窗口又称为通告窗口 awnd（advertised window）。因此，从接收方对发送方的流量控制的角度考虑，发送方的发送窗口一定不能超过对方给出的接收窗口 rwnd。

如果把本节所讨论的拥塞控制和接收方对发送方的流量控制一起考虑，那么很显然，发送窗口的上限值应当取接收窗口 rwnd 和拥塞窗口 cwnd 这两个变量中较小的一个，也就是说

$$发送窗口的上限值=\min\{rwnd,cwnd\} \tag{8.5.1}$$

由式（8.5.1）有，当 rwnd<cwnd 时，接收方的接收能力限制发送窗口的最大值；当 rwnd>cwnd 时，网络的拥塞限制发送窗口的最大值。也就是说，rwnd 和 cwnd 中较小的一个控制发送方发送数据的速率。

由以上可知，TCP 使用的是一种加法增大、乘法减少（Additive Increase Multiplicative Decrease，AIMD）的基于窗口的端到端拥塞控制机制。TCP 拥塞控制是通过控制一些重要参数的改变来实现的，这些参数如下。

（1）拥塞窗口（cwnd）：拥塞控制的关键参数，描述源端在拥塞控制情况下一次最多能发送数据包的数量。

（2）接收窗口（awnd）：接收端给源端预设的发送窗口大小，只在 TCP 连接建立的初始阶段起作用。

（3）发送窗口（swnd）：源端每次实际发送数据的窗口大小。

（4）慢启动阈值（ssthresh）：拥塞控制中慢启动阶段和拥塞避免阶段的分界点。初始值通常设为 65535 字节。

（5）往返时间（RTT）：一个 TCP 数据包从源端发送到接收端，且源端收到接收端确认的时间间隔。

（6）重传计数器（RTO）：描述数据包从发送到失效的时间间隔，是判断数据包是否丢失、网络是否拥塞的重要参数，通常设为 2RTT 或 5RTT。

在假设接收方有足够大缓存空间的情况下，TCP 源端的发送速率由拥塞窗口控制。如果有一个数据包丢失，则发送窗口减半；否则，简单地增加一个数据包的发送量。大量的实践证明，这种拥塞控制机制对 Internet 上大批量文件传输等尽力而为（Best-Effort）型服务具有较好的适应性。

本章小结

流量和拥塞控制的目的是限制网络中分组传输的平均时延和缓冲区溢出，并公平地处理各 session。本章首先分析了死锁现象的发生原因，介绍了流量控制、拥塞控制和死锁防止等常用的数据流量控制制技术，并对网络拥塞控制原理及其所起的作用进行了详细的描述。然后在介绍流量和拥塞控制算法分类、设计准则和评价指标的基础上，分别从数据链路层、网络层和传输层角度分析各自层次上的流量和拥塞控制算法，着重讨论了窗口式流量和拥塞控制、漏斗式速率控制算法、队列管理算法和 TCP 拥塞控制算法。窗口式流量和拥塞控制主要讨论了根据网络的拥塞情况，动态地调整拥塞窗口的大小，从而达到流量和拥塞控制的目的；漏斗式速率控制算法主要通过限制和平滑输入业务的突发性，使得输入业务的突发性在可控

制的范围内，从而实现对网络拥塞的控制；队列管理算法主要介绍主动队列管理中的 RED 算法；TCP 拥塞控制算法以 TCP Reno 版本为例，详细介绍了慢启动、拥塞避免、快重传和快恢复算法。

思考题

1．分组交换网中会出现哪几种死锁现象？它们的根源是什么？

2．试描述网络拥塞控制的基本原理和作用。

3．试描述流量控制和拥塞控制的区别和联系。

4．假定有一个网络如图 1 所示，该网络由 5 个节点组成，链路 C→O、O→B、O→D 的容量为 1，链路 A→O 的容量为 10。有两个 session：第一个 session 经过 C→O→D，其输入泊松到达率为 0.8；第二个 session 经过 A→O→B，其输入泊松到达率为 f。假定中心节点 O 的缓冲较大，但它是有限的，采用先到先服务的准则为两个 session 服务。如果节点 O 缓冲区满，则输入分组被丢弃，这些分组将由发送节点重传。发送节点重传的速率与其输出链路的容量成正比。试画出该网络总的通过量与输入速率 f 的关系曲线。

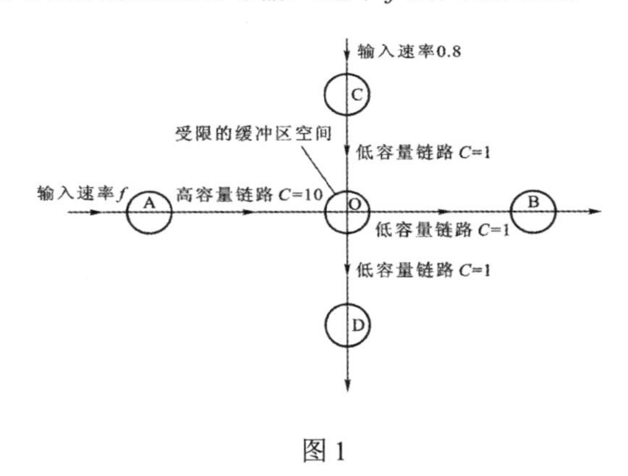

图 1

5．假定有一个网络如图 2 所示。在该网络中仅有一条从节点 1 到节点 3 的虚电路，采用逐跳窗口流量控制。分组在链路(1,2)上的传输时间为 1s，在链路(2,3)上的传输时间为 2s，忽略处理和传播时延，允许分组的传输时间在各条链路上均为 1s，节点 1 可以不停地产生分组。当 t=0 时，节点 1 和节点 2 有 W 个允许分组，节点 2 和节点 3 的缓存中没有分组，试求出 0~10s 内分组在节点 1 和节点 2 处开始传输的时间。

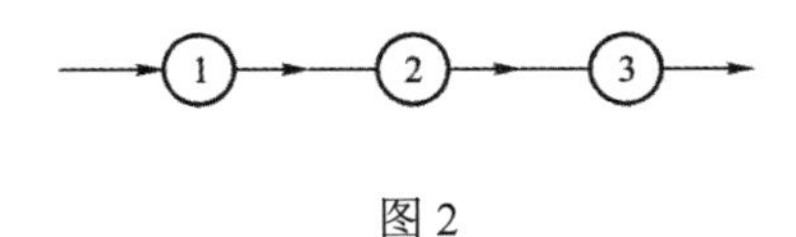

图 2

6．一台计算机连接到一个传输速率为 6Mbit/s 的网络上，计算机与网络节点之间采用令牌漏斗算法进行业务整形，令牌注入漏斗的速率为 1Mbit/s。假定漏斗在开始有 8MB 的令牌容量，问计算机以全速 6Mbit/s 发送数据可持续多长时间？

7．试描述 RED 算法的基本原理，说明为什么 RED 算法使用平均队列长度来计算丢弃概率，并分析 RED 算法能避免全局同步的原因。

8．在 TCP 拥塞控制中，什么是慢开始、拥塞避免、快重传和快恢复算法？这里每一种算法各起什么作用？“加法增大”和“乘法减小”各用在什么情况下？

9．在 TCP 拥塞控制中，ssthresh 的初始值为 8（单位为报文段）。当拥塞窗口上升到 12 时，网络发生了超时，TCP 使用慢启动和拥塞避免算法。试分别求出第 1 轮次到第 15 轮次传输的各拥塞窗口大小，并说明拥塞窗口每一次变化的原因。

10．TCP 的拥塞窗口 cwnd 与传输轮次 n 的关系如下表所示。

cwnd	1	2	4	8	16	32	33	34	35	36	37	38	39
n	1	2	3	4	5	6	7	8	9	10	11	12	13
cwnd	40	41	42	21	22	23	24	25	26	1	2	4	8
n	14	15	16	17	18	19	20	21	22	23	24	25	26

（1）画出拥塞窗口与传输轮次的关系曲线。

（2）指明 TCP 工作在慢开始阶段的时间区域。

（3）指明 TCP 工作在拥塞避免阶段的时间区域。

（4）在第 16 轮次和第 22 轮次之后，发送方是通过收到 3 个重复确认还是通过超时检测到丢失了报文段？

（5）在第 1 轮次、第 18 轮次、第 24 轮次发送时，门限 ssthresh 分别应设置为多大？

（6）在第几轮次发出第 70 个报文段？

（7）假定在第 26 轮次之后收到了 3 个重复确认，因此检测出了报文段的丢失，那么拥塞窗口 cwnd 和 ssthresh 应设置为多大？

第 9 章　通信网络新技术

任何一种网络技术在某种意义上都满足了人们的需求，而随着时间的推移，原有网络产生的条件可能不复存在或不成为主要矛盾，随着微电子技术、计算机技术和软件技术的迅猛发展，通信网络新技术便不断产生。

本章首先介绍移动网络技术，主要包括移动自组织网络技术、5G 网络技术和 6G 网络技术，这是实现宽带接入不可缺少的技术；然后讨论全光网络技术，包括自动光交换网络技术、光传输网络技术和包传输网络技术，这是实现大颗粒传输的重要手段；接着分析 IPv6 技术，该技术解决了当前 IP 地址资源紧缺、高可信度的问题；最后分析网络化服务技术，这是实现物联网、智慧网络的重要支撑技术。

9.1　移动网络技术

9.1.1　移动自组织网络技术

移动自组织网络（MANET）是由一群在立体空间分布的、带有无线收发装置的移动节点组成的无线网络。它不需要固定基站支持，各节点完全对等，在部分通信节点失效或链路中断时可通过临时组网快速恢复通信，支持移动节点之间的语音、数据和多媒体信息交换。

由于节点的移动性，移动自组织网络采用分布式控制结构。一般有两种结构：平面结构和分级结构，如图 9.1.1 所示。在平面结构中，所有节点地位相等，所以平面结构又称为对等式结构。在分级结构中，网络被划分为簇。每个簇由一个簇头和多个簇成员组成。这些簇头形成了高一级的网络。在高一级的网络中，又可以分簇，再次形成高一级的网络，直至最高级。在分级结构中，簇头节点负责簇间数据的转发，簇头节点可以预先指定，也可以由节点使用算法选举产生。根据不同的硬件配置，分级结构的网络可以分为单频分级网络和多频分级网络两种。在单频分级网络中，所有节点都采用一个频率通信。为了实现簇头之间的通信，要有网关节点（同时属于两个簇的节点）的支持。簇头和网关形成了高一级的网络，成为虚拟骨干。在多频分级网络中，不同级的节点采用不同的频率通信，低级节点的通信范围较小，而高级节点要覆盖较大的通信范围。高级节点同时处于多个级中，有多个频率，用不同的频率实现不同级的通信。在如图 9.1.1（c）所示的两级网络中，簇头节点有两个频率，频率 1 用于簇头之间的通信，频率 2 用于簇头与簇成员之间的通信。

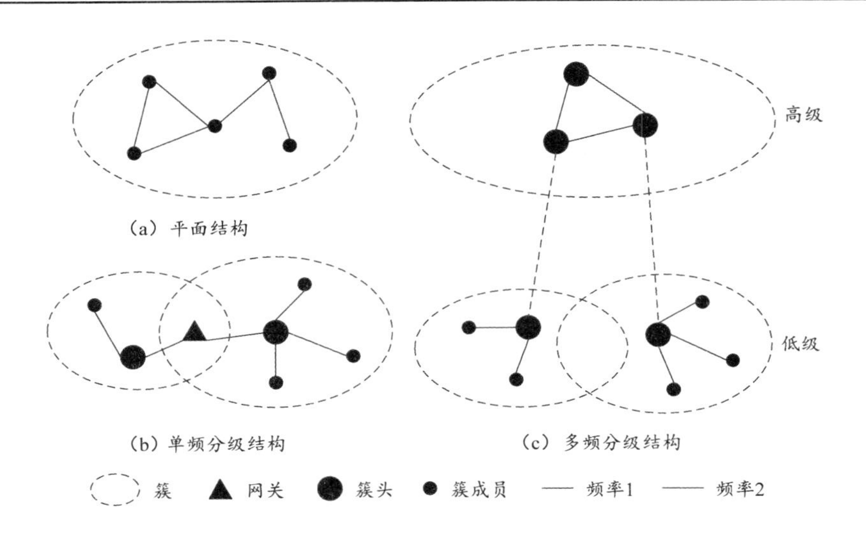

图 9.1.1 移动自组织网络结构

一些特殊的应用场景（如军事通信网络），在抗毁性、灵活性和机动性等方面有着较高的要求，各种作战样式决定了其通信节点的快速移动性、网络拓扑的高度动态性和电磁环境的极度复杂性。移动自组织网络为这种通信特点提出了一套信道接入、路由选择和移动管理技术，它不依赖固定的有线设备，其节点兼具路由器和无线传输功能，并能自行组织和管理，即使网络中某些节点或链路发生故障，也可以通过其他节点继续通信。移动自组织网络既可用于没有通信网络基础设施和管理中心的地方，又可用于通信网络基础设施遭到破坏的地方，既可以临时快速地建立通信网络，又可以作为已有通信网络的补充，提供方便灵活的接入机制。

未来，移动自组织网络技术的发展趋势主要体现在以下三方面：一是研究先进的路由管理算法，扩大网络的容量，降低移动节点的接入时间；二是开发高效的网络协议，减少数据帧中额外开销的比特数；三是采用先进的调制和编码技术，提高信息的传输速率。

9.1.2 5G 网络技术

1. 基本概念

5G 网络是指移动通信网络发展的第五代网络，与之前的 4G 网络相比，5G 网络在实际应用过程中表现出强化的功能，并且理论上其传输速率可以达到每秒几十 GB，这种传输速率是 4G 网络的几百倍。

与早期的 2G、3G 和 4G 网络一样，5G 网络是数字蜂窝（基站小区）网络，在这种网络中，供应商覆盖的服务区域被划分为许多被称为蜂窝的小地理区域。表示声音和图像的模拟信号在手机中被数字化，由模数转换器转换并作为比特流传输。蜂窝中的所有 5G 无线设备通过无线电波与蜂窝中的本地天线阵和低功率自动收发器（发射机和接收机）进行通信。收发器从公共频率池分配频道，这些频道在地理分离的蜂窝中可以重复使用（频率再用技术）。本地天线通过高带宽光纤或无线回程连接与电话网和互联网连接。与现在的手机一样，当用户从一个蜂窝越区切换到另一个蜂窝时，他们的移动设备将自动切换连接新蜂窝中的天线。

5G 网络的主要优势在于，数据传输速率远远高于以前的蜂窝网络，可达到超过 10Gbit/s 的峰值传输速率，比当前的有线互联网更快，比先前的 4G LTE 蜂窝网络快 100 倍。另一个优势是较低的网络时延（更快的响应时间），低于 1ms，而 4G 网络的时延为 30~70ms。另外，5G 网络具备节约能源、降低成本、提高系统容量和大规模设备连接等特点。5G 网络的这些特点决定了其广泛的用途，如车联网与自动驾驶、远程医疗、远程教育、智能电网、智能物流、物联网、工业自动化控制等。

2. 关键技术

5G 网络的关键技术很多，主要包括超密集异构网络技术、自组织智能化网络技术、内容分发网络技术、D2D 通信技术、信息中心网络技术、网络功能虚拟化技术、软件定义网络技术、网络切片技术、云无线接入网技术、软件定义无线电技术、认知无线电技术、毫米波技术、波形和多址接入技术、带内全双工技术、载波聚合和双连接技术、低功耗广域网络技术等。以下简单介绍其中的几种网络技术。

超密集异构网络技术：5G 网络正朝着网络多元化、宽带化、综合化、智能化的方向发展。随着各种智能终端的普及，移动数据流量将呈现爆炸式增长。未来，减小小区（无线覆盖范围）半径，增加低功率节点数量，是保证 5G 网络支持 1000 倍流量增长的核心技术之一。因此，超密集异构网络技术成为未来 5G 网络提高数据流量的关键技术。

自组织智能化网络技术：传统移动通信网络主要依靠人工方式完成网络部署及运维，既耗费大量人力资源，又增加运行成本，而且网络优化不理想。未来 5G 网络将面临网络的部署、运营及维护的挑战，这主要是因为网络存在各种无线接入技术，且网络节点覆盖能力各不相同，它们之间的关系错综复杂。因此，自组织智能化网络技术将成为 5G 网络必不可少的一项关键技术。

内容分发网络技术：在 5G 网络中，面向大规模用户的音频、视频、图像等业务急剧增长，网络流量的爆炸式增长会极大地影响用户访问互联网的服务质量。如何有效地分发大流量的业务内容，降低用户获取信息的时延，成为网络运营商和内容提供商面临的一大难题。仅仅依靠增加带宽并不能解决问题，它受到传输中路由阻塞和延迟、网站服务器的处理能力等因素的影响，这些问题的出现与用户服务器之间的距离有密切关系。内容分发网络（CDN）技术对未来 5G 网络的容量与用户访问具有重要的支撑作用。

CDN 是在传统网络中添加新层次的网络，即智能虚拟网络。CDN 系统综合考虑各节点连接状态、负荷情况及用户距离等信息，通过将相关内容分发至靠近用户的 CDN 代理服务器上，实现用户就近获取所需信息的目的，使得网络拥塞状况缓解，降低响应时间，提高响应速度。CDN 在用户侧与源服务器之间构建多个 CDN 代理服务器，可以降低时延、提高服务质量。当用户对所需内容发送请求时，如果源服务器之前接收过相同内容的请求，则该请求被 DNS 重定向到离用户最近的 CDN 代理服务器上，由该代理服务器发送相应内容给用户。因此，源服务器只需要将内容发给各个代理服务器，这样便于用户从就近的带宽充足的代理服务器上获取内容，降低网络时延并提高用户体验。随着云计算、移动互联网及动态网络内容技术的推进，CDN 技术逐步趋向于专业化、定制化，在内容路由、管理、推送及安全性方面都面临新的挑战。

D2D 通信技术：在 5G 网络中，网络容量、频谱效率需要进一步提升，更丰富的通信模式及更好的终端用户体验是 5G 网络的演进方向。D2D（设备到设备）通信技术具有潜在的提升系统性能、增强用户体验、减轻基站压力、提高频谱利用率的前景。因此，D2D 通信技术是未来 5G 网络中的关键技术之一。

D2D 通信技术是一种基于蜂窝系统的近距离数据直接传输技术。D2D 会话的数据直接在终端之间进行传输，不需要通过基站转发，而相关的控制信令，如会话的建立、维持、无线资源分配及计费、鉴权、识别、移动性管理等仍由蜂窝网络负责。蜂窝网络引入 D2D 通信，可以减轻基站负担，降低端到端的传输时延，提升频谱效率，降低终端发射功率。当无线通信基础设施损坏时，或者在无线网络的覆盖盲区，终端可借助 D2D 实现端到端通信甚至接入蜂窝网络。在 5G 网络中，既可以在授权频段部署 D2D 通信，又可以在非授权频段部署 D2D 通信。

信息中心网络技术：随着实时音频、高清视频等服务的日益激增，基于位置通信的传统 TCP/IP 网络无法满足数据流量分发的要求。网络呈现出以信息为中心的发展趋势。信息中心网络（ICN）的思想最早是 1979 年由 Nelson 提出来的，后来被 Baccala 强化。作为一种新型网络体系结构，ICN 的目标是取代现有的 IP 网络。

ICN 中的信息包括实时媒体流、网页服务、多媒体通信等，而 ICN 就是这些片段信息的总集合。因此，ICN 的主要概念是信息的分发、查找和传输，不再是维护目标主机的可连通性。不同于传统的以主机地址为中心的 TCP/IP 网络体系结构，ICN 采用的是以信息为中心的网络通信模型，忽略 IP 地址的作用，甚至只是将其作为一种传输标识。全新的网络协议栈能够实现网络层解析信息名称、路由缓存信息数据、多播传输信息等功能，从而较好地解决计算机网络中存在的扩展性、实时性及动态性等问题。ICN 信息传输流程是一种基于发布订阅方式的信息传输流程。首先，内容提供方向网络发布自己所拥有的内容，网络中的节点就明白当收到相关内容的请求时如何响应该请求。然后，当第一个订阅方向网络发送内容请求时，节点将请求转发到内容提供方，内容提供方将相应内容发送给订阅方，带有缓存的节点会将经过的内容缓存。当其他订阅方对相同内容发送请求时，邻近带缓存的节点直接将相应内容发送给订阅方。因此，ICN 的通信过程就是请求内容的匹配过程。传统 IP 网络采用的是“推”传输模式，即服务器在整个传输过程中占主导地位，忽略了用户的地位，从而导致用户端接收过多的垃圾信息。ICN 正好相反，采用“拉”模式，整个传输过程由用户的实时信息请求触发，网络则通过信息缓存的方式，实现快速响应用户。此外，信息安全只与信息自身相关，而与存储容器无关。针对信息的这种特性，ICN 采用有别于传统网络安全机制的基于信息的安全机制。和传统的 IP 网络相比，ICN 具有高效性、高安全性且支持客户端移动等优势。

9.1.3 6G 网络技术

6G（6th Generation Mobile Networks），即第六代移动通信标准，也被称为第六代移动通信技术。6G 仍在开发阶段，主要促进物联网的发展。6G 的传输能力远高于 5G，时延可能从毫秒级降到微秒级。

1. 基本概念

6G 网络将是一个地面无线与卫星通信集成的全连接世界。通过将卫星通信整合到 6G 移动通信，实现全球无缝覆盖，网络信号能够抵达任何一个偏远地区。此外，在全球卫星定位系统、电信卫星系统、地球图像卫星系统和 6G 地面网络的联动支持下，空天地全覆盖网络能帮助人类预测天气、快速应对自然灾害等。6G 通信技术不再是简单的网络容量和传输速率的突破，它更可以缩小数字鸿沟，实现万物互联这个“终极目标”，这便是 6G 的意义。

2．关键技术

太赫兹频段技术和空间复用技术是开发 6G 的两项关键技术。

（1）太赫兹频段技术。

6G 将使用太赫兹（THz）频段技术，且 6G 网络的致密化程度将达到前所未有的水平，届时，我们的周围将充满小基站。太赫兹频段是指 0.1THz～10THz，是一个频率比 5G 高出许多的频段。基站的覆盖范围会更小。5G 的基站密度要比 4G 高很多，而在 6G 时代，基站密度将更高。

（2）空间复用技术。

6G 将使用空间复用技术，6G 基站将可同时接入数百个甚至数千个无线连接，其容量可达到 5G 基站的 1000 倍。6G 要使用的是太赫兹频段，虽然这种高频段频率资源丰富，系统容量大，但是使用高频率载波的移动通信系统要面临改善覆盖和减少干扰的严峻挑战。

3．6G 网络与 5G 网络的区别

6G 网络与 5G 网络的区别主要如下。

（1）名称不同。

5G 网络的全称是第五代移动通信网络，是指下一代无线网络，属于 4G 网络的升级版；6G 网络的全称是第六代移动通信网络，不一定是 5G 网络的升级版，有可能是一个全新的网络。

（2）传输速率不同。

5G 网络的最高理论传输速率大概为每秒数十 GB，下载一部电影大概只需要一秒的时间，相较于 4G 网络来说，这个传输速率提高了将近 100 倍，可以算得上是移动网络上一个质的飞跃。而 6G 网络的传输速率可能会更高。

（3）目标不同。

5G 网络的主要目标是让终端用户始终处于联网状态。5G 网络支持的设备不仅包括智能手机、计算机、电视等，还包括更多人们生活中的机械用品，如智能手表、健身腕带、智能家庭设备（鸟巢式室内恒温器）等。6G 网络除可以让终端用户始终处于联网状态外，还将有可能用于探寻未知世界。

（4）两者研发使用的技术不同。

5G 网络属于当今无线网络的升级版，其基本要求是满足人们的生活需求，应用的技术是有限的，而 6G 网络将打破这个传统，有可能运用量子计算、LiFi、甚至区块链技术进行研发。

4．6G 网络技术优势

6G 网络技术优势主要如下。

（1）打破时间空间、虚实的限制。

6G 网络的服务对象将从物理世界的人、机、物拓展至虚拟世界的“境”，通过物理世界和虚拟世界的连接，实现人—机—物—境的协作，满足人类精神和物质的全方位需求。

（2）6G 网络的速率较 5G 网络提高 10 倍以上。

6G 网络将实现甚大容量与极小距离通信、高精度通信和融合多类通信。相较于 5G 网络，6G 网络的峰值速率、用户体验速率、时延、流量密度、连接密度、移动性、频谱效率、定位能力、频谱支持能力和网络能效等关键指标都有了明显的提升。

（3）6G 网络应用场景分析比 5G 网络更强调“万物连接性”。

6G 网络将以 5G 网络提出的三大应用场景（大带宽、海量连接、超低时延）为基础，不断通过技术创新来提升性能和优化体验，并且进一步将服务的边界从物理世界拓展至虚拟世界，在人—机—物—境协作的基础上，探索新的应用场景、新的业务形态和新的商业模式。

（4）6G 网络是以太赫兹技术为基础的超高速网络。

6G 网络技术的核心是发展太赫兹技术，并在此基础上，强调人、物、景的相互关联和切换。

9.2 光网络技术

光网络是目前通信骨干网络的重要组成部分。当前，越来越多的业务类型、不断增长的业务颗粒度及瞬息万变的网络环境对光网络的信道带宽、可靠性及灵活性等都提出了很高的要求，需要发展和应用新的光网络技术来实现更大的业务承载能力。

9.2.1 全光网络

在以光的复用技术为基础的传统通信网络中，各个节点仍以电信号处理信息的速度完成光/电/光的转换，其中的电子器件在适应高速、大容量的需求上，存在带宽限制、时钟偏移、容易串话、高功耗等缺点，由此产生了通信网络中的“电子瓶颈”现象。为了解决这个问题，人们提出了全光网络的概念，全光网络成为下一代高速宽带网络的首选。

1. 全光网络概念

全光网络是指用户与用户之间的信号传输与交换全部采用光波技术，即端到端保持全光路，中间没有光电转换器的网络。这样，数据从源节点到目的节点的传输都在光域内完成，网络中各节点上使用高可靠性、大容量和高度灵活的光交叉连接设备（OXC）来实现各网络节点间信息的交换。

2. 全光网络拓扑结构

全光网络是由节点设备通过光缆互联而成的，网络节点和光缆线路的几何排列构成了网络的拓扑结构。网络的有效性（信道的利用率）、可靠性和经济性在很大程度上与拓扑结构有关。

全光网络的基本结构可以分为光网络层和电网络层。光链路相连的部分称为光网络层。光网络层引入了 WDM 技术，可在一个光网络中传输几个波长的光信号。在网络节点之间采用 OXC，通过对光信号进行交叉连接，能够灵活有效地管理光纤传输网络。电网络层中的 ADM 为电子分插复用器，用于把高速 STM-N 光信号直接分纤成各种 PDH 支路信号，或者作为 STM-1 信号的复用器。DXC 相当于自动数字配线架的数字交叉连接设备，用于对各种端口速率进行可控的连接和再连接。

利用波分复用技术的全光网采用三级体系结构。0 级网（最低一级）是众多单位各自拥有的局域网（LAN），它们各自连接若干用户的光终端（OT）。每个 0 级网的内部使用一套波长，但不同 0 级网也可重复使用同一套波长。1 级网可看作许多城域网（MAN），它们各自设置波长路由器连接若干个 0 级网。2 级网可看作全国或国际的骨干网，它们利用波长转换器或交换机连接所有的 1 级网。

3．全光网络优点

基于波分复用的全光网络可使通信网络具备更强的可管理性、灵活性、透明性。全光网络具备以下以往通信网络所不具备的优点。

（1）省掉了大量电子器件。

在全光网络中，光信号的流动不存在光电转换的障碍，克服了电子器件导致的处理信号速率难以提高的困难，省掉了大量电子器件，大大提高了传输速率。

（2）提供多种协议的业务。

全光网络采用波分复用技术，以波长选择路由，可方便地提供多种协议的业务。

（3）组网灵活性高。

全光网络的组网极具灵活性，在任何节点处都可以抽出或加入某个波长。

（4）可靠性高。

由于沿途没有变换和存储，全光网络中许多光器件都是无源的，因此可靠性高。

4．全光网络关键技术

全光网络关键技术主要包括全光交换技术、光交叉连接技术、全光中继技术、全光传输技术、光复用与解复用技术、全光网络结构技术、自动光交换网络技术、智能光交换网络技术、包传输网络技术及全光网络管理技术等。

9.2.2　光交叉连接技术

光交叉连接（OXC）技术用于光纤网络节点的设备，通过对光信号进行交叉连接，能够灵活有效地管理光纤传输网络，是实现可靠的网络保护/恢复及自动配线和监控的重要手段。OXC 主要由 OXC 矩阵、输入接口、输出接口、管理控制模块组成。为增加 OXC 的可靠性，每个模块都具有主用和备用的冗余结构，OXC 自动进行主备倒换。输入/输出接口直接与光纤链路相连，分别对输入/输出信号进行适配、放大。管理控制模块进行监测和控制。OXC 矩阵是 OXC 的核心，要求无阻塞、低时延、大宽带和高可靠性，并且要具有单向、双向和广播形式的功能。

OXC 技术有波分技术、空分技术、时分技术 3 种类型。目前比较成熟的技术是波分技术和空分技术，时分技术还不成熟。将波分技术和空分技术结合，可大大提高 OXC 矩阵的容量和灵活性。

9.2.3　光分插复用技术

光分插复用器（OADM）是波分复用（WDM）光网络的关键器件之一，其功能是从传输光路中有选择地本地接收和发送某些波长信道，同时不影响其他波长信道的传输。也就是说，OADM 在光域内实现了传统的 SDH（电同步数字层次结构）分插复用器在时域内完成的功能，而且具有透明性，可以处理任何格式和速率的信号，这一点比电 ADM 更优越。鉴于 OADM 在骨干网络节点及本地接入中的重要作用，国内外各大学、公司和团体都展开了比较深入的研究，有力地推动了 OADM 商业化进程。

9.2.4 自动光交换网络技术

自动光交换网络（ASON）是将 IP 网络的灵活和高效、SDH 的保护能力及 DWDM 的容量，通过新型的分布式控制平面及网络管理系统有机地结合在一起，形成以软件为核心、能感知网络和用户服务需求、按需直接从光层提供业务的新一代光网络。ASON 可以由用户动态地发起业务请求，网元自动计算并选择路径，并通过信令控制实现业务的建立、恢复、拆除，实现了交换和传输的融合操作。

与传统的光传输网相比，ASON 具有突出的优势，主要表现在支持快速业务配置、快速有效的网络保护和恢复机制、实时动态的流量工程控制、高效的资源利用率、灵活的网络结构及较强的网络升级扩容能力等。另外，ASON 具有大容量光交换能力和网络拓扑结构自动发现、端对端电路配置、带宽动态分配等功能及特点，可以大大提高数据、电路业务的服务质量，是新一代智能光传输网络进行交换传输最佳的选择。

组建以 ASON 为依托的栅格化光网络，可以大大提高信息通信网络的传输容量和可靠性，进而实现网络资源的动态配置，满足未来宽带信息传输对网络自管理、自规划和自分配资源的要求，实现即插即用的设备安装和网络升级。同时，ASON 技术可以增强网络业务的快速配置能力，实现业务的快速提供以提高网络服务质量，其自动的迂回路由调整和网络带宽碎片整理功能可以提高网络的抗毁性和优化全网的带宽利用率。

9.2.5 光传输网络技术

光传输网络（OTN）是以波分复用技术为基础、在光网络层组织网络的传输网络，是下一代骨干传输网络，能够满足不断发展的宽带数据业务对带宽灵活供给和有效利用的需求。

OTN 涵盖了光网络层和电网络层，其技术继承了 SDH 和 WDM 的双重优势。OTN 技术可以提供巨大的传输容量、完全透明的端到端波长/子波长连接及电信级的保护，是传输宽带大颗粒业务的有效技术。在现有 SONET/SDH 管理功能基础上，OTN 技术不仅实现了通信协议的完全透明，还为 WDM 提供了端到端的连接和组网能力。OTN 技术支持 SDH、ATM、以太网等多种客户信号封装和透明传输，能够实现大颗粒业务的带宽复用、交叉和配置，显著提升高带宽数据业务的适配能力和传输效率。另外，OTN 技术具有强大的开销和维护管理能力，以及组网和保护能力。

9.2.6 包传输网络技术

包传输网络（PTN）是传输网和数据网融合的产物。PTN 技术是以分组交换为核心、面向分组数据业务的新一代传输技术。

分组化是传输网发展的必然方向，PTN 不仅继承了传输网的可操作管理性（运行、管理和维护）和高生存性等基本特征，还吸收了分组交换对突发业务高效地统计复用和动态控制的优点，其以分组业务为核心，支持多种基于分组交换业务的双向点对点连接通道，具有适合各种粗细颗粒业务、端到端的传输能力。

9.3　IPv6 技术

IPv4 技术是现在普遍使用的网络技术，能够满足现有 IP 通信网络的需求，但随着越来越多的终端设备接入网络，32 位的 IPv4 地址将消耗殆尽。2011 年，国际互联网名称与数字地址分配机构（ICANN）正式宣布所有 IPv4 地址分发完毕。同时，IPv4 在网络速率、路由表容量、移动性、自动配置、安全性等方面暴露出了许多局限和不足。从 IPv4 向 IPv6 全面演进，才能适应未来信息网络各级各类接入终端的应用需求。

9.3.1　IPv6 概念

IPv6 是“Internet Protocol version 6”的缩写，是因特网工程任务组（IETF）设计的用于替代现行版本 IP 协议（IPv4）的下一代 IP 协议。IPv6 的设计初衷是克服传统互联网协议的地址危机。经过发展和完善，IPv6 增加了许多新的特性和功能，具有高度灵活安全、层次性的地址方案和可动态分配的地址，以及完全分布式的结构。

9.3.2　技术优势及意义

IPv6 较 IPv4 具有绝对的技术优势，主要如下。

（1）IPv6 具有更大的地址空间。IPv6 由 IPv4 的 32 位地址增加到 128 位地址，地址空间由 43 亿个扩展到 3.4×10^{38} 个，大约是原来的 8 万亿亿亿倍（近似无穷多倍）。因此，通过 IPv6 技术，大到建筑物、飞机、舰船、火车、汽车等物体，小到一粒沙子都可以分配到一个地址。

（2）IPv6 使用更小的路由表。IPv6 的地址分配遵循聚类的原则，这使得路由器能在路由表中用一条记录表示一片子网，大大减小了路由器中路由表的长度，提高了路由器转发数据包的速度。

（3）IPv6 增加了增强的组播支持及对流的控制，这使得网络上的多媒体应用有了长足发展的机会，为服务质量保障提供了良好的网络平台。

（4）IPv6 加入了对自动配置的支持。这是对 DHCP 协议的改进和扩展，网络（尤其是局域网）的管理变得更加方便和快捷。

（5）IPv6 具有更高的安全性。IPv6 网络中的用户可以对网络层的数据进行加密并对 IP 报文进行校验，IPv6 的加密与鉴别选项提供了分组的保密性和完整性，增强了网络的安全性。

（6）IPv6 允许扩充。如果新的技术或应用需要，IPv6 允许协议进行扩充。

（7）IPv6 具有更好的头部格式。IPv6 使用新的头部格式，其选项与基本头部分开，如果需要，可将选项插入基本头部与上层数据之间。这简化和加速了路由选择过程。

（8）IPv6 具有新的选项。IPv6 具有一些新的选项来实现附加的功能。

某些特殊场景下的通信网络，如银行金融信息网络、军事信息网络等，具有封闭性、安全性、高可靠性、高服务质量要求、可管理性和可维护性等特点，目前的 IPv4 网络已经显示出了它的不足，IPv6 网络不仅能极大地提高信息网络的 IP 地址空间，还能更好地满足特殊场景下对网络整体吞吐率、信息网络安全性、服务质量、即插即用、移动性和实现网络组播等特殊需求，因此 IPv6 网络的应用对于特殊场景下通信网络的建设具有重要意义。IPv6 已成为构建安全、可靠、端到端、可升级的网络传输基础设施，实现各种异构网络集成的关键手段，其近乎无限的地址空间、灵活的寻址能力，对实现传感器、移动智能终端、基本应用单元及各个子网、各个信息系统乃至应用系统平台的入网互联提供了有效支持。IPv6 内嵌了一个专门的移动 IPv6 来提供移动性支持，即使移动节点正在改变位置和地址，移动 IPv6 也仍然可以保持移动节点赖以通信的现有连接，特别是无状态自动配置易于支持移动节点，可以更快地响应紧急的态势和实现自动组网，支持移动中的联合行动和快速重组，这种特性能够较好地满足通信网络的需求。另外，IPv6 网络中 IPSec 安全协议能够在数据进入 IPv6 网络传播时对数据进行加密并对 IP 报文进行校验，从而大大增强通信网络的安全性。

9.4 物联网技术

9.4.1 物联网概念及体系结构

物联网（IOT）是指物物相联的互联网。物联网在计算机互联网的基础上利用射频自动识别、无线数据通信、产品电子代码等技术，为每一件物品建立全球的、开放的、唯一的标识代码，并通过非接触射频识别、无线数据传输和互联网信息共享实现对物品的智能化识别、定位、跟踪、监控与可视化管理。

宏观来看，物联网技术将整个通信基础网络向下延伸了一层，即增加了感知层（利用 RFID、传感器、二维码、GPS、摄像头等感知、捕获、测量的技术手段随时随地对物体进行信息采集和获取），提供了网络与人、物之间的连接。物联网的结构如图 9.4.1 所示。

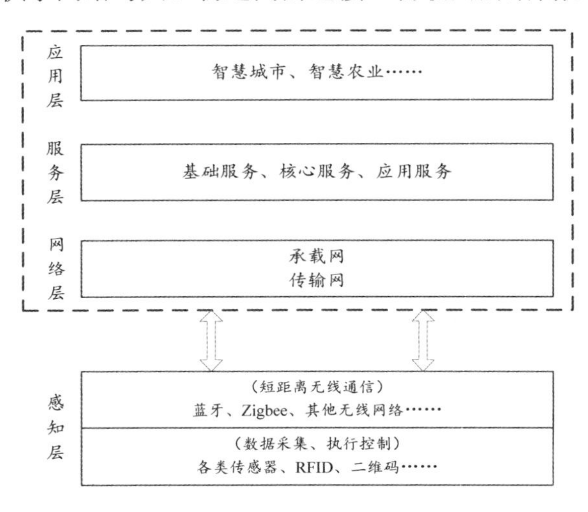

图 9.4.1 物联网的结构

9.4.2 物联网的关键技术

如图 9.4.1 所示，物联网不同层面需要不同的技术，物联网技术并不是一种单一的技术，而是多种技术的综合应用。按照相关文献对物联网的体系结构分层，我们以感知层、网络层、服务层和应用层的技术分类，物联网应用的关键技术主要如下。

在感知层中，关键技术主要有传感器技术、射频识别技术、二维码技术、产品电子代码 EPC 技术、微机电系统技术和 GPS 等技术。

在网络层中，关键技术主要有无线传感器网络技术、GPRS、局域网、通信网、互联网、3G 网络、GPRS 网络、专家系统、云计算、API 接口、客户管理、GIS、ERP 等技术。

在服务层中，关键技术主要有基础服务、核心服务及应用服务等技术。

在应用层中，关键技术主要有垂直行业应用、系统集成、资源打包等技术。

9.4.3　物联网特征

物联网的基本特征主要包括网络化、物联化、互联化、自动化、感知化、智能化。

网络化：网络化是物联网的基础。无论是 M2M（机器到机器）、专网，还是无线、有线传输信息，感知物体都必须形成网络状态；不管是什么形态的网络，最终都必须与互联网相联，这样才能形成真正意义上的物联网（泛在性的）。目前的物联网从网络形态来看，多数是专网、局域网，只能算是物联网的雏形。

物联化：人物相联、物物相联是物联网的基本要求之一。计算机和计算机连接成互联网，可以帮助人与人交流。而物联网，就是在物体上安装传感器、植入微型感应芯片，随后借助无线或有线网络，让人们和物体“对话”，让物体和物体之间进行“交流”。可以说，互联网完成了人与人的远程交流，物联网则完成了人与物、物与物的即时交流，进而实现由虚拟世界向现实世界的联结转变。

互联化：物联网是一个多种网络、接入、应用技术的集成，也是一个让人与自然、人与物、物与物进行交流的平台。因此，在一定的协议关系下，实行多种网络融合，分布式与协同式并存，是物联网的显著特征。与互联网相比，物联网具有很强的开放性，具备随时接纳新器件、提供新服务的能力，即自组织、自适应能力。

自动化：物联网通过数字传感设备自动采集数据；根据事先设定的运算逻辑，利用软件自动处理采集到的信息，一般不需人为的干预；按照设定的逻辑条件，如时间、地点、压力、温度、湿度、光照等，可以在系统的各个设备之间，自动地进行数据交换或通信；对物体的监控和管理实现自动的指令执行。

感知化：物联网离不开传感设备。射频识别（RFID）、红外感应器、全球定位系统、激光扫描器等信息传感设备，就像视觉、听觉和嗅觉器官对于人的重要性一样，是物联网不可或缺的关键元器件。

智能化：智能是指个体对客观事物进行合理分析、判断及有目的地行动和有效地处理周围环境事宜的综合能力。物联网的产生是微处理技术、传感器技术、计算机网络技术、无线通信技术不断发展融合的结果，从自动化、感知化要求来看，物联网已能代表人、代替人“对客观事物进行合理分析、判断及有目的地行动和有效地处理周围环境事宜”，智能化是其综合能力的表现。

9.4.4　物联网的应用

物联网可以将无处不在的终端设备和设施，包括具备“内在智能”的传感器、移动终端、工业系统、楼控系统、家庭智能设施、视频监控系统等和“外在使能”的，如贴上 RFID 的各种资产、携带无线终端的个人与车辆等“智能化物体或动物”或“智能尘埃”，通过各种无线和有线的长距离或短距离通信网络实现互联互通（M2M）、应用大集成（Grand Integration）、以及基于云计算的 SaaS 营运等模式，在内网、专网或互联网环境下，采用适当的信息安全保障机制，提供安全可控乃至个性化的实时在线监测、定位追溯、报警联动、调度指挥、预案管理、远程控制、远程维护、安全防范、在线升级、统计报表、决策支持、领导桌面等管理和服务功能，实现对“万物”的“高效、节能、安全、环保”的“管、控、营”一体化。

这里的“物”要满足以下条件才能够被纳入物联网的范围：要有相应信息的接收器；要有数据传输通路；要有一定的存储功能；要有 CPU；要有操作系统；要有专门的应用程序；要有数据发送器；遵循物联网的通信协议；在世界网络中有可被识别的唯一编号。

未来，物联网技术可以感知任何领域，智能任何行业，可广泛应用于零售、餐饮、通信邮政、银行金融、仓储物流、食品安全、医疗药品、智能交通、物品防伪、政府工作、市政城管、公共安全、公平司法、平安家居、个人健康、老人护理、智能消防、工业监测、环保监测、敌情侦查和情报搜集等领域。

9.5 网络化服务技术

随着通信网络技术的发展和通信网络业务需求的进步，网络化服务是未来通信网络的重要特征，智能化、高效化、软件化、开放化是未来通信网络的目标。网络化服务是在传统网络的基础上，结合大数据、云计算、松耦合技术、网络支撑等技术发展而来的。

松耦合技术是指能够实现业务信息与控制信息的分离、网络传输与网络承载分离的技术。传统的网络支撑技术，包括信令技术、同步技术和管理技术是早期的松耦合技术。随着人们对网络业务需求的变化，松耦合技术逐渐增加，如智能网技术、软件定义网络技术、服务定制网络技术、可重构网络技术及语义网技术等。具有松耦合技术的网络，从应用层面来说，降低了客户端和远程服务之间的依赖性，可迅速提高网络化服务效率。

9.5.1 松耦合与紧耦合

耦合是物理学中的概念，是指两个或两个以上的体系或运动形式间通过相互作用彼此影响而联合起来的现象。

通信网络中的信息流流经网络节点可以视为信息流的耦合现象。传统网络中的业务流和控制信息流往往结合比较紧密，可视为一种紧耦合现象，这便于在客户端和远程服务之间进行更紧密的集成，但是，此时业务信息的控制与管理不灵活。

随着网络技术的发展，追求高效传输、高效管理与高效控制网络业务成为一种趋势，将网络传输与网络承载、网络业务信息与网络控制信息剥离开是一种有效的处理方式，这可视为一种网络松耦合技术，有助于降低客户端和远程服务之间的依赖性。

造成这个趋势的主要技术原因是使用 UDDI（通用描述、发现和集成）等标准，Web 服务可以动态地发现和绑定其他服务。而主要原因是企业越来越需要灵活地处理业务流程的更改及与合作伙伴的交互方式。松耦合系统的优点在于更新一个模块不会引起其他模块的改变。

传统上，业务流程是在企业范围，甚至在企业的不同业务单元内开发的。这些活动在详细的实时信息的帮助下进行管理。跨多个业务单元或跨企业的流程必须更加灵活，以应对各种各样的需求。在这种情况下，可能出现更多的不确定性——参与者及其角色不断变化，所需的交互类型也不断变化。

在运营状况起伏不定的环境下，必须有一个松耦合架构，来降低整体复杂性和依赖性，以提高面向服务的能力和水平。松耦合使应用程序环境更敏捷，能更快地适应更改，并且降低了风险。除此之外，系统维护变得更方便。在 B2B 领域，由于要求业务实体之间独立交互，因此松耦合显得尤为重要。

由此可见，网络松耦合技术是 SOA 的基础，也是网络化服务的重要支撑技术。通信网络中的 7 号信令中的共路信令、语义网、软件定义网络、服务定制网络、可重构网络等都是网络松耦合技术的表现。

9.5.2　软件定义网络技术

软件定义网络（SDN）的核心理念是网络软件化并充分开放，网络能够像软件一样便捷、灵活，以此提高网络的创新能力，达到网络服务化的目的。通常意义上来讲，SDN 是指从 OpenFlow 发展而来的一种新型的网络架构，其前身是斯坦福的用于企业集中安全控制的 Ethane 项目。SDN 打破了现有互联网紧耦合的刚性体系结构，通过构建一个转发层和控制层分离的体系，开放控制层接口，打破网络刚性和封闭性，实现网络的柔性重组，使得网络像软件一样便捷、灵活。

SDN 网络架构如图 9.5.1 所示，主要分为基础设施层、控制层和应用层。基础设施层主要包括网络的底层转发设备，如路由器、交换机等；控制层通常包括逻辑集中的 SDN 控制器。SDN 控制器是基于软件的控制器，通过控制数据平面接口获取底层网络设备信息，集中维护网络状态，生成全局网络视图；应用层运行在控制层之上，通过控制层提供的全局网络视图，应用程序可以把整个网络定义为一个逻辑的交换机。同时，利用 SDN 控制器提供的应用程序接口，用户能够根据业务需求，灵活配置、管理、调度和优化底层网络资源，从而构建灵活可控、可管的新型网络。

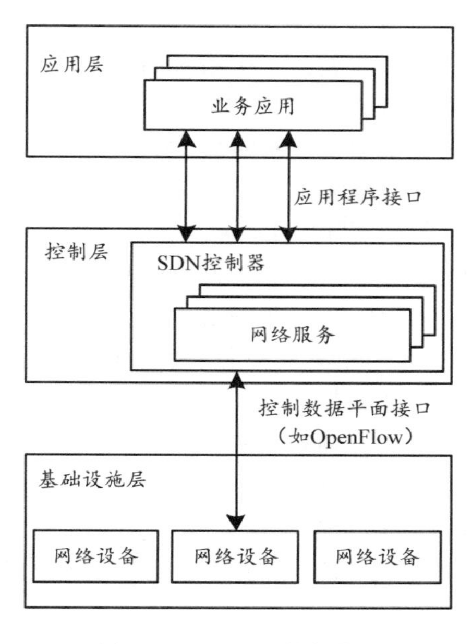

图 9.5.1　SDN 网络架构

SDN 的主要技术特征如下。

（1）控制转发分离。转发平面由受控转发的设备组成，转发方式及业务逻辑由运行在分离出去的控制平面上的应用程序控制。

（2）控制逻辑集中。逻辑集中的控制平面可以控制多个转发设备，获得全局网络视图，并根据全局网络视图实现对网络的优化控制，从而提高管理的灵活性，加快业务开通速度，简化运维管理。

（3）网络接口开放。SDN 为控制平面提供开放的网络操作接口，通过这种方式，控制应用只需要关注自身逻辑，无须关注底层更多的实现细节。

新兴网络应用带来了流量的激增，带来了对高性能网络的需求。除高可靠性、高带宽、高安全性等通用要求外，为承载多种业务信息系统的应用，对通信网络提出了新的迫切要求。SDN 以特有的技术优势，将对通信网络的持续发展产生深远影响。这些影响集中体现在推动现代通信网络的柔性重组、集约管理和广域开放上，大大简化网络管理难度，提高网络故障反应速度，使网络基础设施解决方案转向更开放、灵活、高效、高度可编程和高度弹性，最终实现通信网络向 SDN 架构的平滑演进，为提高网络化服务水平奠定基础。

9.5.3 服务定制网络技术

随着 SDN 技术的发展，复杂的网络结构变得简单。但与此同时，SDN 面临一系列挑战。例如，SDN 面向大型网络的性能扩展问题、控制器的健壮性、分布式控制平面设计等问题；SDN 的芯片在流表容量、流表学习速度、流表转发速率、转发时延等方面存在的问题；SDN 在协议演进、控制器多样化及安全性等方面的问题，这些问题仍是当前 SDN 面临的挑战。

鉴于上述问题，我们期盼简单、开放、可扩展、安全、可靠、融合及高效、灵活调控的网络及信息资源服务。这种融合不仅是多种技术的融合，还要与传统网络融合，如果不能与传统网络很好地融合，再好的技术也没有生命力。高效、灵活调控的网络资源是很关键的，不仅包括网络资源，还包括信息内容资源。SDN 只强调了网络的资源，没有提出在信息内容资源方面如何调控、管理。而如果要构建一个系统的网络，或者说一个全面的解决方案，必须要高效灵活地调控上述两种资源。

灵活的差异化的网络服务，即服务定制网络（SCN）的架构可以解决 SDN 的缺陷。

SCN 的核心技术在于智能资源调度与管控平台，目前该系统部分成果已经在电信运营商、CCTV 广电系统、行业专网中得到实际应用与验证。

SCN 的核心技术首先是软件定义的可编程路由交换系统，支持灵活可编程，支持 IP 和非 IP 的各种类型数据包，能实现资源的灵活配置和协议的可编程定制；在虚拟化与隔离性上，能够在一台物理设备上实现多个不同网络体系结构的路由器实例并行运行，互不影响；还能在数据包处理能力上达到与商用路由器相同的水平。其次是智能资源调度与管控平台，自主研制网络虚拟化平台支持多种异构控制器高效并行实验，冲突检测机制，带宽/流表隔离；三维资源管控平台支持对网络、计算、存储三维资源的智能调度管控与融合；基于云架构的内容智能调度与分发支持内容的安全存储，业务无缝迁移与数据高效分发。最后是基于大数据的网络测量感知分析，提高本地服务器与本地节点部署内容的有效性，减少跨网流量，节约带宽成本。

SCN 系统部署方案基于 SDN 技术解决网络复杂及扩展性问题，将网络资源、信息内容资源智能调度作为一种基本能力，对外开放。基于大数据的智能数据挖掘与分析，双向感知，闭环反馈，为全网信息内容资源和网络资源的智能调度提供支撑。差异化资源管控能力包括存储能力分配、缓存策略、转发策略、资源预留策略等。

SCN 的特点如下。

（1）SCN 具有革命性网络架构目标、演进式技术部署。SCN 既可以解决现有网络所面临的互联网电视业务冲击网络架构不灵活等弊端，又符合未来网络发展趋势。

（2）SCN 将为网络运营商和内容提供商构建具有差异性服务能力的网络，从而构建不同服务等级的虚拟网络，缓解互联网电视等业务的冲击。

（3）SCN 基于内容感知技术，能够针对全网信息进行智能调度、分配，从而实现信息贴近用户部署，减少信息冗余传输。

（4）SCN 基于大数据的智能数据挖掘与分析，双向感知、闭环反馈，可以为全网信息内容资源和网络资源的智能调度提供支撑。

未来网络与实体经济结合将有巨大的市场前景，但需要在新的互联网体系架构方面不断探索，形成共识。SCN 将为用户提供定制化、差异化的服务，成为网络发展的一个重要趋势。未来网络发展还面临许多挑战，国内外研究力量要共同努力，不断完善方案，协同创新。

9.5.4　可重构网络技术

可重构网络是未来网络架构实现服务质量的自适应、异构融合、安全可信可管及可扩展的有效解决方案。可重构网络将网络的物理资源服务和业务承载能力分离，通过动态改变承载网络的服务能力及可重构服务承载网的形式快速、灵活和高效地提供多样化的网络服务，从而适应业务需求的变化。在动态可重构网络体系中，物理网络为可重构服务承载网提供网络资源，可重构服务承载网为应用需求一致的业务提供特定服务，实现在共享异构底层物理网络资源基础上支持异类应用服务并存，提高网络资源利用率。

可重构网络体系是以网络元能力为基础、以可重构基础网络为核心、以满足业务多样要求为目标的新型模型，其功能参考模型如图 9.5.2 所示。在数据平面，可重构网络体系具有一个增强型的网际互联传输层——可重构多态网络层，其直接目标是增强基础网络的互联传输能力，基本功能包括 OSI 七层网络参考模型中网络层和传输层的功能，并增加了支持业务需求的新功能。在管理平面，可重构网络体系在原有五大功能的基础上引入一个全新的认知承载功能，为管理平面中的业务承载功能提供对业务和网络的认知服务及节点与网络之间的协同服务。

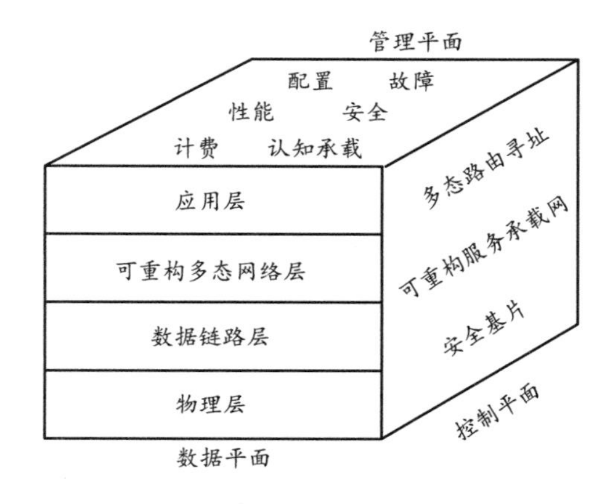

图 9.5.2　可重构网络体系功能参考模型

现代通信网络需要适应多变环境、满足各类用户的实时需求，传统网络体系依靠预测业务需求和预留资源的手段为未知业务提供网络支撑，难以适应日益增长的业务需求和不断扩大的网络规模，对应用的支撑效果有限。因此，在复杂多变的通信资源环境下，为了满足各类用户的实时需求，网络需要动态可变。动态可重构网络体系架构思想及相关技术应用于移动通信中，在各种未知应用需求和条件的多变环境下具有广阔的应用前景。其关键技术主要如下。

（1）网络动态构建。

当出现新业务或临时业务需求时，可将业务需求聚类作为重构业务层输入，激活动态可重构业务支撑网络的重构行为，进而进行相应底层重构对象的功能重构或资源重组。业务结束后可释放网络资源，作为构建其他新业务支撑网络的构件。

（2）网络动态升级与改造。

当网络升级改造时，可将目标或要求聚类作为网络的重构需求，并作为动态可重构网络中服务层的重构输入，激活动态可重构服务承载网的重构行为，进行相关网络节点的功能和性能重构，实现基础支撑网络的动态升级。

（3）网络服务的动态重组与提供。

在动态可重构网络中，各种网络功能都是以服务的形式提供给运维人员或应用业务的用户，通过在网络节点重构过程中添加相应的功能构件实现的，如安全通信服务、实时通信服务和入侵检测服务等。因此，在针对使用人员的实时应用、功能和性能需求进行业务重构时，网络通过整合不同的服务为运维人员及终端用户提供相应的服务功能和性能。

9.5.5 语义网技术

信息通信网络需要对各类信息资源进行收集和管理，支持各类用户按需共享。由于各类信息资源隶属不同业务部门，在信息的描述方法、表示语言和组织方式上存在差异，缺少计算机能够理解的语义信息，因此信息资源的收集、管理和共享存在语义障碍，从而影响了网络化服务业务的实施。

语义网通过制定一系列标准化语言统一规范信息资源的语义描述，从而建立起一种便于机器理解、基于网络的信息共享平台，以支持信息资源的有效共享和利用。语义网希望各种资源被赋予明确的语义信息，计算机可以分辨和识别它们，并自动对其进行解释、交换和处理，从而进一步支持各种应用的实现，使各类信息资源的收集、管理和共享更加智能化。

语义网是对当前 Web 的扩展形式，可以帮助计算机自动地理解和处理网络信息。语义网的处理过程主要包括三步：首先将机器可读的信息加入网页，然后利用本体表示网络资源的共享项，最后利用知识表示技术对网络资源进行自动推理。语义网的开发是按层次的，每一步都建立在其他层次的基础之上，主要包括 XML、RDF、本体层、逻辑层和证据层。XML 是语义网的语法层，用于描述语义网，为语义网提供语法基础。RDF 是语义网的数据层，用于处理语义网的数据。本体层是语义网的语义层，为语义网描述提供语义基础。逻辑层是对本体层进行推理的规则层。证据层是交换代理之间的通信层。

语义网在信息网络领域的应用对提升信息资源共享水平、增强网络化服务具有重要作用。首先，通信网络中的信息资源来源于各类信息系统，但因部门环境、文化背景、语言习惯、思维方式等差异而存在语义异构性问题，这将导致系统之间的信息互操作难以高效地实现。语义网技术借助本体语言，对领域概念和关系进行准确、规范地定义，可以形成一致的词汇表和一致的理解/解释，从而实现语义互操作。其次，语义网技术能够提高信息搜索的效率，它通过基于语义相似性的匹配，能够有效提高关键词匹配的精准度，并能通过基于领域本体的结果分类，进一步方便用户浏览。最后，语义网让计算机具备了基本的逻辑推理能力，可代替人完成一些较为简单的逻辑判断操作，从而将人从繁杂的低级思维活动中解放出来，让他们集中精力于更加复杂的决策。

通过语义网技术，信息通信网络中的各类信息资源将实现更好的共享，我们对信息的理解能力也将深入信息的语义内涵之中，从而更好地完成数据的解释、交换和处理工作。未来，随着语义网技术的成熟和在通信网络中的广泛应用，语义网可为用户提供更加智能化、网络化的服务。

9.5.6　网络服务关键支撑技术

前面我们讨论了实现网络化服务的基础技术，但这远远不够，要达到网络服务化目的，还需要两个关键技术，即核心服务和应用支撑服务。

1．核心服务

1）核心服务的概念

核心服务是指支持信息应用系统所需的核心支撑功能软件集合，能够将广域分布的各类资源有机地组织在一起。核心服务采用面向服务架构（SOA），建立分布式的服务集成框架和服务访问调用环境，为系统集成提供服务开发和运行的支撑平台。核心服务支撑业务功能通过标准化的服务方式对外发布、共享和访问，实现应用业务功能由本地调用向全网共享的方式转变。

2）核心服务的组成

核心服务主要包括注册发现服务、门户服务、监控服务、目录服务、调度服务和服务基础支撑。其中，服务基础支撑作为网络化信息服务构建和运行的基础，为实现各种资源的服务化提供公共“底板”，它包括服务运行支撑、服务总线和服务组合。核心服务通常部署于服务提供者和服务调用者所在的系统中。核心服务组成结构如图 9.5.3 所示。

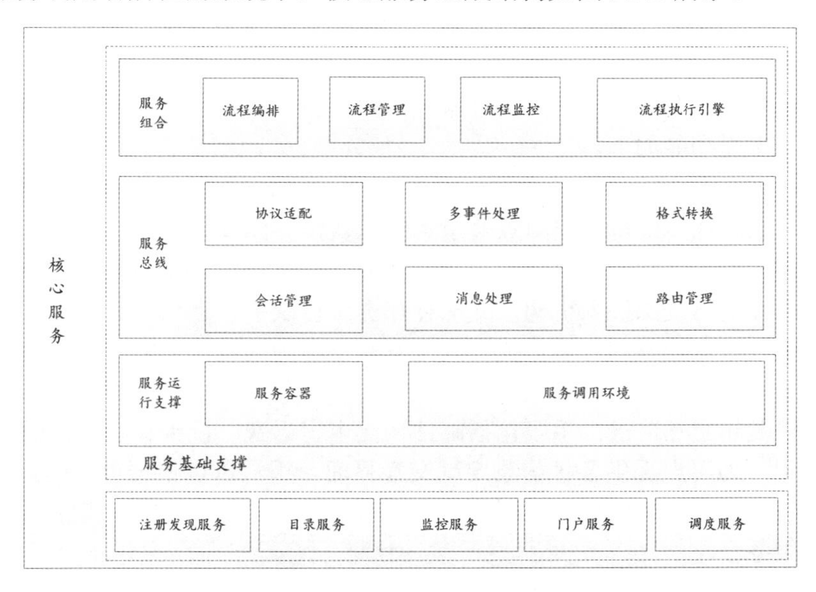

图 9.5.3　核心服务组成结构

（1）注册发现服务。

随着通信网络技术的发展，信息处理中心如何快速地处理已经发现的潜在信息服务，成为目前信息服务应用中急待解决的问题。注册发现服务是目前解决这个问题的有效方法，它通过提供一种统一的发布机制，使信息服务之间能够迅速有效地进行定位与合作。

“注册”涵盖了两层含义：第一层是对网络中各类用户的登记与管理，这些用户可以是各级应用系统、控制系统、传感器系统及各类用户，并对这些用户分配、授予各类权限，便于权限认证与管理；第二层是对全网各类资源的注册，资源注册定义了资源发布的元数据、资源标识、资源类型、服务提供者、服务能力描述、资源服务质量、资源地址标识、资源访问接口描述等信息，并提供资源注册服务开发接口。

“发现”是指依据各类用户的使用需求，为其查找、挖掘、汇聚网络中已经注册的、可供共享的资源，并提供相应的访问及使用手段。资源发现服务为应用提供查找所需资源的手段。通过资源发现服务，应用能够通过不同的搜索条件获取所需资源的描述信息，以及可以访问资源的方法和途径。“发现”的方式可以是基于关键词的“发现”、基于主题的“发现”、基于内容的“发现”，或者基于语义的“发现”。

注册发现服务的作用主要表现在以下两个方面。

①支持全网信息资源的可见、可理解和可访问。

通信网络中存在大量的信息资源，它们分属不同的信息系统，要实现资源的全网共享，必须对全网的各类资源进行统一分类、描述、注册，实现全网资源的可见、可理解和可访问，支持各类用户按需使用资源。

②支持全网服务资源的查找。

通信网络需要支持服务资源的重用及基于现有服务根据任务需求灵活地构建新的应用。因此，需要对全网各类服务资源进行描述、注册、编目、分类，并提供快速查找能力。

（2）门户服务。

门户服务支持信息源描述并注册其信息内容，支持信息服务节点描述并注册其信息服务能力，支持用户注册、登录系统。用户通过门户服务提交服务需求，门户服务向用户返回符合要求的信息内容。用户可以使用部署在本地的应用处理接口将自身的应用与网络信息资源结合起来，也可以直接使用图形化的信息服务门户为业务按需定制信息资源服务。

门户服务的主要功能如下。

①用户注册登录。为用户提供注册与登录接口，并与安全认证机构交互用户注册与登录信息，确认用户合法性，实现用户单点登录和统一认证。

②信息描述注册。为信息源和信息服务节点提供信息内容和服务能力的描述注册界面，描述注册信息被传输给资源接入机构，并保存在资源目录中。

③信息目录发布。为系统管理员提供人工发布信息的编辑管理能力。

④交互服务。接收用户交互的请求，通过安全认证机构查找用户并进行权限验证，向协同交互服务机构发起交互请求，手段包括邮件、文本、语音、视频和电子白板等。

⑤信息定制。为用户提供各种信息定制交互界面，用户可以根据自己的需求使用不同的信息定制界面向按需服务机构提交定制申请，定制条件包括地理范围、属性、任务、来源等。

（3）监控服务。

服务是构成服务体系的基本元素，服务是否能够正常运行，会对用户产生直接的影响，因此必须对全网的服务进行统一的监控。监控服务提供了服务调用和运行的状态信息，包括服务的调用次数和服务的调用者信息。监控服务对服务资源的运行状态进行监视和管理，并提供界面和编程接口对服务资源状态进行定制和查询。监控服务可同时监视多个服务资源。资源监视服务接收服务资源的状态报文，维护资源状态信息，并接收资源状态查询请求，请求分为两类：第一类是查询请求，服务调用者每查询一次，返回一次结果；第二类是定制请求，服务调用者只需要发送一次定制报文，服务方会定时向其发送状态信息。

监控服务一般采用代理的方式，通过代理监控每个服务节点，并定时向服务管理模块发送服务运行状态信息，若服务管理模块在一定的时间间隔内没有接收到来自某个服务代理节点的状态报告，则认为该代理对应的服务节点发生异常，服务管理模块会采取报警措施，通知系统管理者。

（4）目录服务。

目录服务是各类服务资源统一组织和面向用户按需提供的基础。目录服务通过对轻量级目录访问协议（LDAP）进行扩展，建立全网目录服务体系，提供对各类服务资源和用户的准确定位、名称解析和状态掌控，并能够根据用户位置、网络状态、服务资源运行状况等综合信息，确定为用户提供服务的最佳位置。目录服务实际上是一种对读操作进行优化的数据库，它统一命名、描述和定位一个组织内的各种信息资源，通常采用树状层次结构，该结构有利于实现网络管理功能的分布和系统的扩展。典型地，一个虚拟组织或一个资源节点需要一个目录服务，从而把自己管理范围内的信息汇集起来提供给用户使用。

现代通信网络是一个复杂的系统，汇集了各类资源。为了有效管理网络中的各种资源，应按照统一的模式将各种资源信息收集到目录中。目录服务将网络中的用户、资源和组成分布式系统的其他对象统一组织起来，提供一个单一的逻辑视图，允许用户透明地访问网络资源。一个由目录服务支持的网络系统是一个集成的、网络化的、统一的系统，而不是各个独立功能部分的简单聚合。

目录服务通过明确全网资源命名机制，确定分层目录结构，表示网络中全部资源及其属性信息，建立全网各类资源目录，实现全网资源信息的规范命名、目录式表示、地址/名称解析、资源定位和属性查找等功能。

（5）调度服务。

调度服务是指从资源发现服务处获得可使用的服务后，按照资源调度策略分配合适的服务给用户，并通知具体的服务为服务调用者提供服务，服务提供者回应确认报文提供服务。

调度服务的主要功能如下。

①定制需求分解。基于分布式跨节点的透明化处理机制，支持用户单点定制，信息全网获取，接收门户服务提交的区域、属性、目标和任务等定制条件，分解用户发出的定制请求。

②策略管理。提供制定和修改分发策略的软件工具；在授权和安全的基础上，能够对用户的定制需求予以确认和拒绝；在运行管理软件的基础上，根据当前资源状态及信息优先级动态调整分发策略，进行信息分发；提供根据用户权限、任务类型、信息类型等设置信息优先级的能力。

（6）服务基础支撑。

服务基础支撑包括服务运行支撑、服务总线和服务组合。

服务运行支撑为各类软件、信息资源的服务化封装及服务的部署和运行提供必要的环境。其提供的服务容器支持不同语言实现的服务，并能够在各类不同的硬件平台和操作系统上运行。服务运行支撑能够根据用户指定的配置策略，快速、简便地实现服务的部署。服务运行支撑还需要提供服务调用环境。

服务总线能够在服务调用者和提供者之间建立连接，完成服务调用。服务总线使运行于不同硬件平台和操作系统上使用不同语言开发的服务能够透明交互访问，能够实现多种传输协议和应用数据格式的转换，采用消息路由机制，屏蔽异构服务的访问地址，并通过可靠的消息传输机制和统一的消息格式屏蔽底层通信协议带来的差异性，实现不同平台间的通信。

为了应对多种安全威胁、完成多样化任务，要求网络化信息系统在应用过程中能够根据任务需要动态组合网络上广泛分布的功能和资源，以生成满足任务要求的功能系统。服务组合是支撑上述能力实现的一个运行环境。

2. 应用支撑服务

应用支撑服务主要包括数据服务、计算服务、通信服务、时空统一服务和地址信息服务。

1）数据服务

数据服务可以对网上多个区域中心、数据访问节点、网络存储设施进行统一组织、管理，屏蔽底层物理存储机制，提供统一、透明的数据访问接口，提供用户对数据的访问支撑，按需同步分发数据，解决数据资源按需获取、存储和数据资源共享、数据容灾备份和负荷均衡的问题。

通过调用数据服务提供的标准访问接口，用户能够在权限范围内对网络中的各种数据进行查询、更新等访问操作，不用关心其物理存储位置、同步关系；还可以订阅相关数据对象的变更通知，当这些对象发生变化时及时接收到数据更新通知，以进行刷新缓存等后续操作。数据使用者不再受限于本节点的软、硬件存储条件限制，可以按需获取网络化环境下的众多共享的数据资源和存储资源。同时，由数据服务进行后台的数据同步，保证用户可以获得可靠、高效的数据访问。

总体来说，数据服务可以提供网络化的数据存储能力，改变传统的数据存储方式，使数据的存储不再受地域、时间和领域等的限制。

2）计算服务

计算服务为各类用户对分布式计算资源的使用提供支持。计算服务支持对分布式部署、多实例部署的计算资源的使用，为各个用户屏蔽计算资源的位置信息，用户能够对处于不同位置的计算资源和不同计算资源实例进行统一的使用。计算服务同时要监视计算资源使用情况，并对计算资源的使用进行调度，优化系统和区域计算资源。在使用区域计算资源时，计算服务为用户和区域计算资源之间建立一个连接，并监视区域计算资源可用状态和应用与区域计算资源间的连接的状态，在区域计算资源或连接出现异常时通知应用。

计算服务由计算资源管理、计算资源调度、计算任务管理、连接状态管理和应用 API 模块组成。

3）通信服务

传统的通信服务主要是指原来的网络体系中信息服务层中自动电话网、电视电话会议系统、视频系统、传真网、公用电报网等传统的业务系统。

网络化服务条件下的通信服务主要依托各种通信设施（卫星、光纤、短波等），通过对各种通信资源的虚拟化，采用面向服务的架构将其通信功能服务化，并通过核心服务机制实现通信服务的注册发现功能，用户只需要提出自己的需求，系统就会自行根据当前通信资源的状态及用户传输的业务属性为用户选择高效、可靠、最佳的通信传输通道，实现信息的有效传输。

4）时空统一服务

时空统一服务主要提供时间统一服务和空间统一服务。

5）地址信息服务

地址信息服务为全网信息系统提供分布式网络节点地址信息的查询、注册、更新、同步服务，支持信息系统的即插即用。地址信息服务采用多级服务的管理方式，多级服务之间采用分布式的组织和调度机制，协同完成网络节点的地址信息查询、注册、更新和同步请求。地址信息服务部署灵活，可以采用区域化、层次化的体系结构，实现大范围、大容量的网络节点地址信息服务，在全局地区按区域划分，每个区域维护一个地址区间，区域与区域之间能够形成更高层次的聚集，最高层次的服务之间能够相互查询或同步。网络节点通过区域内最底层的服务节点进行注册或修改；当查询网络节点地址时，用户从区域内最底层的服务开始查询，逐级向上，直到最顶层服务。

本章小结

推动网络技术的发展一直是人们的一个追求目标。本章首先介绍移动网络技术，主要包括移动自组织网络技术和 5G 网络技术，这是适应现代及未来工作生活和学习不可缺少的技术，尤其是 5G 网络技术，不仅是打开物联网的钥匙，还是实现智慧网络的阶梯；然后讨论光网络技术，主要包括自动光交换网络技术、光传输网络技术和包传输网络技术，这是实现大颗粒传输的重要手段；接着分析 IPv6 技术，该项技术解决了当前 IP 地址资源紧缺、安全可信的问题；最后分析适应网络化服务需求的关键支撑技术，即网络松耦合技术，主要包括软件定义网络技术、可重构网络技术及语义网技术。

思考题

1．分析移动自组织网络结构类型及特点。
2．简述 5G 网络关键技术及特点。
3．简述光网络传输技术的类型。
4．试比较 IPv6 协议与 IPv4 协议具有的绝对技术优势。
5．描述物联网的结构及功能。
6．论述物联网的关键技术及特征。
7．举例说明什么是网络松耦合技术。
8．绘图说明软件定义网络架构，并指出各层及其功能。
9．可重构网络主要技术有哪些？

缩略语

A

ACK　Acknowledgment　肯定应答
ADM　Add-Drop Multiplexer　上下路复用器
AIMD　Additive Increase Multiplicative Decrease　加法增大乘法减小
AN　Access Network　接入网
AODV　Ad hoc On-Demand Distance Vector Routing　无线自组网按需距离矢量路由协议
ASON　Automatic Switched Optical Network　自动光交换网络
API　Application Programming Interface　应用程序接口
AQM　Active Queue Management　主动队列管理
ARQ　Automatic Repeat-reQuest　自动重传请求
ARP　Address Resolution Protocol　地址解析协议
ASN.1　Abstract Syntax Notation One　1 号抽象语法标记
AS　Autonomous System　自治系统
ATM　Asynchronous Transfer Mode　异步传输模式

B

B2B　Business To Business　企业与企业之间通过网络进行信息交换
BER　Bit Error Rate　误码率
BGP　Border Gateway Protocol　边界网关协议
B/S　Browser/Sever　浏览器/服务器
B-ISDN　Broadband Integrated Services Digital Network　宽带综合业务数字网
BNF　Backus-Naur Form　巴科斯-诺尔范式 C 语言描述

C

CATV　Community Antenna Television　有线电视
CBT　Core-Based Tree　核心树
CCITT　International Telephone and Telegraph Consultative Committee　国际电报电话咨询委员会（ITU 的前身）
CDMA　Code Division Multiple Access　码分多址
CDM　Code-Division Multiplexing　码分复用
CDN　Content Distribution Network　内容分发网络
CE　Configuration Engine　配置引擎
CLS　Connectionless Service　无连接的服务方式
CLNP　Connectionless Network Protocol　网络连接协议
CLF　Cross Layer Framework　跨层框架
CN　Core Network　核心网
CPE　Customer Premise Equipment　用户端设备

CPN　Customer Premises Network　用户驻地网
CPU　Central Processing Unit　中央处理单元
CRC　Cyclic Redundancy check　循环冗余校验
CRP　Collision Resolution Period　冲突分解周期
CSMA　Carrier Sense Multiple Access　载波监听型多址接入协议
CSMA/CA　Carrier Sense Multiple Access with Collision Avoidance　碰撞避免型载波监听型多址接入协议
CSMA/CD　Carrier Sense Multiple Access with Collision Detection　碰撞检测型载波监听型多址接入协议
CTS　Clear To Send　允许发送（RTS 的应答帧）

D

D2D　Device-to-Device Communication　设备到设备的通信
DECnet　Digital Equipment Corporation network　数字设备公司网络
DHCP　Dynamic Host Configuration Protocol　动态主机配置协议
DIFS　Distributed InterFrame Space　分布式帧间间隔
DLC　Data Link Control　数据链路控制
DLCI　Data Link Connection Identifier　数据链路连接标识符
DMF　Data Management Framework　数据管理框架
DNS　Domain Name Service　域名服务
DQDB　Distributed Queue Dual Bus　分布式队列双总线
DSL　Digital Subscriber Loop　数字用户环线
DSR　Dynamic Source Routing　动态源路由协议
DSDV　Destination Sequenced DistanceVector　目的节点序列距离矢量协议
DTE　Data Terminal Equipment　数据终端设备
DVRA　Distance Vector Routing Algorithm　距离矢量路由算法
DWDM　Dense Wavelength Division Multiplexing　密集波分复用
DXC　Digital Cross Connect　数字交叉连接设备

E

ECN　Explicit Congestion Notification　显式拥塞通知
EIGRP　Enhanced Interior Gateway Routing Protocol　增强内部网关路由协议
EPC　Electronic Product Code　电子产品代码
ERP　Enterprise Resource Planning　企业资源计划

F

FCS　Frame Check Sequence　帧校验序列
FCFS　First Come First Served　先到先服务
FDDI　Fiber Distributed Data Interface　光纤分布式数据接口
FDM　Frequency-Division Multiplexing　频分复用
FEC　Forward Error Correction　前向纠错
FIB　Forwarding Information Base　转发表
FIFO　First In First Out　先进先出

FR Frame Relay 帧中继
FTP File Transfer Protocol 文件传输协议

G

5G 5th Generation Mobile Networks 第五代移动通信网络
6G 6th Generation Mobile Networks 第六代移动通信网络
GIS Geographic Information System 地理信息系统
GPS Global Positioning System 全球定位系统
GPRS General Packet Radio Service 通用无线分组业务
GSM Global System for Mobile communication 全球移动通信系统
GSMP General Switch Management Protocol 通用交换机管理协议

H

HARQ Hybrid Automatic Repeat-reQuest 混合自动重传请求
HDLC High Level Data Link Control 高级数据链路控制
HTTP HyperText Transfer Protocol 超文本传输协议

I

IaaS Infrastructure as a Service 基础设施即服务
ICI Interface Control Information 接口控制信息
ICMP Internet Control Messages Protocol 因特网控制报文协议
ICN Information-Centric Network 信息中心网络
IDU Interface Data Unit 接口数据单元
IETF Internet Engineering Task Force 因特网工程任务组
IFS InterFrame Space 帧间间隔
IFMP Ipsilon Flow Management Protocol Ipsilon 流管理协议
IGRP Interior Gateway Routing Protocol 内部网关路由协议
IGP Interior Gateway Protocol 内部网关协议
IOT The Internet of Things 物联网
IS-IS Intermediate System-to-Intermediate System 中间系统到中间系统
IP Internet Protocol 网际协议
IPSec Internet Protocal Security 因特网安全协议
IPv6 Internet Protocol Version 6 第六版因特网协议
IPX Internet Packet Exchange 网际包交换
ISDN Intergrated Service Digital Network 综合业务数字网
ITU-T International Telecommunication Union – Telecommunication Sector 国际电联电信标准化组织

L

LAN Local-Area Network 局域网
LDAP Lightweight Directory Access Protocol 轻量级目录访问协议
LER Label Edge Router 标记边缘路由器
LiFi Light Fidelity 可见光无线通信
LTE Long Term Evolution 长期演进

LFIB Label Forwarding Information Base 标记转发表
LLC Logical Link Control 逻辑链路控制
LME Cross-layer Management Entity 跨层管理实体
LSP Label Switching Path 标记交换路径
LSR Label Switching Router 标记核心路由器

M

M2M Machine to Machine 机器到机器
MAC Medium Access Control 多址接入控制
MAN Metropolitan Area Network 城域网
MANET Mobile Ad Hoc Network 移动自组织网络
MCF Message Communication Function 消息通信功能
MGC Media Gateway Control 媒体网关控制器
MIMO Multi-input Multi-output 多输入多输出
MPLS MultiProtocol Label Switching 多协议标记交换
MSC Mobile Switching Center 移动交换中心
MSS Management Support System 最大报文段长度
MST Minimum Weight Spanning Tree 最小权值生成树
MSU Message Signal Unit 消息信号单元
MTBF Mean Time Between Faiure 平均故障间隔时间
MTTR Mean Time to Repair 平均修复时间

N

NAK Negative Acknowledgment 否定应答
NBMA Non-Broadcast Multi-Access 非广播多路访问
NGN Next Generation Network 下一代网络
NNTP Network News Transfer Protocol 网络新闻传输协议
NOC Network Operation Center 网络运行中心
NP Non Deterministic Polynomial 非确定性多项式问题

O

OA Optimization Agent 最佳代理
OAM Operation Administration and Maintenance 操作维护与管理
OADM Optical Add Drop Multiplexer 光分插复用器
OFDM Orthogonal Frequncy Division Multiplexing 正交频分复用
OTN Optical Transport Network 光传输网络
OSI Open System Interconnect Reference Model 开放式系统互联参考模型
OSPF Open Shortest Path First 开放最短路径优先
OXC Optical Cross Connection 光交叉连接

P

PBX Private Branch eXchange 用户级交换机
PCI Protocol Control Information 协议控制信息
PCM Pulse Code Modulation 脉冲编码调制

PDH Plesiochronous Digital Hierarchy 准同步数字体系
PDU Protocol Data Unit 协议数据单元
POTS Plain Old Telephone Service 模拟电话业务
PPP Point-to Point Protocol 点对点协议
PRP Protocol Reference Point 协议参考点
PSTN Public Switched Telephone Network 公用电话交换网
PTN Packet Transport Network 包传输网络

Q

QoS Quality of Service 服务质量

R

RARP Reverse Address Resolution Protocol 逆向地址解析协议
RDF Resource Description Framework 资源描述框架
RED Random Early Detection 随机早期检测
RFID Radio Frequency Identification 射频识别
RFNM Ready For Next Message 准备接收下一报文
RIP Route Information Protocol 路由信息协议
RN Receive Serial Number 接收序列号
RPF Reverse Path Forwarding 逆向路径转发
RPT Root Phylogenetic Tree 共享树
RREQs Route Requests 路由请求
RREPs Route RePly 路由应答
RSVP Resource Reservation Protocol 资源预留协议
RTS Request To Send 请求发送
RTO Retransmission Time Out 重传计数器
RTT Round Trip Time 回路响应时间

S

SaaS Software as a Service 软件即服务
SAP Service Access Point 业务（服务）接入点
SCN Service Customized Network 服务定制网络
SDH Synchronous Digital Hierarchy 同步数字体系
SDM Space-Division Multiplexing 空分复用
SDN Software Defined Network 软件定义网络
SDU Service Data Unit 服务数据单元
SIFS Short InterFrame Space 短帧间间隔
SL Signal Link 信令链路
SLIP Serial Line Internet Protocol 串行线路网际协议
SMTP Simple Message Transfer Protocol 简单电子邮件传输协议
SMDS Switched Multimegabit Data Service 交换式多兆位数据服务
SN Service Serial Number 发送序列号
SOA Service-Oriented Architecture 面向服务的架构

SON　Self-Organizing Network　自组织网络
SONET　Synchronous Optical Network　同步光纤网络
SPF　Shortest Path First　最短路径优先
SPT　Shortest Path Tree　最短路径树
STM　Synchronous Transfer Mode　同步转移模式
STP　Shielded Twisted Pair　屏蔽双绞线
SYN　Synchronize Sequence Numbers　同步字符

T

TCP　Transmission Control Protocol　传输控制协议
TCP/IP　Transmission Control Protocol / Internet Protocol　网络通信协议族
TDM　Time-Division Multiplexing　时分复用
TS　Time Slot　时隙
TTL　Time to Live　生存期字段

U

UDDI　Universal Description, Discovery and Integration　通用描述、发现和集成
UDP　Use Datagram Protocol　用户数据报协议
UTP　Unshielded Twisted Pair　非屏蔽双绞线

V

VC　Virtual Channel　虚信道
VCI　Virtual Channel Identifier　虚信道标识符
VLAN　Virtual Local Area Network　虚拟局域网
VoIP　Voice over Internet Protocol　基于 IP 的语音服务
VP　Virtual Path　虚路径
VP　Virtual Path Identifier　虚路径标识符

W

WAN　Wide Area Network　广域网
WDM　Wavelength Division Multiplexing　波分复用
WiMAX　Worldwide Interoperability for Microwave Access　全球微波互联接入
WLAN　Wireless Local Area　无线局域网
WRED　Weighted Random Early Detection　加权随机早期检测
WSN　Wireless Sensor Network　无线传感器网络

X

XML　Extensible Markup Language　可扩展标记语言

参考文献

[1] 李建东，盛敏，李红艳. 通信网络基础（第二版）[M]. 北京：高等教育出版社，2012.
[2] 马东堂，赵海涛，黄圣春，等. 通信网络理论与应用[M]. 北京：科学出版社，2017.
[3] 洪家军，陈俊杰. 计算机网络与通信-原理与实践[M]. 北京：清华大学出版社，2018.
[4] （美）乔.卡萨德（Joe Casad）著，王士喜，邢颖译著. TCP/IP 入门经典[M]. 北京：人民邮电出版社，2018.
[5] 李雪松，傅珂，韩仲祥. 接入网技术与设计应用[M]. 北京：北京邮电大学出版社，2015.
[6] 刘焕淋，陈勇. 通信网图论及应用[M]. 北京：人民邮电出版社，2010.
[7] 周炯槃，张琳，望育梅，等. 通信网理论基础（修订版）[M]. 北京：人民邮电出版社，2009.
[8] 葛万成. 现代通信网络原理[M]. 上海：同济大学出版社，2005.
[9] 逯韶义，孙丽珺. 通信业务量理论与应用（上册）[M]. 北京：电子工业出版社，2011.
[10] 逯韶义，孙丽珺. 通信业务量理论与应用（下册）[M]. 北京：电子工业出版社，2011.
[11] 苏驷希. 通信网性能分析基础[M]. 北京：北京邮电大学出版社，2006.
[12] 石文孝. 通信网理论与应用（第二版）[M]. 北京：电子工业出版社，2016.
[13] 谢希仁. 计算机网络（第七版）[M]. 北京：电子工业出版社，2017.
[14] 刘润滋. 空间信息网络容量分析与资源管理方法研究[D]. 西安电子科技大学，2016.
[15] 杨双懋. 无线网络中的流量预测与 MAC 算法研究[D]. 西安电子科技大学，2012.
[16] 蓝羽石，丁峰，王珩，等. 信息时代的军事信息基础设施[M]. 北京：军事科学出版社，2011.
[17] 王少亭，卢建军，李国民. 现代信息网[M]. 北京：人民邮电出版社，2000.
[18] 唐宝民，江凌云. 通信网技术基础[M]. 北京：人民邮电出版社，2012.
[19] 斯桃枝，姚驰莆. 路由与交换技术[M]. 北京：北京大学出版社，2008.
[20] （法）Oliver Bouchet 著，韩仲祥，马丽华，康巧燕等译著. 无线光通信[M]. 北京：国防工业出版社，2018.
[21] 丁洪伟，柳虔林，赵一帆，等. 随机多址通信系统理论及仿真研究[M]. 北京：人民邮电出版社，2017.
[22] 何选森. 随机过程与排队论[M]. 长沙：湖南大学出版社，2010.
[23] 申普兵，潘进，何殿华，等. 数据通信技术[M]. 北京：国防工业出版社，2006.
[24] 陈鹏，刘洋，赵嵩，等. 5G 关键技术与系统演进[M]. 北京：机械工业出版社，2015.